建筑视觉形式的修辞与演化

任　憑　著

中国建筑工业出版社

序

　　时间回溯到 2013 年，在硕士毕业并从事建筑设计实务 9 年之后，我又回到了校园开始了博士学位的攻读，为何最终论文选题围绕着"建筑视觉形式"这一看起来极其过时，既不前沿又不时髦的课题，这其实与我从设计一线回归理论研究的动机息息相关，正如本书中提到的，建筑设计中对追逐形式主义的批判是否存在理论的虚伪与傲慢？是否存在不假思索的价值判断？这是我长期困惑的问题，也正是我想在博士阶段研究的对象。

　　在这个课题探讨之初，需要研读"图像学"、"视知觉"、"现象学"等形式与视觉相关的扩展领域，而"修辞学"则是我在解读困惑的过程中所能找到的最趁手的工具，最终，我决定用它来串起整篇论文。所以说从写作顺序而言，是先有了对建筑视觉形式研究的动机，才找到了修辞这个工具。然而，"修辞学"的引入使我欲罢不能，就像打开了一扇新天地的大门，让整个局面豁然开朗。

　　书里做了一个比喻，研究者喜欢从"语言学"入手建筑学，其实就是用"语言符号"来替代数学中的 X、Y、Z，"能指"与"所指"成了"概念"与"意义"的初级代数阶段；而"修辞学"则是以上内容的进一步代数推演，"隐喻"和"形变"可以理解为（X+Y）或（X-Y），用来指代"能指"与"所指"之间的指向与偏离。

　　这种进一步的指代在辞格篇中也许还看不出来它的作用所在，说白了，辞格篇只不过是用另一种术语和公式来重述一遍"图像学"、"视知觉"或"形式美学"当中已经提出的理论和概念，试图将本书借入的形式修辞术语与已有的视觉形式研究无缝对接；然而，到演化篇中，代数化的好处则明显显现出来，就像是数学有了代数符号，才使得方程式的一系列相关运算清晰明了，因此，本书的最精华部分也就在演化篇之中。

　　尽管写得非常隐晦，但是，确实，本书在质疑建筑学的现代性，质疑从包豪斯体系以来的现代主义及其教学体系，质疑学科批判性的批判之所在。只不过，这种质疑被包装和掩盖在了"修辞学"的重重术语之下，因为被换了另一重表达方式而减弱了专业人士的感知。然而，只要领会到本书中对"后现代"与"巴洛克"的并置、对隐喻神话和修辞骗局的破解、对"批判"与"堕落"的对比，应该都能领会这一深层含义。

　　而本书的核心论点，则是本书导言的第一段，希望将建筑学重新拉回视觉的研究，并且承认这种研究不仅仅是一种附庸在功能、技术、材料、空间的手段。这一观点其实建筑学科之外的人是很难感受到的，因为在人们眼中，建筑与形状密不可分，建筑视觉的重要性还需要这样长篇大论去谈论和重视吗？

然而确实如此，这就像外行人看电影的关键是故事讲得好不好，然而电影学理论往往却纠缠于其他深度、镜头语言、叙事方式等一系列问题，而忘却了故事性。同样，当前大多数建筑学的理论也脱离了人类趣味，导致了学科的虚伪或者傲慢，而我的观点就针对于此。现代主义以来，"为形式而形式"的设计与理论，具体而言就是"为视觉形式而视觉形式"的建筑设计实践、视觉理论阐述都是被批判的、被鄙薄的、被狡黠的建筑师小心翼翼隐藏的，而本书希望掀开这层困惑的面纱，并将视觉形式的重要性从学科附庸的地位提升到与建筑本质并置的高度。

在文章快写完之时，我突然意识到，西方哲学和中国哲学由于起点的不同导致文化与思维的巨大差异，西方哲学起步于古希腊罗马的"形而上学"一元论，因此，西方哲学摆脱不了去追问世界的本质问题，也就是要试图研究清楚"本质"或者"存在"到底是什么，形式不过是本质的延伸而已，究其源头，现代建筑学的理论也并没有摆脱这一影响。

而中国哲学起步于《易》的二元论，深受辩证法影响的中国人从来就不会试图去讲清楚到底是什么是"道"、什么是"天"，长期以来都是"存而不论、述而不作、不立文字"或"子不语怪力乱神"。因此，"本质"或者"存在"都是西方式的追问，不回答清楚就意味着无所依靠的信仰崩塌；而中国文化根本不需要依靠信仰、神或者其他什么先验存在而生存，因为它始终处于一种变化和相对存在之中，因此，对于辩证法的接受程度与理解深度，中国人是最深刻的。

而"修辞学"完全可以理解为是辩证法的代数化，因此，"修辞转向"其实是极其中国式的哲学转向，可以便于我们更清晰地在哲学高度而非仅仅只是形式语言层面理解"修辞"的含义和"视觉形式"的地位，这正如第一次"认识论转向"对艺术理论所产生的影响，使"视觉形式"作为一个独立的美学和艺术概念登上哲学舞台。

任凭

2019 年 4 月 10 日

前　言

　　本书试图借助基于"语言"基础上的"修辞"概念，建立一种以修辞眼光看待建筑的话语体系。在这一体系中，"视觉修辞"是建筑师挥之不去的主观冲动，它与"功能、空间、结构、材料、技术"等建筑的客观因素一样，是另一种决定性的力量，在有规律地推动着建筑学的发展。

　　首先，当代"建筑学转向修辞"是"语言转向"持续发展的结果："语言"作为"符号、文本、图像、意义、内涵"等一切哲学观念的抽象指代，也就成为建筑学各种内涵与外在的抽象指代，"修辞"就是在这个话语体系中表达"主观推动客观、认识改造世界"的认识论载体。承认建筑设计的创造性与艺术性在于"修辞"，这就为从语言学的角度解释建筑学与建筑史打开了崭新的视野与通道。

　　其次，"建筑学的修辞转向"需要构筑一整套研究的框架体系，本书阐述了"辞格"和"演化"的两种研究方法：前者采用共时下对建筑修辞的静止研究，指向狭义修辞的辞格类型；后者采用历时下对建筑修辞的流变研究，指向广义修辞的演化框架，两者合称即为本书标题"建筑视觉形式的修辞与演化"。

　　建筑学的狭义修辞研究先将"辞格"符号化；进而类型化为"表现修辞"与"秩序修辞"的两种框架；最终形成"隐喻形变的辩证统一"，得到 $(E^M)^m=C$ 的普遍公式（E= 能指、C= 所指、M= 隐喻、m= 形变）。

　　建筑学的广义修辞研究则试图将"修辞"拉入"历史叙事"的逻辑论述中，建构"建筑修辞的元叙事"。其重点参照《元史学》提出的架构，通过三个基本层面的分析，阐述"建筑视觉形式"历史叙事所需包含的"形式的自律性"、"情节的交互性"和"影响的他律性"。

　　最后，需要应用这个话语体系来建构建筑的历史叙事：从宏观的角度，本书描述了西方 4 个不同时代中的修辞故事，它们基本上都有相似的开端、发展和结束，得出一个普遍意义上的建筑视觉形式的演化路径，并形成历史的循环；从微观的角度，本书以佛罗伦萨育婴院敞廊和萨伏伊别墅为切入点，以辞格对比和演化对比为框架，对两个建筑进行了多层次比较。

目　录

引言篇

辞格篇　建筑视觉形式的隐喻与形变

演化篇　建筑视觉形式的历史循环

应用篇 建筑的修辞叙事与修辞批评

建筑视觉形式的修辞与演化

引 言 篇

导　言

0.1　形式研究的实践意义

关于当今建筑设计的实务问题，有一个笑话：建筑师花了大把功夫，在设计之前深入阐述了理论渊源、前期调研、构思前导、功能分析、类型研究等，但最后甲方打开厚厚的文本，直接翻到效果图那一页，评价的中心思想只有两个字："美"或"丑"。这个笑话勾勒出设计市场心酸而又无奈的现实问题，但是，难道这种现象中没有一丝"朴素的真理"蕴含其中吗？

本书的起源来自当代建筑学基础理论与实务前沿的严重脱节中，大众"感性的视觉至上"与理论"客观实在的反视觉"把一线的建筑师们要不弄得精神分裂，要不就彻底抛弃了学院教育的评判尺度，妥协于市场，但是这种妥协又没有太多的理论指导，沦为一种依靠个人天赋的直觉摸索。

这种现象延伸至建筑学的教育体系与评价体系中，就造成整个学科理论与实际运用、哲学高度与工具手段、专业圈子与非专业圈子的剧烈鸿沟：一边是建筑学专业跟随大众眼光用视觉消费着"大裤衩"、"鸟巢"、"火锅"、"秋裤楼"，另一边则弥漫着对"视觉中心论"的各种反思，因为不这样就不符合建筑学的学科正确。当然，建筑学理论也还是在谈论视觉、美学、形式等问题，但话题一般限定在工具、方法、手段上，从建筑本质与意义的角度是不能对"建筑的形状"过分关注的，因为一旦关注，就陷入"形而下"的范畴里去了。

这其中是否存在一种错位？理论中，关于"建筑视觉形式"的基本论点都建立在对"本质背离"的批判上，"追求形态"于建筑师而言，从出发点开始就是错误的、不可触及的思想红线；而实践中，当今世界的宏观趋势却明显朝着"视觉时代、读图时代、影像时代"不断演进，技术手段的先进、材料科学的发展、结构束缚的突破，鼓动和诱惑着建筑师们突破清规戒律，隐晦地朝"形式主义"攀比。在这个背景下，现在的建筑学理论对于当代建筑现象的解释，尤其是对设计的创造性与艺术性的解释，就越来越苍白无力。

建筑的外在形态研究早已不是当今的热门话题，应该说自现代主义以来，或更早，建筑界就对以往"眼睛的建筑学"或者"视觉的建筑学"一直加以批判，然而，时至今日，这是否矫枉过正？按照事物发展螺旋式上升、波浪式前进的规律，建筑学从原始的"视觉本能"开始，逐步走向"非视觉的理性思维"，现在是否又应该回到正视这个问题的时候？

0.2　形式研究的理论意义

提出"重新走向视觉"，这其实与20世纪以来"现代建筑运动"之所以出现的理论根源背道而驰。现代建筑的到来与整个社会的科学主义倾向息息相关，我们对建筑的理解，其研究方向着迷于"向本质溯源"、"从现象还原"。然而，假若我们将"形式"问题上升到理论高度，则意味着要打破科学与理性至上的迷信，或者说打破"本质决定论、客观反映论"的迷思，首先需要建立"表象"所能皈依的精神哲学。这不同于传统的直线型思维,相反,它关注"表象"对建筑本质的"偏离与悖反",并承认这种"偏离与悖反"并不是错误的、反人性的和必须被纠正的,而恰恰是这个世界的一种常态,并具有规律性,而我们需要揭示这种规律之所在。

众所周知,哲学中完整的形而上学体系是本体论、认识论、方法论的统一,大多数哲学史、美学史、形式史也往往被切分为这三个历史阶段,20世纪最重要的、也最影响建筑学的哲学动向是"语言转向",它首先被看成一种方法论,但"语言转向"把哲学的本质归于"语言"(包括符号、图像、文本等一系列提法),这就像亚里士多德将世界归于"本质"、柏拉图将世界归于"理式",不仅仅是一种方法或认识,更是全新角度下的新本体。用一个比喻来解释的话,这就如同"数学"引入了 X、Y、Z 发展到代数阶段,现代哲学将概念与意义"能指所指化",将命题"语言化",从而走入了哲学的代数阶段。

然而,历史也已证明,仅仅"本体的一元论"是不够的,它必然走向"二元的认识论",人类必将认识到任何事物的"本质"其实都是"认识中的本质","存在"只是"存在者的存在",客观物质世界并不真正客观,而是主观加以修饰、改变和影响下的客观。因此,被"能指与所指、概念与意义、符号与象征"所重新指代、定义、描述的"语言"本体世界,还需要向认识论的方向继续演进,这就引出了"语言的修辞"。如果说,"语言"是"形而上学本质问题"走向代数的一种方法,那么"修辞"则是这种"哲学的语言代数"走向"二元认识论"的一种方法,即"修辞"是剖析语言世界的"辩证法"。

同样,在建筑世界中,类似"形式追随功能"等一系列理论指导下的作品,也都不是真正纯粹的"追随",而是建筑师用主观加以选择、修饰和改变下的"追随"。而这个主观的过程、非理性的选择、常常被描述成灵感和天才的部分,是大多数现代建筑理论所忽略或掩盖的,也正是本书想探究的。在此基础上,本书所描述的"建筑视觉形式"就不仅仅局限于"具体形态的描写、设计手法的集成或单纯现象的解读",而是希望从根本原理上重新肯定"视觉、形态、外在、表象的主观塑造"在建筑理论板块中的重要性;并试图从"修辞"角度重新阐述建筑历史、解读当代趋势,以作为"建筑学语言转向"的有力补充。

究其根源,本书其实还是在建筑学纠结多年的"内容与形式"关系中打转,只是转换了看待问题的角度:大部分现代主义建筑理论谈论"内容决定形式";而本书则意图谈论"内容决定形式→形式影响内容→被影响的内容决定形式"的认识三部曲,并尤其关注"形式影响内容"这一经常被忽略的环节。不过,与古典哲学业已论证的认识三部曲[①] 所不同的是,本书将借用从语言学中衍生的修辞术语,重新建构新的建筑话语体系,其目的,就是希望使这个并不新鲜、但被忽略很久的话题,能够在现代的建筑学语境中重新发光。

为此,本书构筑了"建筑视觉形式"的两种修辞研究方法:前者属于共时下对建筑修辞的静止研究,特指"建筑视觉形式的辞格";后者属于历时下对建筑修辞的流变研究,特指"建筑视觉形式的演化",合称即本书标题"建筑视觉形式的修辞与演化"。

与此同时,融合了"文学修辞"、"视觉修辞"、"历史修辞"、"科学修辞"等多方领域的"建筑修辞",既借用了修辞学的框架与术语,又试图反过来拓宽当代修辞学的新视角,构架一种以修辞眼光看待语言世界的认识论、方法论体系,即将"修辞"定义为"语言的辩证运用","修辞学"就是"语言运用的辩证法"。

---

① 比如黑格尔的"正—反—合",马克思主义的"否定之否定","波浪式前进、螺旋式上升"等。

本书的篇章结构　　表0-1

引言篇	第1章 建筑从形式到视觉形式	实践意义
	第2章 建筑学的修辞转向	理论意义

研究前提	研究内容		
辞格篇 第3章 辞格符号的类型统一 3.1 辞格的符号化 3.2 辞格的类型化	$E^R=C$ 框架	存在基础E（辞格的出发点）	发生机制R（辞格的驱动性）	辞格效果C（辞格的两极）
	第4章 建筑的秩序修辞	4.1 秩序完形	4.2 视觉操作	4.3 狭义秩序与广义秩序
	第5章 建筑的表现修辞	5.1 视觉原型	5.2 意义表现	5.3 隐喻变形与换喻变形
	第6章 隐喻形变的多维修辞	6.1 隐喻形变的辩证统一	6.2 叠加递进的修辞多维	

研究前提	研究内容		
演化篇 第7章 历史叙事的演化框架 7.1 修辞的历史化 7.2 历史的框架化	第8章 形式的自律——隐喻形变的交织演进	8.0 自律演化的研究史	8.1 视觉修辞的交织演化 8.2 宏观归集的自律演化	
	第9章 情节的交互——修辞语法的悲喜剧	9.0 修辞语法的交互	9.1 修辞的悲剧 9.2 语法的喜剧	9.3 不断扩展的艺术维度
	第10章 影响的他律——形式演化的价值判断	10.0 他律影响自律	10.1 形式间性 10.2 主客体间性 10.3 历史间性 10.4 文化间性	

应用篇

第11章 从古典到现代的修辞循环

11.0 螺旋上升的修辞循环
11.1 古希腊时代的演化叙事
11.2 中世纪的演化叙事
11.3 文艺复兴时期的演化叙事
11.4 现代主义的演化叙事

11.1-4.1 演化的开端
11.1-4.2 自我演化的运行
11.1-4.4 演化的崩塌与重构
11.1-4.3 演化盛期的自我异化

第12章 从佛罗伦萨育婴院敞廊到萨伏伊别墅

12.1 辞格的比较	12.1.1 秩序修辞的比较
	12.1.2 表现修辞的比较
	12.1.3 不完美的系统修辞
12.2 演化的比较	12.2.1 自律演化的比较
	12.2.2 纪律演化的比较

0.3　本书的篇章结构

引言篇

第1章：概览20世纪以来，建筑"形式"对应的各种"内涵"，并从柏拉图形式陷阱入手描述"建筑内涵的视觉化"，从历史实践中引出中心议题。

第2章：在当代语言哲学的"认识论转向"下，建筑语言学开始"转向修辞"，最后简述建筑修辞需要构筑的双重"方法论体系"。

辞格篇：建筑视觉形式的隐喻和换喻

（狭义修辞聚焦于"辞格"，最终形成"隐喻换喻的辩证统一"关系）

第3章：借助符号意指转化理论符号化"辞格"，进而将其统一为"秩序修辞"和"表现修辞"的两种框架。

第4章：秩序完形 ^{视觉操作} = [狭义秩序，广义秩序]。

第5章：（视觉原型 ^{隐喻}）^{变形} = 视觉表现。

第6章：用"表现修辞"完成对"秩序修辞"的框架统一，从而得到"隐喻形变的辩证统一"，并论述修辞的多维层次。

演化篇：建筑视觉形式的历史循环

（广义修辞致力于将"修辞"拉入"历史叙事"的逻辑建构中）

第7章：借助《元史学》架构，从历史叙事的三个层面来建立"修辞的元叙事"。

第8章：在理想状态下，建筑的视觉形式将在"陌生化"的驱动下，沿"隐喻→加法的换喻→逆反的新隐喻"、"隐喻→减法的形变→提纯的新隐喻"两条路径不断演化，它们交织在一起就形成了"隐喻形变交织演进"的自律演化模型。

第9章：从狭义修辞的角度，修辞与语法是对立的；但在广义修辞中，两者则是统一的。因此，两者的区分标准也从共时下的形式判断，走向了历时下的历史判断，其叙事情节成为判断的重要标准：悲剧的就是修辞的，喜剧的才是语法的。

第10章：历史语境、意识形态、价值取向等各种"他律性"会对建筑视觉形式的"自律演化"形成控制与干扰，这种控制与干扰以"影响"为其核心要素，可以从四个层面进行分析：形式间性、主客体间性、历史间性与地域间性。

应用篇：建筑的修辞叙事与修辞批评

第11章：从"修辞的角度"重新看待古希腊罗马、哥特、文艺复兴至19世纪、现代主义等时期的建筑风格，试图证明一个普遍意义上的视觉形式的演化路径，并形成历史的循环。

第12章：以佛罗伦萨育婴院敞廊和萨伏伊别墅为切入点，建构比较之，对两个时代起点的建筑视觉形式进行多层次对比，试图建构微观层面、中观层面的建筑修辞批评。

第 1 章　建筑从形式到视觉形式

1.1　内容 vs. 形式——建筑史的永恒主题

"内容与形式"作为一对哲学的基础范畴，即便不是建筑学的永恒话题，那也一定是建筑史的永恒主题。尤其在黑格尔提出"时代精神"的"历史决定论"后，"形式与内容相统一"就成为一种最重要的艺术判断标准与历史判断标准，从而影响了建筑史的叙事角度、评价体系与阅读方式，尤其，因建筑具有实用与艺术的"双重性"，从而使得这一关系更为复杂。

西建史中，"形式"一词非常重要，但其精神内核，即"建筑内涵 / 本质"的具体指向，却一直在不断变迁、含糊游移，这既折射出"内容 vs. 形式"这一建筑二元体系的内在不稳定性，也反映了建筑理论的历史变迁与观念变迁。我们仅以当代尤其是 20 世纪以来各种建筑形式所对应内涵变换，来展开这一话题。

1.1.1　功能 vs. 形式

现代建筑运动就是从"功能 vs. 形式"这对概念开始的。20 世纪初，随着对"功能"的强调，建筑的内涵与本质就改变了，原来古典建筑的"形式美"因其对"功能"的背弃而遭到了严厉的批判，但"形式"概念的二元矛盾性也随之而来：一方面"形式"既成为"功能"的对立面，建筑学以"形式主义"为名来指责那些忽视"功能"的倾向；另一方面，"形式"又成为"功能"的附属品，即沙利文提出的"形式追随功能"。

因此，二元不稳定的"功能 vs. 形式"体系从此开启摇摆模式：赖特进一步提出了"形式与功能合一"，然而密斯将其反过来变成"功能追随形式"，用路易·康的话来说就是"形式唤起功能"，而文丘里将此表述为"形式产生功能"，菲利浦·约翰逊又将其改为"形式追随形式"……[①]。在这之后，"功能"一词又被换成了别的一些东西，这种"形式与xx"的二元对立现象，即"既对立又附庸"的矛盾混合，在现代建筑话语中屡见不鲜，随着各种建筑本质的新挖掘而不断重演。

1.1.2　空间 vs. 形式

20 世纪中期，当功能主义的光环破碎，建筑史学家与评论家开始需要另外一个概念来替代"功能"，成为反形式主义下的新标准，此时，"空间"就作为与建筑的新内涵和新本质而出现。赛维《建筑空间论》的前言中，有人这样评价："既摆脱古典柱式的构图练习，又超脱于现代主义的观念"，其中我们不难看出建筑界对找到"空间"这一概念的喜悦，因其既能代替"功能主义"的错误道路，又能对抗"形式主义"。

赛维强调"空间"才是建筑的主角，他从"空间"出发，重新叙述了一遍新的建筑史，从而

---

① 汪江华.形式追随什么 [J].建筑学报，2004，11：76.

形成了直到现在还被建筑师们奉为圭臬的设计价值观：建筑的"空间本质"。在赛维的话语中，"空间"与"单纯的造型现象"相对立、相排斥，也就是说：一方面，"形式"成为"空间"的对立面，建筑学以"形式主义"为名来指责那些忽视"建筑空间"的倾向；然而，另一方面，和"功能 vs. 形式"的二元对立现象一样，"形式"最后还是成为"空间"的附庸，虽然没人喊出"形式追随空间"的口号，但这却成为设计界基本公认、无证自明的一条准则。

1.1.3　技术、结构与材料 vs. 形式

自建筑学科开始细分，18 世纪将结构专业分离出来后，一种"技术、结构与材料"所代表的"建筑内涵与本质"就开始被确立。在接下来漫长的两个多世纪里，从哥特复古、结构理性、现代主义、建构学说到现在如火如荼的参数化，建筑学界一直存在着这样一种思想挥之不去：将建筑本质归结于一种材料、力学、技术等的建构生成，总而言之，是一种科学主义的结果。

技术、结构、材料等与建筑的功能结合在一起，成为所谓建筑的"真实性"，成为评判建筑的价值标准之一，"尤其当科技越来越成为整个时代的意识形态基础时，所有与'建筑形式'相关的元素就不免被简化为清晰、易操作、科学化的结构、材料、技术与施工工艺，而违反这一原则的就被称之为形式主义而遭到批判。"[1]然而，当所有建筑师都在用"技术理性"对抗"形式主义"时，也同时在孜孜以求"技术理性"所能带来的新"形式"，这又何尝不是另一种"形式主义"？

1.1.4　意义 vs. 形式

形式与内容的对应，也就是与"意义"的对应，所以无论"建筑形式"的"内涵"指向的是前述的"功能"、"空间"还是"技术、结构与材料"，也就都意味着这是一种建筑"意义"的体现。

自黑格尔提出"时代精神"以来，就驱动着建筑师把"建筑形式"当作时代的表达而孜孜以求，丢弃了对历史、对传统的意义回望，积极寻找新的"形式"来体现当下的"建筑本质"，这就正如密斯所言："建筑必须触及新时代最内在的特质"，而它的对立面，即所有复古的、折中的、历史的，就都是"形式主义"的。在此，"时代本质 vs. 形式"的二元对立模式就此开启。

而对"意义"的关注来到现代，还逐渐演变为注重建筑的"精神性"，而彻底取消了"物质性"，"形式"开始独立于建筑的内在，与"建筑的内涵与意义"这一命题脱钩，演变成为"无意义"。"形式 vs. 内容"二元对立的这一脱钩：先是带来了"纯形式"，赫兹伯格宣称"我厌倦了人们将形式与符号等同起来，因为这样可以从形式中得到意义，我不认为形式具有意义"[2]，而彼得·埃森曼同样也反复强调，形式与功能、形式与意义之间没有关系；此后，则又从"纯形式"演变为了"无形式"。

1.1.5　无形式 vs. 形式

当"形式"从各种"建筑内涵 / 本质"的表达中走过后，最终开始反对"形式"本身存在的必要性，建筑本质被归结为了"无形式"，即不承认所有事物都有形式哲学。这其中，解构主义建筑的成就最大，它以混乱、零散、无秩序为特征，认为无定形、不确定、无深度才是普遍的。

然而，解构主义建筑师们也还是在积极寻求着设计的源头，宣称更多地从其他领域找到了出发点，而实际上，这也就代表设计师找到了"形式"的源头，一种个人化的本质表达，比如屈米和

---

① 建构的历程——建筑与结构的分歧与融合 [EB/OL]. 豆瓣网 . http：//www.douban.com/note/249531452/.
② 弗雷德里克·詹姆逊 . 后现代性中形象的转变 . 文化转向 [M]. 北京：中国社会科学出版社，2000：91–132.

库哈斯等人的"社会空间"、"生活和消费模式"、"计划与事件"等,而他们所创造的"无形式的形式"已然成了当下建筑中的一个重要主题。

1.2 柏拉图形式陷阱

在快速简约地浏览一遍现代以来"建筑形式的内涵指向"后,我们却发现:"形式"一词,一方面,被当作"功能、空间、技术、结构、材料、意义"的对应物,但另一方面,这些"功能、空间、技术、结构、材料、意义"又被用来批判"形式",尤指"形式主义","形式"一词在建筑学的理论语境中,其语义是扩大化的,它既是"内涵"的外在对应物,又指代"内涵"本身。

"形式"一词其内涵既驳杂又宽泛,产生了丰富矛盾的多重概念体系,而这种多义性的产生,必须首先追溯到它语源的双重意义:"μορφη 可见的形式"和"ετδος 概念的形式"或称之为"视觉形式"与"概念形式"。由此可见,"形式 / 视觉形式"的研究从出现的那一刻起,就一直相互纠缠到现在,对"形式"的不同理解也成为美学史、建筑史上各种流派之间斗争对立的主要原因:

> 黑格尔眼中的形式在席勒那里被称作材料;而席勒的形式指形而上学的观念;柏拉图的绝对形式理式就是黑格尔的内容;赫尔巴特的形式是内容的外衣和修饰;到了克罗齐的手里,形式就成了一种表现活动,印象的形成者。在西方美学中,一个人的著作里被叫作形式的东西,在另一个人的著作中却被称作内容的情况比比皆是,研究者稍不留神就会感到迷惑不解。①

埃德里安·福蒂在《形式》一文中认为:从柏拉图创造"形式"(form)一词起,一边可以指"形状 / 视觉形式"(shape),另一边则又可以代表"理式"(idea)或者"本质"(essence)②,从此,"形式"的指向就一直混淆不清。而这种"形式"的双重性,我们称之为"柏拉图形式陷阱":

首先,"形式"在柏拉图的本体论学说中被称为"理式","理式"是永远不变的,只有靠心灵才能了解,而与此相对的,则是靠身体认识的"形状"。在柏拉图看来:"形式"永远要高于"形状","形状"是对"形式"的模仿,艺术因"形式"的贯注与统摄而具有意义,而"形状"作为一种徒有表象的东西,应该被驱逐出理想国。自柏拉图始,这种等级感鼓动着一代又一代的建筑师,他们都试图摆脱纷繁的、表面的、肤浅的"视觉干扰"而去追溯"本真的形式",而沉湎于"视觉形式"研究的建筑理论就被称之为"形式主义"(formalism)而被理论家们所唾弃。

但是,在《理想国》中柏拉图又解释说,依靠心灵间接感受的"理式"需要借助于基本的几何图形才可以得到理解,因此,"柏拉图形式"就成为几何形状(正方形、长方形、圆形等)的代名词。也就是说,离开了"形状",我们就根本无法想象、触摸、描述和操作"形式",本真的"形式"还是需要借助于人的视觉(包括视觉想象)才可以为人们所理解。

就这样,"形式"与"形状 / 视觉形式"的逻辑悖论从柏拉图开始:"视觉形式"是"形式"的延伸,但又存在"形式内涵"对"形状外延"的贬低,它们相互依存、不可分离,但又相互排斥、水火不

---

① 张旭曙 . 西方美学中的"形式":一个观念史的理解 [J]. 学海,2005,11(4):110.

② Adrian Forty. Words and Buildings:a vocabulary of modern architecture. London:Thames & Hudson,2000 [EB/OL]. 转引自:形式 . 刘东洋 . 豆瓣网 . http://www.douban.com/note/197952386/ 西方建筑理论中的"形式"与"形式主义",城市笔记本 .

容，而这极大地影响了建筑学理论，福蒂写道："当建筑这个学科在使用了'形式'一词后，有人说，建筑成了形式概念这一暧昧性的牺牲品，有人则说，建筑调皮地利用了形式概念这一内在的含糊"①。

同样，"柏拉图形式陷阱"也延续到了现代：一方面，对于"建筑内涵与本质"的关注贯穿和引领了整个现代建筑史，代表着建筑师对建筑根本问题的绝对重视，借此反对自康德以来形式主义滥觞的建筑现象；然而另一方面，以上这些"建筑的内涵与本质"却不可避免地走向了形式主义，走向了视觉化。

1.3　建筑内涵的视觉化

现在很难回避这样一种印象，建筑的成功越来越归功于视觉上成功，当然，评论界大力批判这一现象，学术界也不承认这种肤浅的视觉决定性，于是，很多更广泛的建筑研究开始扩展："建筑师在他们的著作中把注意力集中在报告他们在语言学、信息理论、结构主义、实验心理学和马克思主义的学识上。很多时候，这些脱离主题的东西似乎冲淡了对建筑本身的讨论。毫无疑问，这些理论方法有助于我们了解主题的某些方面，但是如果不在视觉上阐明实际的建筑产品及建筑的外观、效果和用途等，那么这些学术讨论就与其说是阐明了，不如说是遮蔽了主题。……无论什么原因，企图回避建筑师的最终职责注定是徒劳的，人们可以忽略物体的形状，但是没有形状，我们也就无法与物体打交道。"②

这与 20 世纪以来"建筑内涵"的变迁史何其相似："功能"、"空间"、"技术、结构与材料"、"意义"、"社会空间"、"生活和消费模式"、"事件与计划"，等等，林林总总，从根本上是现代建筑为了反抗形式主义的视觉传统而提出的，然而，对于执着的建筑师而言痛苦的地方在于，脱离了视觉形式，纯粹的建筑也难以明确。"关注于内部自省的建筑师也就注定无可挽救地处在一种精神分裂的状态之中"③：建筑学极力在摆脱对视觉传统的关注，但建筑的本质工具一旦被理性化和机械化，艺术就离建筑越来越远，所以，所谓的建筑内涵又必须走向视觉表达，这使得各种意欲"摆脱形式"的研究，就如同宣称"最讨厌的是种族主义者和黑人"一样自相矛盾，像柏拉图一样陷入形式的逻辑陷阱之中。

为不再陷入"柏拉图形式陷阱"，不再用"形式"一词既做裁判员又下场踢球，既说明内涵又代表现象，所以接下来的论述中，我们将论述的对象明确为"建筑视觉形式"，即"建筑的形状"。

现在，我们就来看看前一节描述的、代表建筑本质的各种"内涵"是如何一步步走向视觉化，走向"建筑的视觉形式"的：

1.3.1　功能的视觉化

"功能"的建筑本质是如何走向"功能主义"的？应该说起初并没有"功能主义"的这种风格，而只是一种对抗形式主义的理想观念，然而由于建筑师们对视觉的天生喜爱，使"功能"最终演变成一种视觉可以直观感受到的形象，一种形式化，勒·柯布西耶和密斯（图 1-1）都因追求隐喻功能的视觉，而抛弃了他们本来宣称的"功能"原则。

① Adrian Forty. Words and Buildings：a vocabulary of modern architecture. London：Thames & Hudson，2000 [EB/OL]. 转引自：形式. 刘东洋. 豆瓣网. http：//www.douban.com/note/197952386/ 西方建筑理论中的"形式"与"形式主义"，城市笔记本.
② [美]鲁道夫·阿恩海姆. 建筑形式的视觉动力 [M]. 宁海林译. 北京：中国建筑工业出版社，2006：Ⅵ.
③ 童明. 空间神话 [J]. 建筑师，2003，105（10）：29.

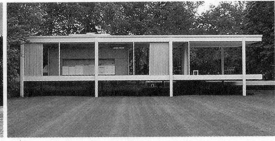

图 1-1　功能的视觉化：勒·柯布西耶的萨伏伊别墅 & 密斯的范斯沃斯别墅

　　勒·柯布西耶认为建筑的本质应该是干净、简朴、廉价、专业的，他因罗马繁杂的巴洛克装饰违背了功能原则而嘲笑它是"半瓶子醋的地狱"、"建筑的毒瘤"。因此，阿兰·德波顿曾赞美柯布："如果建筑师为了将注意力完全集中于建筑的机械功能而摈弃了所有对美的兴趣，那么一栋房子该是什么样子呢？它应该类似萨伏伊别墅"①。然而，历史的真相是，当业主希望在客厅中加入沙发、扶手椅等家具时遭到了建筑师的强烈反对："我们的家居生活因为有了'必须有家具'这种概念而陷入瘫痪，这种家具应连根拔起"。不仅如此，勒·柯布西耶还不顾业主需求坚持设计平顶，因为这代表专业和廉价，但平顶的排水性很差，一星期后房间、坡道等地方就开始漏雨，甚至使业主的孩子因此住进了医院，最终柯布承认这房子"无法居住"。

　　密斯则更进一步，他以"less is more"建立了一种席卷全球的主视觉，此后，功能主义就总与无装饰的、单调的、冷冰冰的"玻璃盒子"存在着必然联系，也为它带来了坏名声。相反，后现代开始强调形式的"复杂性与矛盾性"，建筑一夜之间仿佛又重新进入了"形式狂喜的时代"，功能主义则变成了贬义。

　　无论推崇还是贬低"功能主义"，其实都出于建筑师对视觉的关注，所以他们要把"建筑本质"的当下代表"功能"转化为一种视觉的隐喻，尤其是密斯所创造的那种视觉；而后现代建筑师们（图1-2）又用另外一种视觉去推翻前者，则代表着"建筑本质"已经变换为"虚无与复杂"的"去功能化"。正反的两个方向，其实都在说明"功能"是如何被视觉化的，或者说，如何用视觉确立了"功能"的建筑本质地位，又如何用视觉推翻了"功能"的建筑本质地位。

图 1-2　反功能的视觉化：盖里的古根海默博物馆 & 跳舞的房子

---

① [英]阿兰·德波顿.幸福的建筑[M].冯涛译.上海：上海译文出版社，2007：5.

图 1-3　安藤忠雄水御堂的空间视觉细节

图 1-4　空间的视觉化：罗马万神庙的宏大空间 & 安藤忠雄水御堂的蜿蜒空间

1.3.2　空间的视觉化

当功能主义的光环破碎，赛维《建筑空间论》的出现及时宣布"空间"推翻了"功能"的革命性地位，成为新的"建筑本质"，从此，"空间"在建筑学中的神话（图 1-3）被建立起来，直到今天。

但是，难道我们可以不靠视觉来感知空间吗？如果只是理解为"使用的空间"那和"功能"又有什么本质区别呢？用"空间决定论"来代替"功能决定论"似乎是一种巧妙的理论变迁。然而最终，建筑空间的 95% 还是离不开人的视觉来加以体验，只不过是从静止的视觉感受演变成为动态的视觉感受罢了，剩下的 5% 我们姑且承认，存在着一种脱离视觉的嗅觉、触觉、知觉型空间体验。

所以，外部造型与内部空间并不是形式与内容的关系，而只是建筑视觉形式的内外关系和虚实关系，"空间"成为建筑外形向内拓展的新发掘，一种新的视觉形式语言（图 1-4），原有的"建筑本质"是如何视觉化的，"空间"也就将如何视觉化，用"空间"来摆脱形式主义的束缚从一开始就是不成功的，必然会走向用"空间"定义的新"形式主义"。

1.3.3　技术、结构与材料的视觉化

鉴于建筑师们认识到，他们对"空间"的表达已逐渐演变为一种形式化与视觉化的钻研，又不认同历史的折中主义和向前回看的保守倾向，希望继续以激进的姿态前行，理性就要求建筑界去寻找另一种消解三维物理性的"建筑本质"，于是乎，"建构"、"表皮"、"空间的扁平化、即时化"等就纷纷出现了。

早在"建构"出现之前，对结构技术的乐观主义就促成了"结构美学"（图 1-5），设计者通过"主观想象"和"客观实施"把"力"的传导形象化，这本质上就是一种视觉化与形式化的"赋形"，

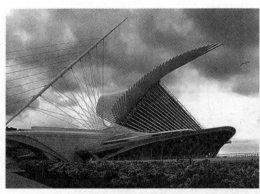

图 1-5　结构的视觉化：卡拉特拉瓦的密尔沃基艺术博物馆 & 隈研吾的东京木叠咖啡屋

通过结构力量的可视化，达到一种震撼人心的视觉冲击。

　　20 世纪 70 年代涌现出来的"高技派"（图 1-6）则将新时代的"建筑本质"上升为高技术下的建筑构造，而这种"建筑本质"也一样需要通过一种特定的"视觉形式"加以体现。从外观上看，高技派建筑的每一个细部似乎都被暴露出来，用拉索、钢杆、管道等原来的隐蔽构件形成一种视觉的混乱，强调构造、技术与材料的作用及效率，"巴尔蒙德对这种'暴露狂'式的盲目表现主义进行了猛烈的抨击，称为'细部中的魔鬼'，与真正的高技术其实没什么关系，也就是一种视觉的仿像"[①]，从这个批评中，我们可以看出"高技派"也脱离不了高技术的视觉化嫌疑。

图 1-6　技术的视觉化：巴黎蓬皮杜艺术中心 & 柏林议会大厦

　　而各种关于材料的触觉理论中，最诚实的莫过于渡边诚所说："形式对视觉起作用，而材质对触觉起作用……要使视觉与触觉相互渗透，把看不见的东西转化为可见的"[②]，这说明"材料"的"触觉本质"依然要走向"视觉表达"。早从森佩尔的理论开始，经过博塔的砖墙、安藤忠雄的清水混凝土，到赫尔佐格和德梅隆的石笼（图 1-7），材料的各种视觉演绎现已演化到"表皮"（图 1-8）这一站。

---

① 建构的历程——建筑与结构的分歧与融合 [EB/OL]. 豆瓣网 . http : //www.douban.com/note/249531452/.
② 徐强 . 内与外，实与虚——安藤忠雄与伊东丰雄材料应用对比的思考 [J]. 南方建筑，2006（3）：88.

图 1-7　材料的视觉化：砖墙 & 清水混凝土 & 石笼

图 1-8　表皮的视觉化：水立方 & 墨尔本南十字火车站

另外，近十年来突飞猛进的计算机辅助设计作为一种全新的技术力量，带来了建筑视觉形式的另一种癫狂。在这个时代，建筑师需要借助一个强大的逻辑论述去掌握作品的话语权，换句话说，在算法、程序等各种奇怪逻辑的包装下来用视觉阐述某种"建筑本质"的存在。"然而，我们并不会幼稚到认为在一个扎哈·哈迪德的建筑中，部件与部件之间就真的有着如帕特里克·舒马赫所说的'参数化的相关性'"[1]，"参数化"（图 1-9）实际掌控在技术熟练的建筑师手中，而非真正的计算机生成，隐藏在陌生感与奇异感的视觉形式背后，是一种"计算机时代"的视觉隐喻，因此，"'参数化主义'作为一种最前沿的当代建筑设计风格"[2] 被提出。

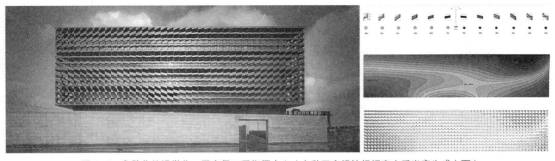

图 1-9　参数化的视觉化：于家堡工程指挥中心（六种开窗模块根据室内采光率生成立面）

① 建构的历程——建筑与结构的分歧与融合 [EB/OL]. 豆瓣网 . http : //www.douban.com/note/249531452/.
② 沈文 ."参数化主义"的崛起——新建筑时代的到来 [J]. 城市环境设计，2010，45（8）：195.

图 1-10 历史意义的视觉化：摩尔的戏谑历史 & 罗西的严肃历史

图 1-11 表现意义的视觉化：柯布西耶郎香教堂的隐喻 & 格雷夫斯迪士尼总部的明喻

1.3.4 意义的视觉化

在一系列对"建筑本质"的科学引导之后，建筑师们厌倦了这种纯理性的、冷冰冰的、抽象匿名的设计方法，开始倾向于将"建筑形式"归于"意义"，而这种倾向从一开始就是视觉化的，脱离了特定的建筑视觉形式，建筑的"意义"也就根本没有了载体。

最初的契机从反思现代建筑的历史健忘与视觉冷漠开始，因此"历史"作为"意义"的载体被强调和重视起来，一种缅怀和尊重过去的态度和一种以历史形式为素材的实践开始出现（图 1-10）。而另外一些建筑的"意义"载体不是历史上的，而是表现上的，这直接就对应了视觉上的表现主义范畴（图 1-11）。如郎香教堂、悉尼歌剧院等是通过直觉联想引发的具象视觉，如格雷夫斯"比喻的建筑"则是抽象的或约定俗成的符号，意义可以是隐含的，也可以是明喻或混合的。而那些号称形式"无意义"的建筑师，更是将设计引入了"纯形式"的形式主义道路。

1.3.5 无形式的视觉化

"'无形式'作为'形式'的反对面，不是形式不存在的建筑，而是形式不预设、不确定的建筑，是混沌时期，建筑师不固守原有的平衡，而去寻找新的平衡，所以不再奇求某种形式，以求在任何一种形式中发现美。"① 这就像现代主义建筑师的设计其实也离不开"形状"，而他们打着功能的招

---

① 赵榕. 当代西方建筑形式设计策略研究 [D]. 南京：东南大学，2005：8.

牌，这是因为当时世界上没有了美的标准，任何形式都会受到批判，必须要寻找到一种"视觉形式"存在的皈依。而当代建筑师的设计其实也离不开"形状"的永恒话题，而他们打着无形式的招牌，也是因为这个世界上"视觉形式"的标准开始缺失，需要无预设地找到新的形式附庸物。而最终，"无形式"设计所提倡的"计划"、"事件"等是否会变成"功能"一样存在呢？这点，我们可以从屈米和库哈斯作品里（图 1-12）的直接感受中得出结论，"无形式"就像"功能"一样，也正慢慢地走向一种特定的"视觉形式"。

有人这样恶狠狠地批判①：

也许应该把话说得再简单直白一点。如果对我们的专业知识做个清点，我认为可以把类似于盖里、哈迪德及其用最新型的软件所创造出来的纯粹图像的东西排除在建筑学

图 1-12　无形式的视觉化：屈米的拉维莱特公园 & 库哈斯的西雅图公共图书馆和 CCTV 大楼

① 朱亦民 . 立此为据 [EB/OL]. 新浪博客 . http : //blog.sina.com.cn/s/blog_6072c75a0101bf5h.html.

之外。这些建筑师和软件创造出来的"新"的形式，倒因为果，混淆了建筑学的伦理，在美学上肤浅而滑稽，除了瞬间的震惊之外，没有长久的价值和对人心智的启迪，像好莱坞大片一样扭曲人的现实感，只适合十六岁以下的未成年人观赏。这一类建筑，如果可以称之为建筑的话，和三十年前流行的美国式的后现代建筑一样，徒有其表，把建筑降低为一场生理水平的简单的"刺激—满足"反应。

但是，就像柯布西耶嘲讽罗马是"半瓶子醋的地狱"、"建筑的毒瘤"，这种言论与历史上曾经出现的"故事"多么相似，既不空前，也不绝后。解构主义"无形式对形式的反对"，与现代主义早期"功能对装饰的反对"、现代主义中期"空间对功能的反对"、后现代"意义对现代的反对"一样，无论人们不断挖掘出多少新的"建筑本质"，这个本质最终都会走向"形式主义"的视觉化，而后被更新的"建筑本质"推翻，这就是"建筑本质"的永恒悲哀。

1.4 走向建筑视觉形式研究

以上这段描述，似乎是完美地印证了柄谷行人在《作为隐喻的建筑》序言中所说："越是主张建筑是设计理念的完成物，就会离实际的建筑越远"[①]。

建筑师的理性要求对形式主义尤其是视觉形式加以反抗，于是挖掘出"功能"、"空间"、"技术、结构与材料"、"意义"、"事件与计划"等内涵，它们被当作"建筑的本质"，希望借以深入到建筑的灵魂层面，以摆脱肤浅的视觉决定论，但建筑师却摆脱不了视觉的控制，使得这些概念慢慢又都变成了一种视觉上的表达，走向初衷的反面。这与我们在设计实务中的感觉多么吻合，那就是我们总是宣称"空间第一"、"功能第一"……然而一到实际的项目中，就很轻易地转变为"立面第一"、"造型第一"、"效果图第一"的立场了。对于以上现象最好的注解，请看哈迪德与众多建筑师不同的战略[②]：

> SOHO 中国曾请哈迪德、MVRDV 公司等三个团队来参与投标，如果（常规来说）有六板块的说明文字内容，哈迪德可能连一块都没写满，而更多的是视觉效果图，用平面的效果图代替三维的东西。MVRDV 讲的时候，潘石屹过去打断他，说讲得太啰嗦，"能不能给我端上一盘好吃又好看的餐饮就行了？"开发商要的就是实惠。如果我有东西能占领人的整个视野，那我就不需要更多的细节东西。

最终，注重视觉表达的哈迪德中标了，上述景况类似于一种"异化"现象："人们创造出形式和空间本来是为自己服务的，但这一客体反过来却成了人所追逐的主要对象，即形式作为外在的异己力量转过来束缚主体、凌驾于人之上"，因此从建筑学的学科正确出发，要对此作出最严厉的批评："这一现象的本质是反人文精神的……视觉中心观念在中国能获得市场，与追求表面浮华的国民心态有关"[③]。

然而，这种"建筑本质"的"视觉异化"，即"形式内涵的视觉化"，难道不是一种无论古今、无分

---

① 柄谷行人. 作为隐喻的建筑 [M]. 应杰译. 北京：中央编译出版社，2011：英文版序言.
② 当日本建筑界反对扎哈·哈迪德 [EB/OL]. 文化中国. 2013–10–18. 南都网：http://epaper.oeeee.com/C/html/2013–10/18/content_1952877.htm.
③ 单军.「看得见的」与「看不见的」——对建筑学"视觉中心论"的反思 [J]. 世界建筑，2000，11：72.

中西的常态吗？视觉追求难道不是人类内心深处的一种本真需求吗？它不是反人本精神的，恰恰是人文主义的，在批评的同时，我们更要思索的是：它为何总是会发生？如何发生？有其必然性与规律性吗？

在福蒂的《形式》一文中，他开宗明义地引用了两位建筑师的原话 [①] ：

> 建筑师必须是一位形式艺术家（form-artist），只有形式的艺术才能领向一条通往新建筑的道路
>
> ——奥古斯特·恩代尔，1897 年
>
> 经由现代时代传承给我们的有关建筑师的范式，就是把建筑师看成形式的赋予者（form-giver），建筑师成了一边要通过各局部完成统一性、一边要通过形式反映意义的透明性，去构建典型的等级化、象征性结构的形式赋予者。
>
> ——伯纳德·屈米，1987 年

第一句话是关于建筑的"艺术性"。自亚里士多德的"将形式视为事物的本质"以来，形式上升为"艺术的生命"，"无形式"就是试图驳斥这一点而存在。在美学史上，形式具有本体论的地位，因为艺术之所以为艺术，就在于它们的"形式"，是"形式"而不是"内容"或其他什么使艺术具有"艺术性" [②]：音乐的听觉形式就是音乐的艺术性之所在，否则只是一种声音；建筑的视觉形式就是建筑艺术性之所在，否则只是个遮蔽物。

第二句话是关于建筑的"操作性"。无论自柏拉图的传统也好，还是我们在实践中的经验也好，都可以知道，脱离可感知的视觉元素，脱离形状的物质实体，我们的各种"建筑本质"就没有了操作的媒介，也就根本谈不上"建筑本质的体现"。

因此，无论从艺术性还是从操作性上看，是时候回归视觉了，为什么本书的着力点在"建筑视觉形式"而不是"建筑形式"就基于此，我们不想再落入"柏拉图形式陷阱"，也不想再用"形式"来掩盖"形状"，福蒂在《形式》一文中就直白说到，建筑师所说的"形式"其实大部分指的是"形状"，所以我们就直白地来研究一下"形状"问题。我们不想对承担建筑 95% 体验的"视觉"一词加以回避，这个"视觉形式"囊括了结构生成视觉（比如柱廊的形式感）、设计过程的视觉（比如平面的形式感、分析图的形式感）、空间体验的视觉（比如流线组织的形式感）等。

这是对"眼睛的建筑学"整整一个世纪回避的一种调整，更不用提在中国的古典建筑中一直就缺乏"视觉研究的传统"。当今的建筑学中，"人类与生俱来的视觉能力进入了沉睡状态……相反，人们更容易去求助于概念或者阐释，然而，这种对理性思辨的崇拜并没能帮助人们在认识事物本质的道路上走得更远，在忽视视觉潜力的同时反而使思想在抽象概念中迂回不前" [③]，这也就是当代建筑学基础理论与实务前沿严重脱节的根源所在，对于视觉的回避，或者准确点说是对"外在表象"的回避，使得我们的理论"正确但虚伪、深刻却无能"。

回归视觉，也许将是建筑实践中不可迂回的一种思考方式，在掩盖、回避、批判后，在大量空泛理论、过度理性思考后，我们是时候直接面对感性而张力的建筑表象了。

---

① Adrian Forty. Words and Buildings : a vocabulary of modern architecture. London : Thames & Hudson，2000[EB/OL]. 转引自：形式 . 刘东洋 . 豆瓣网 . http://www.douban.com/note/197952386/ 西方建筑理论中的"形式"与"形式主义"，城市笔记本 .

② 曹晖 . 视觉形式的美学研究——基于西方视觉艺术的视觉形式考察 [D]. 北京：中国人民大学，2007：42.

③ 王楠 . 视觉图像的心理规律初探：从阿恩海姆的"图"到贡布里希的"图式" [D]. 上海：上海师范大学，2010：10.

第 2 章　建筑学的修辞转向

　　我们研究建筑的视觉形式，并不意味着要推翻自现代以来的建筑形式传统，一种把"建筑本质"看作"功能"、"技术"、"需求"等科学主义的理性传统，而只是认为一切基于理性，但不完全归于理性。建筑，当然是由人类的功能需求所推动，也当然是由技术工艺的发展所决定，然而，为什么我们不能接受全部的方盒子、国际式？又为何演化出如此丰富多彩、造型各异、视觉冲击强烈的现代建筑？至少，我们现在的建筑学中有一大块内容的缺失。

　　我们经常从感情、习惯、精神等感性角度去零碎地解读"视觉形式"，在这些描述中，"建筑形状"始终是一种被动的形象，是被控制的、被得到的、被影响的，也就是附庸的，意即在建筑学内部的学科地位中，"视觉形式"是"形而下"的，不值得做体系性的研究，即便研究，那也只是回溯"本质"的一种现象学工具。很少有人把"建筑视觉形式"看作一种具有独立生命的力量，也很少有人意识到它会反过来操控建筑师、影响建筑师，具有自我意识，会自行演化。

　　我们回顾现代主义建筑运动之所以到来，它与整个社会的科学主义倾向息息相关，然而，走向"建筑视觉形式"的研究，则意味着首先要打破一种客观决定论的迷思。要系统地研究"建筑视觉形式"，我们就要先建立它所能皈依的精神哲学，这就是本书希望借助"修辞"建立的建筑话语体系，即"建筑学的修辞转向"，它首先是从建筑语言学衍生出的"二元辩证认识"，接下来则需要构筑建筑修辞的"方法体系"。

2.1　转向修辞的认识论

2.1.1　"语言转向"的得失

　　20 世纪以来，语言学逐渐成为哲学的显学，"语言转向"（linguistic turn）就成为区别现代哲学与传统哲学的一个重大变化。正是由于人们认识到，长期以来哲学问题的争论、表达、辨析都离不开语言，换句话说，哲学思辨在相当程度上已等同于语言问题或语言游戏，所以语言就成为现代哲学反思自身的起点和基础。

　　而"语言"的概念被引入建筑，即"建筑学的语言转向"，就构成了当代建筑学的理论基础，颠覆了自古典以来整个建筑学的诠释系统。到 20 世纪 80 年代，建筑学中"语言、符号"的提法已成为一时之盛，以致进了建筑系就像"错进了文学院的大门"[①]，此外还有诸如类型学、现象学、形态学等从准语言、类语言角度新开辟的建筑学领域。

　　然而，当前的"建筑语言学"却已走入困境，最明显的就是它对设计实务的帮助有限，反而陷入一种概念的定义游戏之中。当我们用"语言学"的符号研究取代设计灵性，把理论研究变成构筑逻辑严密、概念套概念的"语言之树"时，建筑的艺术性就荡然无存了。

---

① 查尔斯·詹克斯. 后现代建筑语言 [M]. 李大夏译. 北京：中国建筑工业出版社. 1986：译者序言.

在《建筑语言的困惑与元语言——从建筑的语言学到语言的建筑学》中，作者严格按照"语言／言语"的索绪尔式关系，试图诠释和剖析建筑学与语言学的交叉，就得出了必须研究"元语言"这一更高层次的结论①。然而，这种基础性的"元语言"②却是难以清晰界定的，我们对"元"的借用往往就像剥洋葱，剥完一层还有一层，结果造成定义的无穷后退，逻辑的死循环。而为终止这一循环，只好提出不依靠词语概念系统而使用"现象学"方法，在直观中把握本质，而这意味着，建筑设计的能力获取陷入一种神秘主义③之中，靠的是个人的悟性与天赋，不可描述、只可感悟。这就是所有"一元论"理论体系的通病：在追寻绝对本质而不得的最后，都不得不预设一个不可知的先验存在。

其实，"语言"的出现是为了澄清哲学概念、达到精确表述，在分析哲学的大背景下出现的，进一步说，我们在唯科学主义的时代信仰下，才能把"语言学"看得更清楚。用一个比喻来解释的话，面对同一个应用题：古典哲学就像小学应用题，用直接的方法来解答，归于直观概念下的"心理学"方法；现代哲学则像初中代数，用语言学引入了"X、Y、Z"的基本符号，**将哲学命题语言化，将概念与意义"能指、所指"化**。语言符号之于哲学就相当于为解题而预设的 X、Y、Z，但"哲学家若把自己的工作即概念考察，误当作或混同于实质研究，那么，他不是把哲学变成了科学，而是幻造出了一种东西：形而上学"④。

现在，虽然建筑实践继续着迷于"空间、建构、表皮、参数化"等实用化的技巧，但在更深一层的基础理论中，已没有人探讨"比例、尺度、均衡"等操作性的东西，取而代之的是"语义、隐喻、模式"等更学理性的探究，或者进而更加深入到"元语言、图式、逻辑"等哲学化的词汇中。总之，所有现代建筑理论的山头变换，大部分是在宣告新本质的挖掘与开发，而这些都建立在对旧本质的批判上，从而走向了"一部批判的历史"⑤，从一个本质走向另一个本质，这也就是格林伯格重新定义的"现代主义"，是"用某一学科的特有方法去批判这一学科本身"。然而，这与胡塞尔的"意象"、海德格尔的"存在"、维特根斯坦的"图式"、阿恩海姆的"式样"、荣格的"集体无意识"、心理学派的"格式塔"、列维·斯特劳斯的"结构"等一样，其实都是柏拉图"理式说"与亚里士多德"本质说"的延伸，所有关于"本质"的本体定义一旦陷入"一元论"，也就陷入了逻辑的死循环，只好不停地从旧本质走向新本质，来完成自我批判的延续。

因此，当代"建筑学"不能停留在以"语言"为名的一元本体论上，而要走向主客观相互影响的二元认识论，也就是从研究"客观本质是什么？"走向"主观表达为什么？"并最终走向"主客观的辩证"。

---

① 作为语言反思的结果，论文建议区分建筑语言和建筑学语言：前者体现在内容层次，即具体的建筑风格和建筑作品（相当于言语）上，后者体现在形式层次，是像功能语言这样的普适性的规则系统（相当于语言），但两个层次之间又需要另一种逻辑性的元语言来打通。来源于：程悦.建筑语言的困惑与元语言——从建筑的语言学到语言的建筑学.[D].上海：同济大学，2006；摘要.

② 元语言最初来自逻辑学家塔斯基，此时的"元"还是相互的：汉语可以作为英语的元语言，英语也能作为汉语的元语言，甚至英语也能作为英语的元语言。然而，后来"元"的概念就有了变化，比如：分析哲学中的"元语言"意指"描述语言的语言"，结构主义和解释学的"元语言"、"元叙事"、"元话语"是基础性、本原性的，罗兰·巴特称"神话"就是一种"元语言"。

③ 这种被称为"元语言"的东西总的来说应是一种语言能力，而不是一套真正的语言符号系统，它只是在向我们显示，却无法用概念说出，不能像功能问题那样可以清楚地画在纸上来交流和讨论……似乎什么都可以传授，唯独这种能力却是神秘的、经验的，只有通过不断的感悟才能得到。来源于：程悦.建筑语言的困惑与元语言——从建筑的语言学到语言的建筑学.[D].上海：同济大学，2006：17.

④ 陈嘉映.语言转向之后.[J].江苏社会科学，2009（5）：20.

⑤ 肯尼斯·弗兰姆普敦.现代建筑：一部批判的历史[M].张欣楠译.北京：三联书店，2004.

而这种转向，从语言文本的领域出发，首先转向了"解释学"。"语言转向"致使"狭隘的逻辑理性取代了统治哲学领域达两个世纪之久的'认识论转向'"①，所以，要对此进行修正就成为"解释转向"（interpretive turn）出现的缘由。

2.1.2 "解释转向"的突破

所谓"解释学"原指解读文本、典籍、经文要义的学科，又称"阐释学、诠释学或释义学"，而"现代解释学"则借鉴存在主义哲学，在"意义解读"中积极反思"主观存在"，将"解释／理解"由一种"文学的方法论"，转变为一种"哲学的本体论和认识论"，从而走向了"解释转向"。

德国存在主义哲学家海德格尔认为，存在的本真意义要通过"解释"宣告出来，"此在的现象学就是解释学"②，因此，在他的哲学中"存在论、现象学、解释学"三者是统一的③，海德格尔也因此成为现代解释学的开创者。当然，他所谓的"解释／理解"其实是牢牢建立在"语言"基础之上的，直到海德格尔认为"语言是存在的家园"，因而"对存在的理解"就转为"对语言的理解"。至此，传统解释学的内涵发生了根本性变化，从"关于文本的意义解读"转为"对存在的领悟"，从而走向整个人文科学，这就使得"解释学"扩展成可称之为"解释转向"的哲学范畴。

海德格尔特别强调"时间"的作用：首先，因为"解释／理解"是主观的，所以其完成依赖于理解的"前心理结构"，这就与"认识是主体运用先验感性和知性范畴，对材料表象进行综合整理而得来"这一康德认识论异曲同工，从而向主观认识论靠拢；其次，因为理解存在时间线索，即每一次理解都受"前理解"影响，反过来又影响到"下一次理解"，所以所谓完满的理解就是"解释循环"的最充分实现。而他的学生加达默尔进一步强调了理解的"历史性"，将海德格尔的"前结构"具体化为成见、权威、时间间距下的"效果历史"④，所以，"解释"就不仅仅追求作者的原意，而是要通过"视界融合"⑤去扩大和丰富意义的范围。

海德格尔和伽达默尔奠定了在"语言"中引入"主观理解"的认识基础，但这在哈贝马斯看来，却只不过是旧式的"经验主义"披上了"语言"的新装。因此，他提出"历史与传统"不是被全盘接受的，一旦出现意识形态的僵化，"反思"才决定着传统的历史效果，而在此过程中，"语言"作为统治力量和社会势力的媒介，服务于有组织的权力关系的合法化，因而具有意识形态属性，"问题不是语言中包含着欺骗，而是用语言本身来进行欺骗"。可以说，哈贝马斯带领着"解释学"转向了意识形态批判，认识到了"语言"的权力属性与暴力属性。

然而，伽达默尔和哈贝马斯的学术争执，看起来也只是披上了"解释"外衣的"结构主义与解构主义"旧式矛盾，却并没有碰触到"语言转向"的核心难题："语言"作为一种代数方法，要

---

① 郭贵春."解释转向"的意义.科学技术与辩证法 [J].1994，11（3）：16.

② [德] 海德格尔 . 存在与时间 [M]. 陈嘉映，王庆节译 . 北京：三联书店，2004：42.

③ 姚钢 . 建筑的"正典"与误读——不同视域下的建筑文本解释 .[D]. 天津：天津大学，2010：19.

④ 伽达默尔认为："真正的历史对象根本就不是对象，而是自己和他者的统一体，或一种关系，在这种关系中同时存在着历史的实在以及历史理解的实在。一种名副其实的解释学必须在理解本身中显示历史的实在性。因此我就把所需要的这样一种东西称之为'效果历史'"。传统与历史并不是时间的物理性沉淀，在解释的过程中，历史会对当下产生影响，而当下也会对历史产生反作用。这种"效果史"的自觉是构成解释活动的重要元素。

⑤ 解释是读者与文本的一种对话性的交往，两者拥有各自的视域。视域的基本概念就是基于某个立足点所能看到的范围，我们总是被局限于我们自身的视域中。可见，解释过程本身就是文本的视域与我们的视域融合成更大视域的过程。于是解释既能克服解释者自己的个别性，同样也能够克服他人的个别性，从而实现文本意义的提升。这是一个不断融合他者、不断拓展自身的过程，是对开放的、无限的意义的展望。真实的理解是各种不同主体的"视界"相互"融合"的结果，只有把作者视域和读者视域融合起来构成一种新的和谐，才能出现具有意义的新的理解。

如何使用代数工具，对"解释问题"进行精密描述，说白了，就是如何对近代哲学旧观念的"主观心理问题"进行语言学的代数化描述。代数之于数学是一种飞跃，"字母表示数"帮助人们建立数感的符号意识，但代数最重要的并不是"字母表示数"如何建构与对应，而是如何在此基础上建立"方程式、分式、根式或微积分等一系列的相关运算"。具体而言，就是"语言与存在"、"符号与形式"的对应关系（本体论关系）此时已不再重要，如何用"语言或符号"建立"存在或形式的方程式"才更重要。而这一关键，法国哲学家保罗·利科窥到了门径：

> 在利科的解释学理论中，与符号学相关的概念诸如文本、话语、隐喻、象征、修辞等成为其解释学研究的突破口……由此可以说，符号学的相关理论在利科的解释学理论中是极其重要的，细致地分析这些理论有助于我们对他的解释学理论做一个较为全面的理解。①

保罗·利科与前人最不同的一点，就是他认为"主观解释"还是要建立在结构主义"能指、所指"的符号基础之上，他甚至断言"不通过结构的理解是无从发现意义的"。但利科对结构主义的成功发展在于他反对结构的封闭，即反对"一元的结构"，他认为结构主义过于重视"句法"而轻视"语义"、过分执着"静态"而忽视"动态"，从而使"语言"成为一个封闭的系统。利科主张"语言"要从静态结构中解脱出来，走向隐含、模糊、流动的一种过程性、多义性研究，因此，利科的解释学就具有了"二元辩证"的认识论自觉，饱含着"事件 vs. 意义"、"说 vs. 写"、"说明 vs. 解释"、"文本 vs. 隐喻"、"历史叙事 vs. 虚构叙事"等各种二元要素的辩证统一，"在主观唯心的先验知识和客观唯心的绝对知识之间，利科的解释确实具有辩证法的自觉"②。

然而，"现代解释学"源自于"现象学"，因而摆脱不了"从现象中探究本质"的根源，总体而言，"解释转向"的推演方向是"从认识中寻求本体"，而不是反过来"从本体中寻求认识"：海德格尔和伽达默尔将"解释 / 存在"的本体溯源为"语言"，论断"能被理解的存在就是语言"；海德格尔后期进一步将"语言"的本体溯源为"诗"，将"艺术"的本体溯源为"真理"，认为只有"诗是真正让我们安居的东西"③；而保罗·利科则更进一步，将"语言"的本体溯源为"隐喻"，并用"隐喻之真"与"真理"相连（尽管是《活的隐喻》，但在符号学的最小层次上保罗·利科丢失了二元的辩证性）。

而正是这种追求"本体"的一脉渊源，影响到了所有从"现象学"流淌而出的各种建筑思潮，"体验、场所、触觉、身体的知觉空间"等幻化为一种超验的本质，来指导建筑的"生成"。

尽管如此，保罗·利科对于"象征和隐喻"的重视，终于使得"解释转向"向"修辞"靠拢，证明从"语言学"中衍生的"修辞术语"可以很好地处理"主观解释"的心理问题，从而使"语言"这种代数工具有可能从客观的、纯理性的分析哲学领域，走入主观的、模糊游移的思辨哲学领域。

不过，"解释转向"毕竟建立在文本释义的基础之上，即便跨界到文艺与审美领域，具体对"建筑、视觉、图像"等都没有太多直接的著述。这使得"解释学"与"建筑学"的距离相比起"语言学、图像学、现象学"来说都更加遥远，导致"建筑学的解释转向"并没有出现。

此时，哲学领域尤其是美学领域出现另一种异动，就是质疑"语言"作为第一哲学代数工

① 周珍 . 利科的解释学符号美学研究 .[D]. 南昌：江西师范大学，2010：摘要 .
② 李金辉 . 辨证的超越——保罗·利科尔的本文解释学 [J]. 理论探讨，2004（5）：41.
③ 海德格尔 . 人，诗意地安居 [M]. 郜元宝译 . 上海：上海远东出版社，2000：89 .

具的合法性，正是因为"语言学"对于视觉图像领域的无力，在艺术美学领域试图用"图像"摆脱"语言"至上地位的倾向悄然升起。当"语言转向"遇到种种困境之时，"图像转向"就开始粉墨登场。

2.1.3 "图像转向"的实质

"图像转向"首先要向上追溯到古代图像志传统、德国古典美学，直至 19 世纪下半叶阿比·瓦尔堡 ① 及其门生潘诺夫斯基、贡布里希开创的"图像学"研究。"图像"在西方对应众多词汇：潘诺夫斯基图像学（Iconology）使用从圣像发展而来的 icon；而布雷德坎普图像学（Bildwissenschaft）则使用源于德语的 bild，并不区分物质的 picture 和精神的 image，表示与圣像传统脱离，拥抱大众文化；而托马斯·米歇尔则区分地使用 picture/image/icon 三种词汇。

以上多种表达，意味着"图像学"各分支的学术分歧，不过，无论各个流派对"图像"如何定义，我们都可看作"视觉形式"的同义词。本书的"建筑视觉形式"接近 picture，就是一种普遍实在的建筑视觉，与精神属性的 image、精英属性的 icon 相区别。

然而，只是关注"图像"的研究并没有达到可称之为"转向"的程度，因为，冠之以"转向"意味着哲学元理论的重大变迁，而早前的"图像学"走向普遍性人文学科的最远距离，充其量被定义为文化史研究的一个分支，发展为"图像证史"的观念，被认为是"西方史学上的一个重大转折：将视觉图像提升到历史证据的地位" ②。

直到 1992 年，美国图像学家托马斯·米歇尔首次提出"图像转向"（pictorial turn），认为由"图像"所统治的文化变迁已经到来。他认为"词与形象的辩证关系似乎是符号架构中的常数，文化就是围绕着这个构架编织起来的，文化的历史部分是图像和语言符号争夺主导位置的漫长斗争历史" ③；曹意强也在《艺术史中的视觉文化》中这样说道："今天的'视觉的转向'就是对'文字霸权'的反抗，可以说，人类的智性史是一部图像和文字争夺统摄权的历史" ④。应该说，他们点出了能够成为一种"转向"的关键因素，只有当"图像"与"语言"一样成为人文科学的中心话题，才是"图像转向"成为现实的可靠标志。

在托马斯·米歇尔最重要的宣告性论文《图像转向》中，他试图从一个"悖论"的正反两面来证明"图像转向"的人文变迁已经到来：正面是当代文化从"语言主导"向"图像主导"转变，"读图时代"正在到来；反面则是对图像的恐惧，对图像可能摧毁其创造者和操纵者的焦虑：

> 古希腊时期，柏拉图拒绝视觉艺术，因为他认为表象世界、人类的视觉都是不可靠的，可靠的是先天的"理式世界"。而后现代主义的图像惧怕更为强烈，渗透着对科技发展的忧虑，认为其催生了图像拜物教，导致人类沉浸在图像景观中丧失理性，甚至"娱乐至死"。⑤

---

① 德国艺术史大师阿比·瓦尔堡（Aby Warburg）在论文《弗拉拉的无忧宫意大利艺术与国际占星术》中，使用了新词汇"图像逻辑的"来倡导一种新的但脱胎于传统图像志研究的艺术史理论模式，其关注的是艺术研究过程里内容与形式的相互作用，从更完整的文化语境条件下来关照创作行为本身。

② 曹意强. 图像与历史——哈斯克尔的艺术史观念和研究方法 [M]. 艺术史的视野——图像研究的理论、方法与意义 [M]. 杭州：中国美术学院出版社，2007：35.

③ W.J.T. 米歇尔. 图像学：图像、文本、意识形态 [M]. 陈永国译. 北京：北京大学出版社，2012：50.

④ 曹意强. 艺术史中的视觉文化 [J]. 美苑，2010（5）：4.

⑤ 郑二利. 米歇尔的"图像转向"理论解析 [J]. 文艺研究，2012（1）：32.

　　其实，这一"悖论"恰恰证明了本书"导言"一开篇摆出的当代建筑实践与理论的矛盾所在，暗合"第 1 章 建筑从形式到视觉形式"试图描绘的学科景象。建筑理论中"对视觉欲望的回避与批评"就是一种"图像恐惧"，它与纷繁复杂的建筑现象同时存在，米歇尔认为这种"图像恐惧"由来已久，抵制图像与图像的出现一样源远流长：

> 　　图像恐惧屡屡出现于人类文明史，如古希腊柏拉图拒绝视觉艺术，因为担心视觉艺术破坏人类对"理式"的崇尚；中世纪的"偶像破坏运动"对图像进行大清洗，源于担心用视觉形式塑造上帝会减弱人类对上帝的信仰；18 世纪浪漫主义思潮又掀起了"反图像"热潮，如爱德蒙·伯克批判图像诗学，否定诗歌的形象性，认为诗歌只应表现模糊的、神秘的、不可理解的及崇高的东西；20 世纪的文化公共领域中同样弥漫着对图像的恐惧。[①]

　　在《图像理论》中，米歇尔将"图像抵制"上溯到"维特根斯坦的形象恐惧和语言哲学对视觉再现的普遍焦虑"[②]，认为是"语言哲学"禁锢了对图像的理解，所以提倡将"图像"置于与"语言"相同的地位，号召"图画就仿佛语言一样成了人文科学理论中的一个核心话题，也就是说，表示其他事物的一个模式或比喻"[③]。

　　在 1986 年出版的《图像学》一书中，米歇尔企图建构庞大的图像家族（The Family of Images），他为这个家族建立了一个家谱，即下图这个"家族树"（图 2-1），家族树上的每一个枝干都代表一种图像的类型：

Image（形象）				
Likeness（相似性）				
Resemblance（相像性）				
Similitude（比喻性）				
Graphic（图解的）	Optical（光学的）	Perceptual（知觉的）	Mental（心理的）	Verbal（词句的）
Pictures（图画）	Mirrors（镜子）	sense data（感知数据）	Dreams（梦境）	Metaphors（暗喻）
Statues（雕像）	Projections（投射）	Species（物种）	Memories（记忆）	Descriptions（描述）
Designs（设计）		Appearances（表现）	Ideas（想法）	
			Fantasies（幻想）	

图 2-1　米歇尔的图像家族树 [④]

心理形象（精神形象）属于心理学和认识论，光学形象属于物理学，图解的、雕刻的和建筑的形象属于艺术史学，词句的形象属于文学批评，知觉形象占据了生理学家、神经病学家、心理学家、艺术史学家的更广阔的领域，而学光学的学生会发现他们正和哲学家和文学批评家合作。

---

① 郑二利. 米歇尔的"图像转向"理论解析 [J]. 文艺研究，2012（1）：34.

② 维特根斯坦的哲学生涯明显是自相矛盾的，他开始于一种关于意义的"图像理论"，却以一种圣像破坏的出现而终结，这种对形象的批判导致他摒弃了早期的图像主义，并说出这样的话，"图像俘虏了我们。而我们无法逃离它，因为它置于我们的语言之中，而且语言似乎不可阻挡地向我们重复它"。罗蒂决定"把视觉的、尤其是镜像、隐喻一起排除在我们的言辞之外"，这与维特根斯坦的形象恐惧和语言哲学对视觉再现的普遍焦虑相呼应。我想要说的是，这种焦虑，这种出于保护"我们的言辞"而抵制"视觉"的需要就是图像转向正在发生的一个确切的信号。转引自郑二利. 米歇尔的"图像转向"理论解析 [J]. 文艺研究，2012（1）：36.

③ [美]W.J.T. 米歇尔. 图像理论 [M]. 陈永国，胡文征译. 北京：北京大学出版社，2006：4.

④ Mitchell W.J.T. Iconology：Image，Text，Ideology [M]. Chicago：University Of Chicago Press，1987：10.

然而，从上面这个"家族树"中，我们可以看出米歇尔的困境：正如福柯认为"词与物"的关系是无限的，图像与语言的关系、或者说图像的类属定义也是无限的，在这种无限性下米歇尔只好提出"元图像"（一种能自我指涉、自我呈现的二级图像）来构筑庞大的、包罗万象的"图像之图像"穷举法，其实这与"建筑学元语言"的死循环体系异曲同工，关于"元图像"、"超图像"、"图像树"、"图像家族"等定义的自我衍生，是把视觉形式研究无意义地复杂化和扩大化，从方法论的本质上讲，并没有脱离"形式一元论"的定义游戏，这也是"图像转向"试图将"图像"论证为客观世界"新本体"的必然结果。

所以，与其说"图像的恐惧与焦虑"是视觉上的，不如说是世界观桎梏于"一元本体论"的先天缺陷，人类恐惧与焦虑一种偏离稳定所导致的未知与失控。

布雷德坎普认为"图像的含义是不能穷尽的……图像是文字这种媒体无法追赶的，在对象和明确含义之间永远有一条无法跨越的鸿沟"[①]，因此语言哲学不能解释图像。然而，"解释转向"已充分证明纯客观意义的不存在，即便是文字语言，其"能指所指——对应"的稳定结构也不可实现，对"本质意义"的寻求是一种徒劳无益的幻想，理解必然是误解，阅读必然是误读。所以，图像与语言相比也没那么不同寻常，只不过是我们还没有找到"如何将图像语言化"的要害："词与形象的辩证关系"、"图像和文字争夺统摄权的历史"与其说是"语言 vs. 图像"的本体矛盾，不如说是"本质 vs. 偏离本质的表象"的认识矛盾。

因此，米歇尔虽然第一个提出了人文学科的"图像转向"，但却并没有把握好转向的方向：与其说"图像转向"是研究方法"从语言学转向图像学"，还不如说是研究对象"从本质转向表象"，类似于上一章我们最后谈到的"回到视觉本身"。相对来说，海德格尔在《世界图像时代》中的描述可能更合适："从本质上看来，世界图像并非意指一幅关于世界的图像，而是指世界被把握为图像了……世界成为图像这样一回事情标志着现代之本质"[②]，"图像在此并不是指世界的摹本，而是指'存在者的存在，是在存在者之被表象状态中，被寻求和发现的'[③]，强调的是人在表象活动中，主体和主体的对象化这一辩证过程"[④]，即"本质 vs. 表象"的辩证统一。同样，前一章所描述的"建筑内涵的视觉异化"，也就不再是"异化"，而是一种表里的辩证转化，是主观凌驾客观的认识常态。

在这种理解下，"图像转向"就与近代哲学的"认识论转向"异曲同工：从一元走向了二元，从本质走向了认识，从逻辑走向了思辨，从本体走向了表象。而那一次"认识论转向"在美学领域的最大成果，就是"'视觉形式'作为一个独立的美学和艺术概念登上哲学舞台"，"走出久寄哲学、美学之藩篱而获得了独立地位"[⑤]，这意味着"图像学"其实是"转向表象"的结果，而并非手段。

同时这也说明，"图像转向"没有必要、也不可能摆脱"语言"概念来清谈"图像"，因此，最后米歇尔还是不可避免地借用了从"语言学"中衍生的"修辞术语"来间接说明，他认为："词与形象"、"诗与画"、"形象与文本"之间是一种"差异的比喻"[⑥]，"文本与形象、符号与象征、象征与语像、换喻与隐喻、能指与所指——所有这些符号的对立，我认为，重申了传统的比喻描写诗

---

① Horst Bredekamp. Kunsthistorische Erfahrungen and Anspriiche 转引自：贺华. 视像时代的图像学——霍斯特·布雷德坎普的图像研究 .[D]. 北京：中央美术学院，2008：29.
② [德]马丁·海德格尔. 世界图像时代. 海德格尔选集 [M]. 孙周兴编. 上海：上海三联书店，1996：899.
③ [德]马丁·海德格尔. 林中路 [M]. 孙周兴编. 上海：上海译文出版社，1997：84-86.
④ 杭迪 . W.J.T. 米歇尔的图像理论与视觉文化理论研究 [D]. 济南：山东大学，2012：2-3.
⑤ 曹晖 . 视觉形式的美学研究——基于西方视觉艺术的视觉形式考察 [D]. 北京：中国人民大学，2007：16.
⑥ [美]W.J.T. 米歇尔 . 图像理论 [M]. 陈永国，胡文征译 . 北京：北京大学出版社，2006：47.

与画之间差异的方式"①。

"语言对世界的命名和编码，不是标签式的，而是修辞化的，人际交流不是把存在着的世界转化为抽象的表述，而是把真实世界转换为似真甚至失真的修辞世界"②，这点出了语言的修辞性质。修辞又被称之为"言说的艺术"，这就在"语言"、"图像"和"艺术"之间，以"修辞"为名建立起了连通的桥梁。

建筑学理论大多借助语言学的衍生，把"图像 / 视觉形式"理解为一种中性的"符号"，企图用符号学研究解决实际问题，但是这遮蔽了图像"天生就修辞"的独特性。相对于"语言"，"视觉"是二维的，这个二维不是指时空关系中的二维，而是指视觉本身就带有"修辞"，就像用"词汇"建构了二维的"语句"或"篇章"一样，"符号"建构了二维的"图像"，修辞在其间一定会发生作用。如果人们认为"言语都是修辞性的"太过绝对，但一旦将"概念化表述"置换为"审美化表述"，那么其修辞性就一定存在。正是因为忽视了修辞对视觉的巨大作用，有时甚至是反义的作用，把图像都当作符号事实，陷入语义的死胡同，这才使得建筑视觉形式的模仿、反映、隐喻、游戏等都失去了合法性。

正是为了避免图像修辞对宗教纯粹信仰的污染、视觉修辞对建筑正统教条的破坏，所以"图像恐惧屡屡出现"，而后现代的"视觉危机"一词更描述了人类对于各种"视觉修辞"摧毁"逻辑理性"的恐惧，这恰恰揭示了视觉图像的修辞本质，"图像转向"的实质，也许要到"修辞转向"中去寻找。

2.1.4 "修辞转向"的到来

在纳尔逊·古德曼的经典文章《世界所是的方式》中，他这样描述自己矛盾纠结的心理历程：

> 对语言的图像理论的破坏性攻击是，一种描写不能再现或反映真实的世界。但是我们已经看到，一幅画也做不到这一点。我开始时就丢掉了语言的图像理论，结论时采用了图画的语言理论。我拒绝用语言的图像理论，理由是一幅画的结构与世界的结构并不一致。然后我得出结论，使某物与之相一致或不一致的世界结构这种东西并不存在。你可以说语言的图像理论与图画的图像理论一样虚假和真实；或，另言之，虚假的不是语言的图像理论，而是关于图画和语言的某种绝对观念。③

这种"关于图画和语言的某种绝对观念"就是我们目前对"语言学"的狭隘理解：要不，就指望一种不可能存在的"通约符号"来直接涵盖"文字、图解、曲谱、代数公式、习俗乃至政治"的广泛领域；要不，就用"机械分类"来切分不可穷尽的各类"元语言"。这就是被米歇尔称之为"语言帝国主义"的失败之处，也正是为何"建筑学的语言转向"穷途末路之所在。

"语言转向"后，关于"建筑"和"语言"之间存在着三种关系④：

第一种关系，就是以语言之名把以前的理论重述一遍，即【语言学二元一次方程式：所指 =

---

① [美]W.J.T. 米歇尔 . 图像理论 [M]. 陈永国，胡文征译 . 北京：北京大学出版社，2006：50 .

② 谭学纯，李洛枫 . 修辞学批评：走出技巧论 [J]. 辽东学院学报（社会科学版），2008，10（5）：70.

③ Goodman. Problems and Projects. New York：Bobbs-Merrill[M].1972：31-32// 转引自 [美]W.J.T. 米歇尔 . 图像理论 . 陈永国，胡文征译 . 北京：北京大学出版社，2006：76-77.

④ 程悦 . 建筑语言的困惑与元语言——从建筑的语言学到语言的建筑学 [D]. 上海：同济大学，2006：33.

能指】。"="在这里不是相等，而是对应，这个方程式是"语言"简单对应"建筑"的直觉反映，因此，它就与所有的"一元论"一样，对复杂性局面束手无策，于是又产生了后面两种延伸。

第二种关系，实质上是向后撤退，认为建筑本质上就不同于语言文字系统，反对简单移植，而相应提出"非言语"、"半语言"等特殊解释。应当说，这种思考陷入了尴尬，因为试图求助的是比结构主义语言学更不成熟、更朦胧的模式，而且，对不同学科门类特殊性的强调，就使得建筑、服装、电影、舞蹈、绘画、音乐等艺术门类都成为不可通约、无法交流的孤立学科，结果是导致神秘主义和不可知论。

第三种关系，则是选择向前迈进，希望寻找到某种统一的泛符号模式，来解释和研究建筑乃至一切文化现象，但总的来说，这一方向的努力目前并未成熟，涌现出"元语言、二级意指系统、情感符号、大叙述段、通讯代码、文本"等各种不同路线。"建筑学的修辞转向"就处于第三种关系之中，但它与"元语言"这样趋向"建筑原型、本质"的本体论方法不同，"修辞"更注重意义产生的认识过程，关注的是"能指"、"所指"之间层次复杂的对应与偏离关系，而不是"能指"、"所指"本身。

结构主义建构在索绪尔创造的"能指"、"所指"两个代数基础之上，"能指"指语言的声音，"所指"指语言反映的概念，而随着语言学扩大为符号学，"能指"泛指符号的外部表征，"所指"泛指符号的内涵概念，因此，两者可以进一步理解为"形式 vs. 内容"、"表征 vs. 意义"、"理解 vs. 本源"等各式各样的二元对立辩证元素，也可以指代前一节"本质 vs. 偏离本质的表象"这一认识矛盾。

既然"能指所指——对应"的稳定结构不存在，即【能指≠所指】，这也就意味着，有一个新的衍生代数存在于两者的缝隙中，它被尼采称之为"转义"，被罗兰·巴特描述为"意指转化"，被拉康、德里达冠之以"能指漂移"，被海德格尔定义为"此在"，在建筑实操层面可以笼统约等于"手法"，也就是修辞学的"修辞"，即【修辞 = 能指→所指】，"→"是所指偏离能指的修辞路径。在这一公式中，"能指、所指"是已知数，"修辞"是未知数，因此其排列顺序是"解释学的"，用来解释"所指为何偏离能指"的理解或误读。

将上面等式左右推演得到【所指 = 能指^{修辞}】，指数形式代表着主动修辞的作用与效力，这样一来，"修辞"就成为从语言学中衍生出的二级代数，代表着表象对本质的"对应或偏离"，也就是语言的文学性、诗性、不稳定性、欺骗性、多义性、暧昧性、游戏性、甚至日常俚俗性的第一祸首。我们可以形象地把原来的语言学和修辞学之间的区别理解为不同级次的方程式：

【语言学二元一次方程式：所指 = 或≠能指】

【修辞学二元二次方程式：所指 = 能指^{修辞}】

提出"语言转向"的罗蒂，在 1984 年又提出"修辞转向"（rhetorical turn），并指出它正成为目前学术研究的新取向，紧接着赫伯特·西蒙斯（Simons）在 1990 年主编了修辞学著作《修辞转向》[①]：

> 他认为这种转向与称霸多年的科学主义在解释人文社会现象时表现出的捉襟见肘有
> 关。貌似客观、公允的科学描述和解释实际上只不过是各种主体和权力关系利用修辞对

---

① H. W. Simons. The Rhetorical Turn : Invention and Persuasion in the Conduct of Inquiry. Chicago : University of Chicago Press，1990.

现实所进行的重新构建而已。修辞转向意味着人们对真理、现实、主客体关系等的重新认识，是一种反客观科学主义的人文回归。

必须指出的是，尽管语言转向和修辞转向在深层次上有着错综复杂的联系，但两者有重要的区别。也许是 Rorty 在两个转向中都发挥了重要的作用，因而这种区别竟然很少被学者注意到。①

"修辞转向是在批判传统科学主义的基础上实现的"②，因此，相对于"传播学、社会学、政治学"等传统人文学科，深受科学主义影响的现代建筑学比其他学科延迟，但其实更能感受到"修辞转向"与"语言转向"的内在区别，这也将导致我们对现代主义乃至后现代主义建筑史观的根本怀疑。

在普遍性人文学科中，"语言和言语"、"真理与实践"、"存在与虚无"之间存在着复杂的对应与偏离关系，人们意识到现实与真理的关系是对世界进行主观重构和阐释的结果，所谓"真理、客观、实在"都具有相当的欺骗性；同样，当我们不再认为"建筑视觉形式"就应该是"功能"、"空间"、"材料、结构与技术"、"意义"等"建筑本质"的镜像反映时，其实就肯定了修辞的介入。并且，"修辞≠批判"，但"批判∈修辞"，即批判属于修辞的一种类别，因此，所谓解构、游戏等后现代词汇，所谓批判的现代性，就并不是什么了不得的建筑学价值观。

"建筑学的修辞转向"需要解决"建筑本质"与"形式表象"之间的相互问题，其实这还是"内容 vs. 形式"、"本质 vs. 表象"之间的永恒问题，只不过，这不再仅仅是"内容决定形式、本质决定表象"的常规理解，二元辩证认识将指引"表象影响本质"这一常常被忽略的因素，而这一影响将被建立在语言基础上的"修辞术语"所阐述。

总而言之，20 世纪哲学的发展，呈现出一幅波澜壮阔的历史图景，在这其中，尤以"语言转向"、"解释转向"和"图像转向"最为突出，但当代建筑学不能停留在以"语言"为名的一元本体论上，而要走向思辨的二元认识论，然而，在以上领域中：借鉴"解释转向"则缺乏视觉的术语，所以需要将语言符号视觉化；借鉴"图像转向"又缺乏指代的媒介，所以需要将视觉形式符号化。而"修辞转向"就是巧妙结合两者的新动向："辞"基于"语言"，天生可以解读文本；"修"源自"修饰"，适用于视觉变幻的微妙领域。

但概念的滥用将后患无穷，比如仅"建筑语言"一词就发生了多次的概念游移：

在塞维那里，"建筑语言"大致相当于库恩所说的"范式"。到文丘里和詹克斯那里，又增加了"建筑的语言符号表达方式"的意思。如果按照前一种含义，后现代建筑语言与现代建筑语言是平列的，但按照后一种含义，则只是专指后现代主义建筑（在后现代看来，现代主义是非语言的）。再到解构主义那里，"建筑语言"又转义为建筑的深层结构或组织形式，或者由这种结构形式（而非符号）所产生的意义。而在准语言的建筑现象学、类型学、形态学、行为心理学等研究中，"建筑语言"的意思又相当于语言的效果或作用。

这样一来，在"建筑语言"的名义下，就包含了语言总体、语义、语法和语用等多重含义。虽然这些不同主张在彼此争论中，意外地达到了一种充分性，但这只是盲目和

---

① 曲卫国 . 人文学科的修辞转向和修辞学的批判性转向 [J]. 浙江大学学报（人文社会科学版），2008，38（1）：114–116.
② 曲卫国 . 人文学科的修辞转向和修辞学的批判性转向 [J]. 浙江大学学报（人文社会科学版），2008，38（1）：115.

自发的，因此也并未产生直接的理论作用。①

那么基于语言的"建筑修辞"也将同样如此，既然要借助从"语言"衍生出的修辞术语研究建筑的形式问题，首要解决的便是"修辞的定义"。这个问题虽看似基本，但回答起来却并不容易：大众理解的"修辞"与修辞学里的"修辞"有所不同；修辞学内部对"修辞"有多种不同的观点；"修辞"的含义变迁也使得它与许多其他概念不仅互相区隔，还相互交叉。因此，我们就从修辞学科内外的两个角度，来分别观察"修辞"的多重观念。

2.2 修辞观念的内部分歧

2.2.1 中国修辞源流 vs. 西方 rhetoric 兴衰

在修辞学的发展历程中，东西方分别形成了自己的学术传统。上古时期，东方以中国的孔子为代表，西方以古希腊的亚里士多德为代表。他们的修辞学思想不仅在当时而且在后世都产生了广泛而深远的影响……这些造就了东西方修辞学研究上的不同范式，奠定了当代世界修辞学新格局的学理基础。②

中国"修"与"辞"的第一次合用，是孔子在《周易·乾》中所说"修辞立其诚，所以居业也"，大意是"修饰文辞和言语，确立至诚的感情，是营修功业的根基"，因此，孔子所说的"修辞"不单指语言的运用，更在于哲学伦理的层次。然而，孔子并未将他的语言学说系统化，中国也缺少演讲与辩论的传统，因此，东方修辞学特别是秦代以后的修辞思想尤以书面修辞为主，其研究范式就是探讨"辞格"和"风格"即辞藻修饰与文章做法，并且作为经典阐释、文学批评的配角而存在。

西方的"rhetoric"来源于古希腊的演讲术和雄辩术③，《修辞学》作为亚里士多德最重要的著作，其核心就是修辞推论，因此，西方修辞学的关键词是"劝说/说服"。后来亚里士多德从更高的角度重新审视"修辞"，将其定义为"知识性及劝说性的口头及书面话语的基本原理"，即一种能够从常规事例中发现潜在因素的能力，而这些潜在因素能够增强一个人的说服力、沟通力以及推理力，换句话说，亚里士多德将修辞看成综合性的学科，这个学科以说服为中心，同时包含了听众分析技巧以及思路组织技巧等各种软性技能。

简单而言，如果将"修辞"加诸"建筑"，中国建筑师的第一直觉一般仅仅是图面表达、建成效果的"手法推敲与风格定型"；但当东方人还只是将修辞禁锢于一种传统的"修辞术"时，"rhetoric"从雄辩引申而来，这种渊源使得西方建筑师更快地领悟了"修辞"的最终目的："设计中标并建成"。所以，为达成这一目的，建筑师的任何行为均可称之为"修辞"，比如：围绕设计本身构筑一个完整的文本；面向甲方阐述方案的雄辩演讲；对某一方案玄而又玄的理念阐发；明星建筑师的光环效应；在业界或非业界对建筑理念的持续发声等……就像现在设计院的一线创意人员，往往也被分成了两类：讲故事的和做方案的，项目经理要精通讲故事来打动业主，就成为每个建筑方案的一种标配。

---

① 程悦. 建筑语言的困惑与元语言——从建筑的语言学到语言的建筑学 [D]. 上海：同济大学，2006：27.
② 陈汝东. 东西方古典修辞学思想比较——从孔子到亚里士多德 [J]. 江汉大学学报（人文科学版），2007，26（1）：56，摘要.
③ 西塞罗的《论雄辩者》和昆提里安的《论雄辩》中将修辞学分为五个方面：构思、谋篇、表达、记忆、实际演说（姿态、语调和表情）。

正是"修辞"的这一不同起源，造成了东西方学科理解的巨大分歧，这就是对于"修辞与真理"关系的不同理解：东方追求好的修辞，而西方用修辞造神。

作为西方学者炮制出来的一个命题，"中国或东方无修辞学"，折射出了西方文化的偏见与傲慢。这一观点的潜台词是，中国和东方没有民主，缺乏理性，是不可说服的蛮荒之地。没有修辞，何谈修辞学呢？西方之外的社会秩序，只能靠约束肢体来实现；对待东方民族，应采用武力手段，而不是修辞。在西方学者看来，创造知识、发现真理是西方修辞学的灵魂，是西方的特有现象。它意味着，社会秩序、权力体系和公共政策，依靠城邦民主程序和修辞论辩来解决。修辞保障了社会的正义和公平。这对东方来说是不存在的。①

事实上，中国并非没有辩论的大繁荣时代②，先秦时期以苏秦、张仪、韩非子为代表，有策士们的论辩实践，有《鬼谷子》《韩非子》的谋略著作，有"长短术、纵横术"的技巧总结；同时，西方人也不是不知道"修辞"的负面效应，柏拉图曾将修辞学视为一门只顾技巧而不重内容的夸夸其谈，斥责它是一种诡辩术③，是不能取代哲学的神圣地位的。但是，东方是孔子、西方是亚里士多德，各自一举扭转了自身文化对"修辞"的定位：柏拉图去世后，亚里士多德便从更广泛的意义上为修辞正名；而孔子认为"一言可以兴邦，也可以丧邦"，因此"不可不慎也"，既"言之无文，行而不远"，又"巧言令色，鲜矣仁"。

观察东西方"修辞价值观"的差异，我们还是必须从"语言本体下的修辞辩证"来看待，"语言"作为客观事物的指代，存在着"说 vs. 做"即"语言 vs. 实践"的辩证统一，"修辞"就处在这一对应与偏离关系的缝隙之中。在看待这一辩证关系的不同偏重下：中国人很少认为"真理"可以靠辩论或演讲的言语而得来，相反，人们提防"修辞"的诡辩，认为"讷于言而敏于行"才是更值得信任的品格，对"言词"是一种克制的使用，以免对客观的反噬；但西方则把修辞看作是"寻找真理的途径与方法"，其重要性一直延续到当今现实社会的政治生活与法律生活中，演讲、辩论与修辞就一直是西方社会一种普及性、深入性的全民训练。

也正因为如此，中国古代的"修辞学"并不成其为一门独立的学科："不管是两汉时期的文质并重论，还是魏晋南北朝时期的文体论以及其后的诗话、词话、曲话中的炼字、炼句、炼篇说，都只是修辞思想的吉光片羽，修辞技巧的零珠碎玉"④。直到20世纪上半叶，陈望道的《修辞学发凡》才提出较为完整的修辞理论体系，这标志着中国现代修辞学的建立，到1983年，王希杰的《汉语修辞学》成为中国修辞进入成熟阶段的标志，至此，一批富有特色的修辞著作与学说相继问世。然而，高潮过后的中国修辞就又陷入瓶颈：理论体系是完善、扩大和丰富了，但工具方法却还离不开辞格罗列的老一套，其他学科术语的借用又处于丢失学科立足点的尴尬中，这也就意味着边界延伸与方法滞

① 陈汝东.古典与未来：中国修辞学思想的全球意义[J].北京大学学报（哲学社会科学版），2013（50）5：主持人语.
② 在礼崩乐坏的春秋战国，论辩、说服成为与战争手段并用的治国之术，众多游说、策论之士奔走在各诸侯国之间，摇唇鼓舌、纵横捭阖，比如苏秦兄弟、张仪、范雎、蔡泽等人；这种风气一直延续到汉代，比如蒯通、郦食其、主父堰等。苏秦以"合纵"联合六国抗秦，张仪、甘茂则以"连横"各个击破，此为"纵横术"之来源。
③ 在古希腊雅典城邦推行民主政治初期所发生的著名辩论"诗与哲学之争"中，修辞学曾被以柏拉图为代表的哲学家贬低为诡辩术.
④ 李名方.关于中国修辞学史的分期[J].扬州大学学报（人文科学版），2005，9（6）：55.

后的不匹配，反而模糊了"修辞学"自身的学科特色，成为一种泛泛而谈的修辞。

与东方不同，对"修辞"的重视使西方延续了2500多年自觉的修辞传统，并成为一个正式的学科，在历史中多次起起落落，对此，刘亚猛在《西方修辞学史》中作出了详尽的描述：

> "古典修辞学"囊括古希腊、古罗马时期，由柏拉图、亚里士多德奠基，到西塞罗、昆提利安成为黄金时代，是古代修辞学的全盛时期；此后，"中世纪修辞学"经过宗教的打压与有限恢复，陷入了低谷，但却不露声色地转到宗教领域，成为发现、传播和捍卫圣经的工具，强化了"修辞与真理"之间的联系；而"文艺复兴修辞学"则是对古典修辞理论的重新发现，修辞复兴就成为文艺复兴的一个主要内容，修辞学也重回巅峰，但从古典时期"对论辩、证据、发明和道理的重视"转向了"对风格、品位、表达和想象的重视"，即转向了表象；而后，自19世纪末叶以来，有"两大思潮导致了旧修辞学走向终结：一种是实证主义哲学，它以科学真实的名义抛弃了修辞学；另一种是浪漫主义文学思潮，它是以真诚的名义放弃了修辞学"[①]。

到20世纪初，修辞学又开始复兴，其中以美国"新修辞学"最为突出，涌现出理查兹（I.A. Richards）的"修辞哲学"、伯克（Kenneth Burke）的"动机修辞学"、帕尔曼（Chaim Perelman）的"论辩修辞学"、司各特（Robert Scott）的"认知修辞学"等修辞学大师与修辞理论。这些学说注重对修辞对象的拓展，主张将话语看作一种社会行为，将社会中的人作为修辞理解和阐述的对象之一，强调修辞交往的互动性和主体间性，坚持把修辞看作一门研究人类知识的性质、根据、局限及其合法性的艺术。但与声势浩大的美国"新修辞学"不同，法国则坚守着修辞学的学术传统，出现罗兰·巴特（Roland Barthes）的"符号学"、保罗·利科（Paul Ricoeur）的"隐喻的真理"、热拉尔·热奈特（Gerard Genette）的"狭义修辞学"、朱丽娅·克里斯蒂娃（Julia Kristeva）的"互文性"等众多理论，他们均沿用后结构主义，对言词的修辞结构进行着精微的分析，并向诗学、文本、社会、意识形态等体系提升。

有人这样粗线条地总结西方修辞学在历史上的三个高潮：古典修辞学是"语法性的"，即对演讲组成部分的命名和描写；18世纪的修辞学是"心理学性的"，提出交际行为与听众读者心理之间的关系；当代修辞学则是"社会学性的"，是关于人们如何用语言协调社会关系的学问。因而，在这种思想的引导下，修辞学发展的方向获得了一个重新定位，多元化和学科交叉就成为当代修辞学的一个显著特点。

总之，无论是"中西修辞"还是"古今修辞"，对"修辞"与"修辞学"都存在着诸多的观点分歧，限于篇幅，本书难以一一描述，接下来我们选取几种对建筑学影响较大的分歧来进行典型分析。

2.2.2　积极修辞 vs. 消极修辞

早在宋金元时代，修辞中的"积极"与"消极"就已经引起了学者们的注意，但最早以此命名，是始见于龙伯纯的《文字发凡·修辞》：所谓消极者，乃"修辞最低之标准，准备上必要者也"；所谓积极者，乃"修辞最高之准备也"[②]。1932年，陈望道在《修辞学发凡》中将修辞手法界定为这两

---

① Olivier Reboul. Introduction à la rhétorique. Théorie et pratique. Presses Universitaires de France. 90–91.

② 胡习之. 20世纪的汉语消极修辞研究 [J/D]. 平顶山学院学报，2005（6）：75// 转引自：田甜. 认知心理视域下的修辞学两大分野研究. 宁波：宁波大学，2011：14.

大分野：积极修辞是"使语辞呈现生动、形象情貌的"，消极修辞是"使语言呈现明白、通顺、平匀、稳密情貌的"[①]。因《发凡》是标志中国现代修辞学确立的里程碑著作，所以这一分类在修辞学中意义深远、影响重大。

《发凡》将"修辞"定义为："调整语辞使达意传情能够适切之一种努力"，因此，"何谓积极？何谓消极？"就建立在这一修辞定义的目的性和效果性上："积极"对应形象地、生动地情感表达，努力使语言鲜明而富有感人力量；而"消极"则在平实地、客观地阐明事理，是一种普遍使用的基本修辞。"积极"用于表情，"消极"是为说理，或者可以这样说："积极修辞"就是借助传统"辞格"的修辞方式；而"消极修辞"并不是不修辞或被动修辞，而是与"辞格"相区别的、平实的修辞方式。

此后，这一分野被吴士文改为"特定性修辞"和"一般性修辞"；被郑远汉、冯广艺称为"变异修辞"和"规范修辞"；还有另一部分人，比如骆小所则认为，相比之下还不如划分为"艺术语言"和"科学语言"更能反映这一分类的本质。因此，从应用范围来看："积极修辞"常用于诗歌、散文等文学作品，"消极修辞"常用于科技、法律、公文等。

同样，这一修辞的分野也可以见诸建筑设计之上，在《关于现代建筑语言中的修辞》一文中，作者分析晨兴数学中心（图 2-2）所描述的"张永和的近于极少主义的修辞"就暗含"消极修辞"，而"矶崎新的异化修辞"则类似于"积极修辞"：

图 2-2　张永和的中国科学院晨兴数学中心

张永和——近于"极少主义"的修辞[②]

例：晨兴数学中心

---

① 陈望道.修辞学发凡 [M].上海：上海教育出版社，2006：34.
② 虞朋，布正伟.关于现代建筑语言中的修辞 [J].世界建筑，2002（12）：81.

建筑师将各级语言单位的功能纯化，对其关系进行细化分析，从而创造出新的文章结构关系，以表达新的内容，达到建筑师的目的。其修辞手法可分解为三级：

1. 词语修辞：将窗这一构件（词语）分为3个部分（语素）：

1）固定的为了光与景的透明玻璃窗，

2）可开启的通风用的不透明的铝板窗，

3）固定的放置空调机的铝百叶窗。

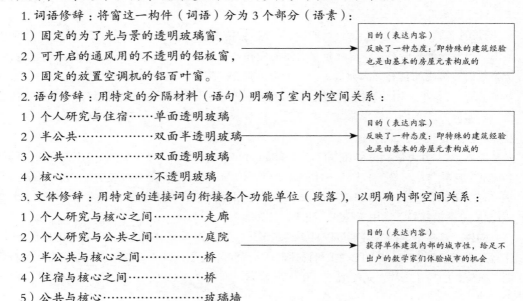

2. 语句修辞：用特定的分隔材料（语句）明确了室内外空间关系：

1）个人研究与住宿……单面透明玻璃

2）半公共……双面半透明玻璃

3）公共……双面透明玻璃

4）核心……不透明玻璃

3. 文体修辞：用特定的连接词句衔接各个功能单位（段落），以明确内部空间关系：

1）个人研究与核心之间……走廊

2）个人研究与公共之间……庭院

3）半公共与核心之间……桥

4）住宿与核心之间……桥

5）公共与核心……玻璃墙

（图右侧框内文字）
目的（表达内容）
反映了一种态度：即特殊的建筑经验也是由基本的房屋元素构成的

目的（表达内容）
反映了一种态度：即特殊的建筑经验也是由基本的房屋元素构成的

目的（表达内容）
获得单体建筑内部的城市性，给足不出户的数学家们体验城市的机会

文中认为，张永和的"词语修辞"和"语句修辞"其目的是"反映了一种态度：即特殊的建筑经验也是由基本的房屋元素构成的"，这就属于内敛而平实的"消极修辞"，是一种基本的叙述法；但其"文体修辞"的表达内容是"获得单体建筑内部的城市性，给足不出户的数学家们体验城市的机会"，其实是在用"建筑比拟城市"，让使用者获得积极的联想，这就有了"积极修辞"的意味。

矶崎新的"异化修辞"[①]

从语言学、符号学的角度来进行建筑设计的思考是矶崎新1970年代作品的"主线"。在1975年所出《建筑的解体》一书中，他阐述了他对当代几位世界著名建筑家、理论家及都市规划家的分析。由此出发，他开始着手从语言学方面突破来建立自己的创作体系，或者说是"文法"。在他的另一部书《手法》中，他解释了把建筑作为语言学而采用的修辞法，如：

增幅：用无限展开的立体格子方法获得建筑空间的透视感（群马县立美术馆）。

捆包：使内部空间异化（福冈银行本店）。

切断：把时间切断，形成突然凝固的瞬间（富士县高尔夫俱乐部）。

转写：把实像变为虚像。

射影：可以产生出各种虚像。

布石：像"作庭"那样的布石，产生出"间"形成抽象化、观念化的距离。

他认为，采用这些手法使建筑的单词汇产生连接而出现异化作用，因而进一步理出这些手法的"系"：

① 虞朋，布正伟. 关于现代建筑语言中的修辞 [J]. 世界建筑，2002（12）：82.

1）几何学系：射影、增幅。

2）伦理系：转写、切断。

3）行为系：布石、捆包、应答等。

这些异化了的作用，与惯用的一些建筑处理手法所处理的空间不同，从而产生了意想不到的效果……他的成功主要还离不开他对建筑处理的娴熟的技巧及艺术感。

矶崎新是当代少有自称采用"修辞"和提出"手法主义"的建筑师，他的修辞效果是"异化和意想不到的"，这就属于"积极修辞"，以上"增幅、捆包、切断、转写、射影、布石"等，其实就是矶崎新自己创立的"辞格"。而在《关于现代建筑语言中的修辞》中，作者更是罗列了"对比、映衬、夸张、引用、代入、象征、隐喻、排比、重复、幽默"等多种建筑语言的修辞手法，并一一举例配图说明，这些都是典型的"积极修辞"：

但是，纯粹就语言学、修辞学本身而言，这两大分野的研究成果并不对等："积极修辞"以"辞格"作为支撑，研究成果十分丰富；但"消极修辞"就不同了，一直流于泛泛，这主要是因为"消极修辞"的定义与界限非常笼统模糊，尤其是与"语法"区分不开，因此缺少合适的工具与方法深入研究。

《修辞学发凡》之后，起码修辞学界普遍承认了"消极修辞"的存在，不仅是辞藻华丽属于修辞，明白通顺也属于修辞效果的一部分，从此，日常生活的口语会话、电视网络的媒体语言、法律政治的公文文书等均成为修辞学的研究对象。同样，在建筑学中，不仅"对称、均衡、对比、节奏、多样统一"等形式美的得体法则是修辞，也不仅"多元、混杂、片段、夸张、变形、倒置"等逆反形式才属于修辞，"合理、实用、经济"等也可以被划入修辞，这大大扩展了我们对建筑修辞的理解边界，但与此同时也模糊了我们对修辞的把握。

2.2.3　表达修辞 vs. 接受修辞

修辞活动包括两个主体："表达者"和"接受者"，这也就意味着有"表达修辞"和"接受修辞"两种视角的修辞观。应该说，"东西方的传统修辞学，都把修辞学定位为表达者的学问"[1]：在中国有"美辞学"[2]的深厚历史传统；而西方修辞从演说和论辩而来，因此，大众通俗意义上的修辞也是从表达出发的活动。

以《发凡》为标志，中国修辞研究进入科学内涵的时代，但此后大部分的修辞观还是隐性继承了"表达论"，不过此时已开始注重"语境"与"效果"，这隐隐体现了对接受反馈的关注。1992 年，谭学纯、朱玲出版《接受修辞学》，将接受问题作为专题来研究，这就为完整意义上的修辞学补上了一笔。此后，他们又出版了《广义修辞学》，提出修辞的"表达论——编码的视角"、"接受论——解码的视角"，最后得出"互动论——双向交流的视角"，从而将"修辞"界定为"表达者和接受者共同建构审美活动的言语活动"，从单向走向了双向：

修辞表达完成之后，只留下物态化的句子或文本，这是表达者建构的最后的物质现实，也是接受者面对的第一现实，接受者需要从这第一现实建构自己的心理现实，以此去接

---

① 林斌.关于谭学纯接受修辞学的一次历时性探察合肥 [D]. 福州：福建师范大学，2005：Ⅸ.

② 陈望道.陈望道修辞论集 [M]. 合肥：安徽教育出版社，1985：243.

近表达者心理现实中那个意象化的审美结构。所以，修辞活动是表达者和接受者共同建构审美活动的言语活动。[①]

而西方古典修辞相较于中国，对"接受者"就更关注，亚里士多德演讲三要素分别是"演讲者、主题和听者（接受者）"，其中，是接受者决定了前两者。20世纪以来，西方当代修辞学，尤其是美国"新修辞学"确立了"接受者"在修辞创造中的关键作用，而且，他们不仅阐述接受者的"反馈"，还着重强调修辞是一种表达者与接受者的"共谋"。

帕尔曼的"论辩修辞学"其关键词是"普遍听众"，他认为在整个语言的互动过程中，其实演讲者相对弱势，而受众处于"权势地位"：任何优秀的演讲者都应有能力影响、说服并从某种程度上操纵"接受者"以达到成功互动的目的；然而，任何成熟的"接受者"也有独立的判断能力，并依据自己的利益决定最终的回应。因此，整个修辞的过程就是一种表达者与接受者的互动，体现双方智商、利益、地位、权力等的博弈与较劲，而这一发现就对"表达 vs. 接受"相互依存的辩证关系进行了突破性的全新解释。

"新修辞学"的领军人物伯克在"动机修辞学"中深入发展了这一观点：伯克认为传统修辞的"劝说"其实是一种合作行为，"在能对符号作出反应的人身上诱发合作"，而为获得合作，演说者就要在修辞前先做出改变，与听众达成"认同／同一（identification）"。"认同／同一"的提出，就成为伯克修辞理论中的一个重要思想，被认为是对传统修辞学的超越，是新旧修辞的一个分水岭：就此而言，接受者参与了修辞的创造。为此，伯克还提出了三种方式的认同："同情认同、对立认同与误同"。

然而，伯克的"认同理论"更多针对"戏剧、演讲、政治辩论、广告"等大众传媒的接受修辞，其实离不开帕尔曼"表达者弱势、受众强势"的这一假定，因此，"同一"并不是一个放之四海而皆准的修辞原则。一直以来，"陌生化"作为文学性、艺术性之所在，也是一种强烈的修辞动机，这就与伯克的"同一"就南辕北辙，路径完全相反。为此，本书在"第10章 影响的他律"中试图论述"主客体间性"，分析表达者与接受者双方"话语权力的高低"所带来的相反的修辞动机。

当然，其实所有关于接受的修辞学理论，都可以向"解释学"借鉴与靠拢，"修辞与解释"本来就是话语"主动与被动"、"表达与接受"的一体两面。

2.2.4 有意识修辞 vs. 无意识修辞

1950年，伯克在论文《修辞学：新与旧》中提出：传统修辞学所关注的是亚里士多德所探讨的"劝说"，这是有意为之的、自觉的修辞行为；但现代修辞学的关键词已转变为"认同"，是不自觉的修辞，既包括有意为之的修辞设计，也包括无意识的趋同心理，"修辞不是运用语言提高交际效果，而是运用符号手段来达到争取自己或他人信奉某事物的目的"[②]。因此，"劝说"和"认同"两个关键词之间，其区别不仅在于"表达 vs. 接受"之间，还在于"有意识 vs. 无意识"之间（表2-1）：劝说总是为了达到某种直接的目的，其效果是明确而直白的；而"认同"则更普遍、更隐晦，具有更深层次的意义，人们在言语活动中自觉或不自觉地寻求"同一"，因此，"无意识修辞"可称为修辞中的最高境界，贬义而言就是"洗脑"，正式名称就是泛化的"意识形态"。

---

① 谭学纯，朱玲. 广义修辞学 [M]. 合肥：安徽教育出版社，2007：66.
② 谭学纯，朱玲. 广义修辞学 [M]. 合肥：安徽教育出版社，2007：2.

伯克的两组关键词 [①]　　　　　　　　　　　　　　　　　表 2-1

传统修辞学	新修辞学
规劝	认同
有意识	有意识 / 无意识

20 世纪末以来，随着修辞学的深入，人们不仅从语言学，还从交际行为、传播行为等方面来界定修辞。伯克认为："语言不仅导致行动，而且建构现实"，人要通过语言来改变态度并诱发行动，而一旦运用语言就不可避免地进入修辞，因此，修辞本质上是人类的一种基本活动，不仅蕴藏在一切交往行为之中，而且组织和规范了人类思想和行为的各个方面，所以，"人从本质上来说是修辞性的动物"，是"制造符号、使用符号、误用符号的动物"，"只要有意义，便有说服；只要有说服，便有修辞"。而以上这些结论，使得伯克对"修辞"内涵的提升就如同维特根斯坦对"语言"的哲学扩展一样，从追寻人类的行为动机，上升为普遍哲学的认知基础："不仅是客观现实影响语言，而且语言也建构我们新的现实"，这就使得修辞学从此就从狭小的语言圈子里冲了出来，成为一个无限广阔的学术领域。

当代众多的修辞理论中，有的是有意识地自称修辞学、发展修辞学，理查兹、伯克、帕尔曼等的学说均属此类；然而，还有一部分人原本并没有打着修辞的旗号，但他们的理论却被修辞界认为非常重要而被吸纳进来：福柯（Foucault）的权力理论、哈贝马斯（Habermas）的市民社会理论和交际理性理论、伯格（Berger）和卢克曼（Lukeman）等的社会建构理论等都属于这一类，而他们的学术成就主要就是在"无意识修辞"领域起作用。

同样，建筑学中"有意为之的修辞"——比如手法推敲、风格定型甚至为甲方编故事等——这些都很好理解，也很好实施与研究。陈汝东在《论建筑修辞学》一文中所论述的"建筑修辞学的研究对象与范围"，基本上就都属于这一方面：

> 从建筑修辞现象的存在层面看，其范围包括：（1）建筑形状修辞；（2）建筑构件修辞；（3）建筑装饰修辞；（4）建筑布局修辞。除上述方面外，建筑修辞研究还应包括建筑环境修辞。
>
> 从建筑的属性角度看，建筑修辞学的研究范围应包括：（1）独栋建筑修辞，即单一建筑的形状、构件、装饰等方面的修辞手段、修辞方法、风格特点等。（2）群体建筑修辞，即建筑群落的整体设计修辞，包括修辞方法、建筑风格的协调等。（3）城市建筑布局修辞，即整个城市布局中的修辞手段、方法以及修辞风格等。
>
> 从建筑修辞的内部构成看，建筑修辞学的研究范围包括建筑修辞的性质、类型、建筑修辞手段的结构功能、建筑修辞方法、建筑修辞风格、建筑修辞规律等方面。此外，建筑修辞学，还应研究不同国家、不同民族、不同时代、不同城市乃至不同宗教中的建筑修辞及其规律，建立比较建筑修辞学。[②]

以上是非建筑学专业人士对建筑修辞学的典型设想，自然是聚焦于直观可见的"积极表达的有意识修辞"，然而，从建筑学内部理论探讨的形而上角度，我们可能更需要关注那些"无意识修辞"，

---

① 谭学纯，朱玲. 广义修辞学 [M]. 合肥：安徽教育出版社，2007：7.
② 陈汝东. 论建筑修辞学 [M]. 国际修辞学研究（第一辑）. 北京：高等教育出版社，2011：46.

往往这一类修辞非常隐蔽，但也因此更为有力地影响了建筑学的学科建构。

在《西方修辞学史》中，作者提出一个问题："究竟'现代人'对修辞是真的缺乏热情，还是他们遵循早在亚里士多德时代就已经得到阐发的'韬晦原则'，将这一热情掩盖起来？"① 对此，惠特利作出一个引人深思的解释：

> 如果人们怀疑"话语暗含着某种"修辞用心，这一疑虑就会引起极大的不信任感。所以，任何急于使自己观点为受众接受的言说者或者写作者都竭力否认自己有高超的"修辞"技巧，或者尽力将这一技巧掩盖起来，以便造成一种印象，即他们的立场之所以被接受并非运用了某些高明而专业的论辩技巧，而只是因为自己动机高尚、观点正确。甚至那些对研究作文和演说最为用心而且也取得最大成就的人都根本不鼓励他人以自己为榜样，或主张其他人也从事同样的研究。相反，他们拒不承认自己在这方面的造诣，或对它遮遮掩掩。于是乎，连对"这一领域的"理论法则依赖最深的人都公开谴责这些法则。②

因此，历史上所有的建筑大师都是"修辞大师"，他们不仅是视觉修辞的佼佼者，更是"修辞行为"的韬晦者，像矶崎新、彼得·埃森曼一样积极阐述"类修辞"思想的建筑师、理论家为数不多，大多数都自觉不自觉地用他们玄妙的理念、晦涩的词汇包裹着"修辞的目的与行为"，而本书的一大目标，就是希望将这一隐蔽的、韬晦的修辞揭示开来。

彼得·科林斯在《现代建筑设计思想的演变》中曾说：

> 现代建筑理论中最独特的特征之一是它所关系到的道德方面。建筑设计的道德基础为何曾经迷住现代的宣传家们，过去是不知道的。为何这种变化一定要出现在18世纪中叶还不十分清楚……这些问题是那些比较幸运的先辈们所不考虑的；因为他们对历史无知，对传统过于放心，他们不知道还存在着根本性的问题，因此他们有造化，不知道还要作出什么道德上的决定。③

其实以上这段话暗示着，18世纪以来，随着建筑学科体系的建构与完善、建筑价值判断的出现与传播，建筑学的"学科意识形态"就开始起作用，它以一种类似"道德"的方式影响着后来者。其实这是每个学科一旦建立就避免不了的宿命，学科内部的"无意识修辞"起到了关键性的作用："修辞学的哲学本性就在于，它不仅包括对知识的传递，而且包括对知识的生成；它不仅研究人们如何认识事物，而且研究如何使人们对事物的认识达到理解的同一"④。

2.2.5 狭义修辞 vs. 广义修辞

以上所描述的几种修辞观的分歧，或者说是几对关于修辞的辩证概念，其发展顺序从"积极修辞"走向了"无意识修辞"，也就是从最传统、最狭隘的"辞格"不断泛化、学科边界不断扩张的过程，因此，修辞学中就一直存在着"狭义修辞 vs. 广义修辞"的对立观点。

---

① 刘亚猛. 西方修辞学史 [M]. 北京：外语教学与研究出版社，2008：278.
② Bizzell, Patricia, and Bruce Herzberg, eds. The Rhetorical Tradition：Readings from Classical Times to the Present. Boston：Bedford Books，1990：835–836.
③ [英] 彼得·柯林斯. 现代建筑设计思想的演变 [M]. 英若聪译. 北京：中国建筑出版社，2005：29.
④ 李小博. 科学修辞学研究 .[D]. 太原：山西大学，2004：139.

美国新修辞学的大部分理论都涉及广泛意义上的修辞，但国内第一个提出这个概念的，是谭学纯在 2001 年出版的《广义修辞学》，文中开篇便谈到，"广义修辞"的无所不包令习惯按"辞格技巧"来理解修辞的人们感到困惑：

> 也许，"什么是修辞"可以换一种提问方式："什么不是修辞？"不是吗——海湾战争期间，萨达姆的"圣战"演讲是战争修辞。美国前线的"沙漠风暴"和后方的"沙漠安慰"，也是战争修辞。总统竞选人在竞选期间亲吻女选民抱着的孩子，是行为修辞。……司各特更是宣称：修辞"必须从广义的角度去理解，把它看成人类理解其环境的一种潜能"。[①]

谭学纯将修辞学从话语层面延伸到文化哲学层面，并把信息传播、文化、美学、诗学、哲学等都涵盖了进来，提出广义修辞的理论切入点应建立在语言学、文艺美学、文化哲学的结合中。应该说，《广义修辞学》极大地开阔了修辞学的研究视野，但同时也招致了学科的内部批评，认为混淆广义修辞与其他学科之间的区别，将致使修辞学偏离其学科的独特性与传统性。

与此相反，早在 20 世纪 70 年代初，热拉尔·热奈特在《辞格三集》的一篇文章中则以《狭义修辞学》为题："热奈特认为西方修辞学发展演变总的趋势明显地呈现出其研究领域逐渐缩小的特点，即它逐步向狭义修辞学方向发展。特别是在法国，到了 20 世纪 60~70 年代以后，修辞学的发展似乎更呈现出其研究领域越来越窄的特点。"[②]

> 1969~1970 年，差不多有三部篇幅长短不一的作品相继发表，其作品的题目非常协调统一，带有某种预兆似的。它们是列日研究小组的《普通修辞学》，最初该作品的题目为《大众修辞学》，米歇尔·德萘的文章，题为：《关于大众化辞格理论》，另一部著作是雅克·索歇的《普通隐喻》。修辞学—辞格—隐喻：虽然借口假爱因斯坦式大众化普的幌子，实则是否定大众化和对它作弥补；它其实勾勒出了这一学科在这几个世纪里不断萎缩的历程。人们从中也可以发现这一学科研究的范围正像驴皮那样不断地缩小。[③]

热奈特提议创立一门以研究比喻和辞格分类理论的狭义修辞学，"关注点从泛修辞化转向对更具有语义功能的辞格（简单地说，是有赋义功能的修辞格）整理的偏爱"[④]，并要将辞格精简至只有一种体系。应该说，热奈特给出了"**修辞学→狭义修辞学→辞格→比喻→隐喻**"的学科缩小路线图，但与《广义修辞学》的主张一样，《狭义修辞学》很快就在法国学界引起激烈的争论和批评，1975 年，保罗·利科撰写了专著《活的隐喻》，对狭义修辞学尤其是其辞格理论提出了严厉的批评。

应该说，以上两种修辞观都各有可取之处，但又各有缺点，"狭义修辞 vs. 广义修辞"也应是一对辩证关系而不能独立存在：前者应是后者的基础和前提，没有对辞格的内部研究，后者就失去了发生和扩展的依凭，修辞学也就不成其为修辞学；而反过来说，如果没有广义修辞的普遍运用，狭义的辞格研究就会彻底沦为"手法的仓库"、"奇技淫巧"、"修辞的矫饰"，从而丧失了它的文化意义和精神内涵，建筑的视觉修辞也许就真的沦落为一种"形而下"的手法钻研。

---

① 谭学纯，朱玲. 广义修辞学 [M]. 合肥：安徽教育出版社，2007：2.

② 吴康茹. 热拉尔·热奈特修辞学思想研究 [D]. 北京：中国社会科学院研究生院，2011：31.

③ Gerard Genette. La Rhetorique restreinte. Figures Ⅲ. Editions du Seuil，1972：21.

④ Gérard Genette. Figures Ⅲ. Editions du Seuil，1972：25.

就建筑学的实践意义而言，建筑学"转向修辞"首先应该向传统修辞观的"狭义修辞"回归，建立把建筑学还原为建筑视觉艺术的"辞格"体系。本书的"辞格篇"就是从共时的角度将"建筑视觉形式"悬隔起来，并与外部文化、环境、历史等影响条件分离，使其定格，对其作手法性的研究，从这个意义上，"辞格"就相当于建筑设计的"手法"。

但"转向修辞"却并不能只在修辞技巧中自我封闭，用一个例子来说明的话："伊拉克存在大规模杀伤性武器"一说根本不存在任何的辞格修饰，是一句非常朴实无华的话语，然而，美国靠传媒机构的强势地位与信用担保，使全世界相信了这一句谎言，这就是广泛意义上的修辞。所以，建筑师们热衷于出书、撰写个人化的言论以及所谓明星建筑师的包装和行为，这本质上都属于广义修辞。而广义修辞被建筑师小心地隐藏在各种关于"建筑本质"的理论背后，反过来推动和影响了"建筑视觉形式"的发展，也就影响了建筑史与建筑理论的阐述。

因此，"广义修辞"是一种全时空、全方位、全角度的修辞研究，离不开社会学、历史学、心理学背景，本书的"演化篇"只能从历时的角度考察"建筑视觉形式"发生发展的演化框架，间接探究它们背后的时代特征、演化规律以及社会的接受机制。对于建筑学的理论意义而言，"广义修辞"也许才是奠定"修辞转向"在建筑学中关键地位的方法论，只有阐述清楚"广义修辞"的内涵，建筑师才能不再讳言如何获得好的视觉效果，也不再讳言"手法主义"和"形式主义"，而建筑教育的领域也可以部分地回归到"辞格"练习。

当然，建筑学的"狭义修辞"和"广义修辞"并非固化的概念，而是一种相对的存在（表2-2）：前者涵盖了前面四对辩证关系中的每一个前元素，后者则引申出以上四对辩证关系中的每一个后元素；前者主要研究优秀的作品，而后者研究所有的作品；前者的研究面越来越窄，最后凝结在辞格研究上，并致力于辞格的简化，而后者的研究面越来越宽，所有具有动机的修辞行为都被纳入其中，并不断拓宽修辞的范畴；我们可以通过共时的辞格直接地研究"狭义修辞"，但只能通过历时的演化间接地研究"广义修辞"。

建筑学"狭义修辞 vs. 广义修辞"的比较 表2-2

狭义修辞	广义修辞
中国传统修辞观，强调修辞效果	西方传统修辞观，强调动机和行为
积极修辞	消极修辞
表达修辞	接受修辞
有意识修辞	无意识修辞
通过共时下的辞格直接研究	通过历时下的演化间接研究
建筑学的实践意义更大	建筑学的理论意义更大

2.3 修辞观念的外部参照

中世纪时，"语法、逻辑与修辞"是西方传统语言学习的三个重要学科，到20世纪初，美国皮尔斯提出了符号理论（又译指号理论），他把符号学描写成中世纪三个学科的继承者："语法在符号学中研究意义的条件，逻辑研究真理的条件，而修辞研究符号之间的关系"。然而后来，皮尔斯的主要解释者、符号学家莫里斯则忽视了皮尔斯理论与修辞学以及与中世纪三学科之间的联系，重新把三要素命名为"句法、语义和语用"：句法学研究符号与符号之间的关系；语义学研究符号与符号所指对象之间的关系；而语用学则研究怎样用语言的符号去进行交际。[①]

由此我们可以看到，历史上与当代以来，"语法、逻辑、语义、语用"这几个概念与"修辞"之间关系紧密，当我们需要从外部眼光来客观审视"修辞"与"修辞学"的含义时，就需要从这几个学科入手：

2.3.1　修辞 vs. 语法

近代以前，中国的"修辞"与西方的"rhetoric"在来源、定义与发展演变上都有诸多不同，这影响了东西方学者对"修辞"的第一直觉：首先是把修辞理解为"狭义修辞"还是"广义修辞"的第一直觉，然后就是把修辞与语法"混同一体"还是"严格区分"的第一直觉。

古代中国不重语法，基本只提"修辞"，因此，在现代汉语引入语法后，有些学者在强调中文特殊性的前提下，主张"语法学和修辞学必须结合"[②]，"应该建立一门以研究共域现象为中心的语法学与修辞学边缘学科——语修学"[③]。而与此刚好相反的就是当代建筑学的理论，只有很少的、冷僻的、私人化的理论才提到"修辞"，而绝大部分只用"词汇、符号和语法"这些术语，其中最典型的就是梁思成受西方建筑学影响而写成的《中国建筑史》：

> 一系统之建筑自有其一定之法式，如语言之有文法与辞汇，中国建筑则以柱额、斗栱、梁、槫、瓦、檐为其"辞汇"，施用柱额、斗栱、梁、檐等之法式为其"文法"。[④]
>
> 梁思成将他早期的中国建筑研究，定为寻找中国建筑的"文法"，尤其是中国传统木构建筑的"文法"。清《工程工部作法》和宋《营造法式》，就是梁思成所认为的中国建筑的基本"文法"书。然而，梁思成进行的建筑诠释清楚显示了对西方古典主义"文法"的套用。[⑤]

事实上，"语修学"的提法近来已很少提起，目前语言的主流理论严格区分"修辞"与"语法"的运用：

● 按照《辞海》[⑥]的定义，语音、词汇、语法是语言三要素，修辞既不是语言的第四要素，也不从属于语言三要素。语言三要素是修辞的材料、手段、基础，修辞是对三要素的综合艺术加工及其效果，是语言三要素的高级体现；没有三要素，修辞就巧妇难为无米之炊，光有三要素没有修辞，语言也会寡淡无味。

● 按照索绪尔的定义，只能"就语言而研究语言"，排除任何非语言，如社会、心理、言语……的干扰，"修辞"就不属于语言学范畴，而且是语言学应该排斥的对象，"词汇和语法"才属于纯语

① 彭炫，温科学.语言哲学与当代西方修辞学[J].外语教学，2004，25（2）：36–37.
② 王希杰.语法学与修辞学的区别与联系——兼评滕慧群《语法修辞关系新论》[EB/OL].新浪博客.http：//blog.sina.com.cn/s/blog_50fe37d00100fabe.html.
③ 张保乾.浅谈语修学[M].// 林文金，周元景.语法修辞结合问题.1996：122.
④ 梁思成.中国建筑史[M].天津：百花文艺出版社，1998：14.
⑤ 赵辰."立面"的误会：建筑·理论·历史[M].北京：生活·读书·新知三联书店，2007：26.
⑥ 根据上海辞书出版社1980年版《辞海》，"语言"是以语音为物质外壳、以词汇为建筑材料、以语法为结构规律而构成的体系；"修辞"是依据题意情境，运用各种语文材料，各种表现手法，恰当地表现说写者所要表达的内容的一种活动.

言学，而"修辞和语法基本是二项对立的关系"①。

● 按照乔姆斯基的方法，使用数学、逻辑学那样的符号和公式来规定概念、表达规则，"语法"要向精密学科和分析哲学靠拢，这就与"修辞"的无确定性有根本区别。

因此，在20世纪90年代国内关于"语言学"与"修辞学"的大论战中，一部分人就提出："修辞学属于艺术部门，而不属于科学部门；修辞学属于大语言学，而不属于纯语言学"②，"修辞学必须从审美价值的角度对修辞进行描述，而不是从科学的角度对一些修辞现象、修辞方式进行认识。不然，对比喻、比拟、移就、通感、夸张等变异修辞就会感到不可思议了。"③

基于以上理解，建立在各种"建筑本质"之上、可科学生成的稳定规则就是"语法"：比如"现代建筑语言"区别于"古典建筑语言"就在于两者"词汇与语法"的根本不同，"形式追随某某"系列也可看成"现代建筑语法"的各种不精确表达。科学主义的倾向使得建筑师们潜意识中的"视觉形式"必须是"建筑本质"的客观反映，不可偏离、不可背反，对违背这种客观理性的，均嗤之以"矫饰"而排斥。各种理论似乎都告诉建筑师，像计算机一样设计吧，将"建筑本质"输入进去，建筑的形式就自动输出出来，所以大量的建筑学理论都在研究什么是"建筑本质"的问题，而建筑师们热衷于各种关于"生成"的理论。

但我们知道事实并非如此，光只有科学理性根本不能对现在的建筑现象自圆其说，大多数建筑也并不真的就是"生成"的，而是在深层结构的基础上，建筑师对浅层结构潜意识进行修辞的效果，这里包含两层作用：第一层是"建筑本质"的决定作用，第二层是"修辞"的附加作用。修辞也有定型的规则，譬如"词性活用"、"词序倒装"、"比拟"、"夸张"、"反讽"等，但大部分情况下，修辞都在突破语法，以对语法的偏离来实现美感效果，成效无非偏离远近而已，比如诗歌就是"对普通语言有组织的违反"④。所以，修辞基于本质但又偏离本质，并不是自行其是的一种原则，建筑的修辞大厦其实建立在语法的地基基础之上，以对建筑本质的普遍违反来实现表达效果。而且，大多数建筑师所阐述的"生成"理论也并不代表真正的设计过程，而是为了更好地说服甲方、劝说大众、达到目的，这也就进入了"广义修辞"的范畴。

其实，"修辞 vs. 语法"之间的关系一直就是困扰语言学和修辞学的一个关键问题，它们都有规则，都可以从这种规则中产生千变万化的结构与意义，因此相当具有迷惑性。而现代建筑学由于只提"词汇、符号和语法"而少提"修辞"，因此两者的混淆就成为目前建筑语言学中最大的问题所在：无论"后现代"还是"解构"，都误把"修辞"当特定的"符号、语法或结构"来描述，结果在文丘里那里，只有"不正常"的符号才是符号；在解构主义者那里，解构的形式才能体现结构的意义。从纯语言的角度对修辞效果进行"符号式或语法式"的解读，就使得文丘里的后现代主义置疑了语义的一致性，埃森曼的解构主义置疑了结构的一致性，而在更激进的建筑师那里，就激起了对建筑语言学可靠性和有效性的怀疑，演变成更混沌、游戏和疯狂的建筑形式，这些导致了当代建筑学理论整个方向感的丧失，开始怀疑起理论与实践的互动关系，从而否认整个建筑理论存在的价值。因此，只有我们把后现代或者解构等从"语法"的稳定结构中排除出去，加入"修辞"的行列中，这样建筑语言学本身才能够自圆其说。

---

① 骆小所. 修辞和语法的关系再探讨——兼论修辞学的性质 [J]. 云南师范大学学报（哲学社会科学版），1993，25（5）：63：摘要.

② 骆小所. 修辞学的性质新论 [J]. 云南师范大学学报（哲学社会科学版），1994，26（2）：74：摘要.

③ 骆小所. 修辞学的性质新论 [J]. 云南师范大学学报（哲学社会科学版），1994，26（2）：76–77.

④ 安纳·杰弗森. 西方现代文学理论概述与比较 [M]. 陈昭全等译. 长沙：湖南文艺出版社，1986：21.

但是，用极端的例子，我们好分辨"修辞"与"语法"，但在实际使用中，两者其实很难用"艺术与科学"或"感性与理性"等完全区分，而只有一条模糊的边界，比如：在修辞学内部，"消极修辞"（或称一般性修辞、规范修辞等）与"语法"的区别就一直就没有被厘清，如何研究"消极修辞"也就成为修辞学中的重要困惑之一：

● 建筑语言因素是否一定要反常使用才有效果呢？换言之，"正常"的建筑语言使用方式是否也能达到具有感染力的效果，这是否也算作"修辞"呢？

● 有人说"修辞"是为了获得美好的效果，但为什么又有"得体的修辞"和"不得体的修辞"之分？

● 日常用语或常规化的设计是否就是只用了"语法"而没有用"修辞"？

● 在"古典建筑语言"和"现代建筑语言"中，哪些属于"语法"的规定，而哪些又属于"修辞"的矫饰？假设视"三段式"为古典的语法，那么非三段式的手法就是修辞吗？

因此，到底应该是"混同一体"还是"严格区分"？如何厘清建筑学中"修辞"与"语法"之间的关系？这将会是本书阐述建筑修辞的一大目标。

2.3.2　修辞 vs. 逻辑

索绪尔认为"语言"是代码，"言语"是信息，即符号是约定俗成的，没有固定的意义，所以，当"纯语言"研究要走向涵义丰富的"言语"运用时，"修辞与语法"之间的关系就转化为"意义和逻辑"之间的关系。

一般而言，我们对逻辑的理解是："文法者，言语律也；逻辑者，思想律也。示文章之破格或正格，文法之事也，而修辞则在别文章之美恶；示思想之破格或正格，逻辑之事也，而修辞则在示别表现思想方法之巧拙：质言之，文法、逻辑予人以规矩，而修辞则欲使人巧者也。"[①]这点明了"逻辑"和"语法"的同一性，它们是意义产生的规则所在，却其实都是"修辞"所希望极力摆脱的。

"意义即阐释"由理查兹在《意义的意义》一书中形成，尽管理查兹赞同索绪尔的符号任意性原则，但他进一步说，符号要有意义就必须阐释，因此，理查兹从文学批评转向了修辞学，希望扩展他依赖于经验的语言使用环境的理论。

另一种声音则削弱逻辑在意义产生中的重要性，代之以阐释，"意义即阐释"由理查兹在《意义的意义》一书中形成，尽管理查兹赞同索绪尔的符号任意性原则，但他进一步说，符号要有意义就必须阐释，因此，理查兹从文学批评转向了修辞学。"意义即阐释"也可以说"意义即修辞"，是"修辞"替代了"逻辑"在意义中不可动摇的作用。

帕尔曼则从修辞角度解释法律的逻辑问题，提出辩证逻辑并不等同于形式逻辑（类似亚里士多德定义的三段论）的观点，他认为"精细哲学思考所特有的方法论是靠修辞学提供的，而不是靠形式逻辑提供的"，"辩证推理正是新修辞学的基本方法，或者说辩证逻辑就是新修辞学"，这看起来是说的逻辑与修辞之间的关系，实际上不如说是他将修辞学等同于了辩证法。

总体而言，理查兹和帕尔曼用新修辞学阐述"意义和逻辑"的全新观点，其实与批判"建筑语言学"陷入"一元论"一样：把词汇组合成句子的过程比喻成用砖块砌成墙壁一样，这是一种机械的观点，产生意义的过程远比拼图更为复杂和有机，而所谓"每一个词语都有一种正确的或好的用法"，这其实是一种教条。因此，我们在视觉修辞中我们不再用"逻辑"的字眼，转而使用"操作"、

---

① 金兆梓. 实用图文修辞学 [M]. 中华书局，1938 // 转引自：李华. 修辞中的"真"与"美"——论修辞与逻辑的谐合 [D].
　曲阜：曲阜师范大学，2003：23.

41

"推演"、"演绎"等词汇取代，创作的过程绝对不等同于逻辑的解题，脱离建筑师主动性的完全形式自主并不存在。

2.3.3 修辞 vs. 语用

莫里斯认为"句法、语义、语用"构成语言的三个基本方面：句法学研究"语言按什么规则组成"，"修辞 vs. 语法"主要在这一层次探讨两者的作用；语义学研究"意义按什么方法确定"，"修辞 vs. 逻辑"主要在这一层次探讨意义的生成；而语用学则研究"怎样用语言的符号去进行交际"，其实就是前两个层次在一定动机、目的与语境下的运用与整合。早在 20 世纪 80~90 年代，袁毓林、张会森、高万云等学者就做过"修辞与语用"之间关系的相关论述，但直到 21 世纪初，胡范铸、刘大为等修辞学者才将其系统化、理论化，明确提出"修辞就是语言的运用，修辞行为就是言语行为，修辞学就是一门专门研究语言运用的学科[①]"。正是因为只要使用语言就有修辞活动发生，于是修辞就与语言的运用等同起来了，并从辅助性的地位上升到了表达本体的地位。

应该说，将"修辞"等同于"语言的运用"，其实也就是认同了广义修辞观，这摆脱了以往修辞学研究中的狭窄看法，同时使修辞回归到对语言本体的研究上面来的关键。而在建筑学理论而言，这就相当于将"修辞"等同于"建筑设计"本身，从而从根本上回答了建筑学为什么要"转向修辞"的理论问题，修辞学就成为一种比语言学更靠近设计本身的重要理论。因此，本书希望更进一步，给建筑设计中的"修辞"以重要涵义：**"建筑修辞是建筑语言的艺术"**，**"艺术来源于修辞"**。

当然，我们将"修辞"等同于"语言的运用"也同时带来了学科的虚无，修辞学的关键问题其实还是"工具与方法"的问题，只有我们能够找到一种贯穿学科的工具，普遍涵盖"广义 vs. 狭义、积极 vs. 消极、表达 vs. 接收、同一 vs. 陌生化"等等，这才是"修辞学"能够稳固作为一门学科的性质，才是它区别于解释学、语用学的关键。"语用"更加强调语言的交际问题，而"修辞"更倾向审美问题，尤其在视觉、建筑乃至艺术领域，"修辞"比"语用"更贴近我们所能理解的含义。

2.4 借助修辞的方法论

正是建筑语言学"转向修辞"，承认了修辞对于客观世界的主观作用，这就为建筑学理论打开了崭新的视野与通道，而下一步就是要建立修辞学的"方法论"，即必须要构筑一整套研究框架与体系，以分析清楚修辞的运作方式。

2.4.1 狭义修辞的共时研究——图像的辞格

当语言学的"所指＝能指"改写为修辞学的"所指＝能指[修辞]"时，其实就等同于【所指＝能指[辞格]】，修辞作为"能指与所指之间对应与偏离"的衍生代数，其各种类型的具体称谓就是"辞格"。所谓"辞格"或"修辞格"，其实就是"修辞的格式"，我们也可以这样理解：修辞技巧的创造、成形与整理，使之成为一种格式。

很早古典修辞学就开始了辞格的研究，比如，中国对"比喻"的研究始于先秦，亚里士多德《修辞学》也论述过诸如隐喻、明喻、拟人等辞格，但"辞格"作为一种特定名词的出现，则比起辞格的出现要晚，因为：语言中有辞格现象是一种客观存在，不是"有意识就有修辞，无意识就无修辞"，

---

① 胡范铸. 从"修辞技巧"到"言语行为"——试论中国修辞学研究的语用学转向 [J]. 修辞学习，2003（1）：2-4.

它不以人的意志为转移；但"辞格"则是修辞学出现后的一个基本术语，是为了理论的体系研究而出现的，是一种人为的主观定义。

修辞的多重观念中，"狭义修辞"向修辞的微观层面深入探究，"法国结构主义新批评更是将研究领域缩小，从研究文学话语逐步转向了辞格研究①，"辞格"就成为修辞学的核心基础，也是修辞学中迄今为止探讨最深入、最富成就的，应该说，我们沿着热奈特的学科缩小路线图，走到了"修辞学→狭义修辞学→辞格"这一站。

百度百科中，中文包含"比喻、比拟、夸张、排比、对偶（又名对仗、排偶）、反复、借代、寄寓（寄托）、互文、设问、引用、呼告、反问、顶真（又名联珠）"等辞格②，由此可见，所谓"辞格"是从表达者的角度出发，研究当下的修辞效果，精耕细作地进行言词的深加工。

然而，作为"能指 vs. 所指"、"形式 vs. 内容"、"表象 vs. 本质"之间的对应与偏离衍生代数，上面这种过度定义与过度命名也许并不是一种好的方法，而应该首先找到一种统一的辞格类型。因为这种类型的统一可以解决语言学、符号学里面的一个根本性难题：再也用不着去统一不同学科、不同领域、不同情境之下的各类符号，而只需要证明"符号与意义之间"可能存在统一的"对应与偏离路径"即可。

"辞格"本身就可以完成不同类型符号之间的跳跃："如果我们想到一块伤疤，我们几乎克制不了对伤疤引起痛疼的反思"、"诗与画"、"音乐与场景"、"事件与道德"……因此，不同领域的符号事实都可以被修辞的"联想、想象和推导"联系到一起，完成通约的交流，也就是说，我们的研究可以从"通约的符号"转为"通约的辞格"，从而解决语言学中如何进行跨领域统一的根本难题。而这种"通约性"，其实早已在某些研究中崭露头角、隐约可见：

> 文本—形象差异这个话题为两个重要修辞技巧提供了联系的机会，这两个技巧就是巧喻和判断：如埃德蒙·博克所指出的，"巧喻"（wit）"主要是精通对相似性的追溯"，而判断主要是"发现差异"。③
>
> 我们完全可以注意到皮尔斯的语象、象征和索引与休姆的观念联想三原则——相似性、临近性和因果关系非常接近。④
>
> 相似性、临近性和因果关系在皮尔斯的系统中被从精神机制转换成各种意指。类似的转换也出现在罗曼·雅各布森的主张中，他提出比喻语言的世界被分成基于相似性的隐喻和基于并置的换喻。雅各布森认为这些修辞比喻之间的对比可以通过各种失语症的精神失常得以说明，使语言和心理描述之间的关联显而易见。⑤

最终，以上博克的"巧喻和判断"、皮尔斯的"语象、象征和索引"、休姆的"相似性、临近性和因果关系"以及索绪尔的"联想平面"与"组合平面"、罗兰·巴特的"组合与系统"甚至是德国古典美学的"感觉主义路线与形式主义路线"等，在本书的"辞格篇"中，就被雅各布森的"隐喻和换喻"所统一，如果说"语言学"的关键词是"能指"与"所指"的话，那么"修辞

---

① 吴康茹. 热拉尔·热奈特修辞学思想研究 .[D]. 北京：中国社会科学院研究生院，2011：31.
② 修辞手法 [EB/OL]. 百度百科 http：//baike.baidu.com/view/498230.htm?fr=aladdin.
③ [美]W.J.T. 米歇尔. 图像理论 [M]. 陈永国，胡文征译. 北京：北京大学出版社，2006：57.
④ [美]W.J.T. 米歇尔. 图像理论 [M]. 陈永国，胡文征译. 北京：北京大学出版社，2006：69.
⑤ [美]W.J.T. 米歇尔. 图像理论 [M]. 陈永国，胡文征译. 北京：北京大学出版社，2006：70.

学"的关键词就是"**隐喻**"和"**换喻**",而为使图像思维能更好的理解,"建筑修辞"或"视觉修辞"的关键词转换为了"**隐喻**"和"**形变**"。

"辞格篇"中,我们将借助"图像转向"与"图像学",希望找到图像、视觉、表象的统一辞格类型,首先从纷繁的建筑现象中梳理一套建筑视觉的"辞格"体系。而这种"通约的辞格"不仅要能够与图像视觉领域、音乐领域、艺术领域的广泛修辞可以进行通约,也要可以运用于"修辞"内部的各种观点,完成对"语法学"、"语用学"、"积极与消极"、"表达与接受"、"同一与陌生化"等广义修辞解释模型的统一。

2.4.2　广义修辞的历时研究——解释的循环

如果将"解释转向"看成语言学朝"认识论"转向的一种,那么其中最为突出的就是对"时间"的强调,从而延伸出"历史、传统、经验、演化"等理解。海德格尔前期的《存在与时间》和后期的《时间与存在》尽管时间观不同,但都强调了"时间"作为一个关键性要素与"存在"的并列地位,"时间作为意义之境"[①]消解了康德认识论中"天赋先验"这一环,从而也消解了"绝对精神"之所在,如亚里士多德所理解的"时间是运动着的数",时间代表演化,证明存在的意义不在于静态,而在动态之中。

就这样,原来被当作定势的前导被海德格尔消解了,"一元论"中需要预设的先验本体——比如"集体无意识/原型/格式塔"等定论研究——就被"历史与传统"的动态研究所取代,"主观与客观"、"主体与客体"可以在"时间和历史"的框架下形成充分的交流,从而构成"二元要素"无限展开的可能基础。"视界融合"后会产生新的视界,因此"解释/理解"就永远不会固定,而是一个不断形成的过程,这就是"语言"不断扩大、变迁与更新"意义"的过程,其实也是人"主观认识世界"的基本模式。

因此,在"演化篇"中,我们将借助"解释转向"中"解释的循环",用时间解读广义修辞产生的意义。

---

① 汪传发.时间作为意义之境——康德、海德格尔时间观的基本视角[J].中州学刊.1997(5).

建筑视觉形式的修辞与演化

辞 格 篇 建筑视觉形式的隐喻与形变

第 3 章　辞格符号的类型统一

3.1　辞格的符号化

早期的符号学中，"能指"与"所指"、"符号"与"意义"是一一对应的关系，这样就必须创造一个足够大、足够丰富的符号系统，才能满足表述越来越复杂的大千世界，但这是不可能的。同样，面对丰富多变、诡谲变换、复杂丛生的建筑现象，"建筑学"也面临着符号捉襟见肘的相同困境，而当向上溯源寻找元符号、元语言的理论失败后，建筑界就只好转向了解构。因为，相对于结构主义"能指、所指"神圣不可分割、一把锁开一把钥匙的对应关系，解构主义者认为"能指、所指"并没有必然联系，只是约定俗成的结果，符号有其任意性，游戏有其正当性，因此，为解决不确定性，解构又走向了另一极端。

而修辞学既不赞同结构主义的确定性，但也不赞同解构主义的任意性，而是借鉴了罗兰·巴特的"符号意指"系统，先将"辞格"符号化，进而类型化，最终形成多样统一的"隐喻换喻"辩证关系。

3.1.1　意指符号化的三个层次

"意指"即意义的指向，意指转化是罗兰·巴特符号学的核心，他在《符号学原理》中借鉴了叶尔姆斯列夫的 ERC 理论（图 3–1，即符号包含三种成分：E 是表达面；C 是内容面；R 是两者之间的意义指向关系，由此完成两者的转化），并把这个 ERC 系统整体引申为另一系统中的"表达面"或"内容面"，得到了两个向上晋级的意指系统："第一种情况被称为含蓄意指符号学；而第二种情况则被称为元语言学"[①]，它们两者密切相联，但又相互区别。

第一种情况：	系统2：	E	R	C	系统1的ERC整体引申
	系统1：	ERC			为系统2的能指
第二种情况：	系统2：	E	R	C	系统1的ERC整体引申
	系统1：			ERC	为系统2的所指

图 3–1　《符号学原理》中两种情况的图示

本书将这个 ERC 系统改写为 $E^R=C$ 公式，即"能指 E"在"意指 R"的作用下能够表达"所指 C"（表达面就是"所指"；内容面即为"能指"；意指关系既包括"修辞"也包括"语法"，是"能指"可以表达"所指"的关键作用），从而将罗兰·巴特的图式推演为以下两个公式：

第一种情况是含蓄意指：当 $E^R=C$ 作为第二个系统的"能指"时，$E^{R1}=C1=E2$，因此 $C2=E2^{R2}=(E^{R1})^{R2}$；

---

① 李华，刘立华.罗兰·巴特符号学视角下的符号意指过程研究 [J].山东教育学院学报，2010，138（2）：38.

第二种情况是元语言：当 $E^R=C$ 作为第二个系统的"所指"时，C1=C2，向后继续推导得出 C1=C2= C3=……=Cn，而向前倒推则得出 E=C，（这里所谓的元语言即某种意义的原初词汇或形态，即其意义是无须证明就自明的）。

含蓄意指依然建立在"语言与言语"这一对语言学的基础概念之上，罗兰·巴特用"质料层、语言结构层和运用层"指代（E^{R1}）R^2 三者，叶尔姆斯列夫以更形式化的方法引申为"图式层、规范层和用法层"，而这其实就是加诸在"元语言"上的"语法作用"和"修辞作用"。（图 3-2）

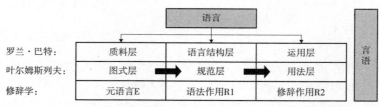

图 3-2　意义指向的三个层次

因此，罗兰·巴特的这个系统运用至建筑领域，就是建筑语言学的三个分支，并由此可知，以"语法"为基础，"修辞"与"元语言"就是"建筑语言学"的一体两翼：

【元语言：能指 = 所指，即 E=C，可以引申为建筑的元语言】

【直接意指：能指^{语法} = 所指，即 E^R=C，可以引申为建筑的语法】

【含蓄意指：（能指^{语法}）^{修辞} = 所指，即（E^{R1}）^{R2}=C，可以引申为建筑的修辞】

同罗兰·巴特的符号学一样，建筑修辞的要点就在于，不仅"能指"与"所指"是符号，"意指作用"也是符号：

建筑师要如何才能够用有限的"符号 E"表达无限的"意义 C"？如何基于限定的"形式本质 E"体现多彩的"视觉形式 C"？除了挖掘更多的"建筑形式本质"，探究更深的"建筑深层语法"，他们还必须创造更多的"意指作用 R"，尤其是 R2、R3 甚至 R4 等多层意指的"修辞格"。也就是说，我们不仅可以符号化"能指"与"所指"、符号化"语法"，还可以符号化"能指、所指"之间复杂多样的偏离与转折关系，它们可以被定格为一种"格式"来加以研究，这就是符号化的"辞格"。

3.1.2　柯布西耶的意指层次

我们首先以勒·柯布西耶为例，对他的"建筑意指"作"定格"研究。

3.1.2.1　结构的元语言

1914 年，勒·柯布西耶首次提出"多米诺体系"（Domino），即对钢筋混凝土框架结构所形成的三维立体形态进行了高度凝练的概括（此概括中没有梁，而是简化为柱板结构），形成迄今为止运用最广泛的建筑标准单元的雏形（图 3-3）。因此，我们将"多米诺体系"视为现代主义建筑由"钢筋混凝土框架结构"所带来的"元语言 E"，即：

【E=C】→【钢筋混凝土柱板结构 = 多米诺体系】

其"能指、所指"隐含的"符号意指 / 意义关联"就是"形式追随结构"。

3.1.2.2　功能的语法

1926 年，勒·柯布西耶在"多米诺体系"的基础上，提出了划时代的"建筑新五点"（底层架空、屋顶花园、自由平面、横向

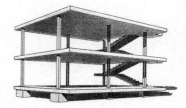

图 3-3　多米诺体系

长窗、自由立面），并在多个作品中加以贯彻。因此，可以将"建筑新五点"视为柯布纯粹主义时期以及现代主义早期住宅的"语法 R1"，即：

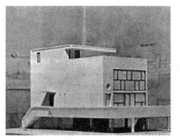

图 3-4　雪铁龙住宅

【$E^{R1}=C$】→【多米诺体系^{建筑新五点} = 柯布的纯粹主义】

这个公式形成的作品以雪铁龙住宅（图 3-4）、萨伏伊别墅等为代表，包含现代主义早期空间随意划分、连通流动、内外交融的一些建筑，其"能指、所指"隐含的"符号意指 / 意义关联"就是"形式追随功能"。

3.1.2.3　隐蔽的修辞

在纯粹主义时期，柯布西耶既遵从自己"建筑新五点"的语法框架，但又把"多米诺"作为所有操作手法的前提与支持，在"体块、空间、界面"等多个层次上使用了隐蔽但必要的修辞，即：

【（E^{R1}）$^{R2}=C$】→【（多米诺体系^{建筑新五点}）柯布的^{修辞} = 柯布的具体作品】

柯布西耶用"eyes that do not see"讽刺当时的建筑师，认为他们对时代产物视而不见，然而，这句话也一样能够讽刺现代主义朝圣者对于教条的轻信，那就是对柯布西耶"修辞手法"的视而不见。当然，现在的学术界已经有了许多《柯布西耶的真实谎言》这类文章，到 20 世纪中期，人们好似猛然间发现"为保持长窗的横向效果，萨沃伊别墅的一、二层柱子竟然是前后错位的"等类似事实，这轻易地击碎了柯布的理论。然而，"谎言"与"修辞"的区别提法，其实意味着对于事物理解的正反两面，"谎言"是消极的、批判的、摧毁式的，"修辞"却是积极的、迎接的、建构式的，消极态度永远在告诉人们什么是错误而罪恶的，然而"辞格"的探讨则告诉人们这是正当而天然的。

3.1.3　柯布西耶的辞格

重读《走向新建筑》，除了"工程逻辑"令人信服之外，大量关于"基准线、表面和体块"的篇幅也留给人深刻印象，而后者就是柯布基于新"元语言 & 语法"下创造的新"修辞"。从下面的分析中，我们可以看到诸多具体手法，这就是"建筑新五点"不能解释与涵盖的部分，是柯布在"同义反复"下主观选择的修辞辞格：

3.1.3.1　体块的辞格

▼体块嵌套

柯布西耶经常在"多米诺系统"中置入一些小的空间单位，即在房子中嵌套房子、体块中嵌套体块（图 3-5），巧妙地经营一些特别的位置，获得一些有意思的三维属性。

▼体块三段式叠加

完整的"多米诺系统"可以形成大的独立体块，柯布西耶则把建筑主要分成三个体块，用与功能同构的方式组合，运用各种对比的手法，组成建筑最基本的三维形态，叠加成建筑的三段式组合态（图 3-6）：

A 拉罗歇住宅："起居—会客—画廊"三段体块，组合成"L"形平面，采用垂直方向与水平方向对比，以通高部分串联"分离—连续"状态；

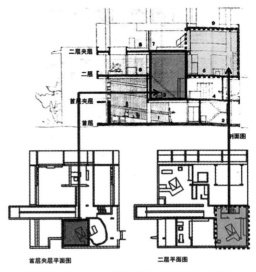

图 3-5　勒·柯布西耶住宅作品的体块嵌套辞格

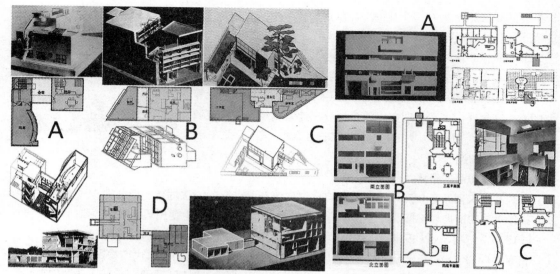

图 3-6　勒·柯布西耶住宅作品的体块叠加辞格　　　图 3-7　勒·柯布西耶住宅作品的体块附加辞格

B 库鲁切特住宅："诊所—天井—住宅"三段体块，组合成不规则平面，采用直方体与不规则形对比、高差对比，以中间天井串联"分离—连续"状态；

C 布洛涅艺术家小宅："工作室—服务区—录音室"三段体块，组合成三角形平面，采用直方体与三角形对比、高差对比，以中间庭院串联"分离—连续"状态；

D 修当别墅："住宅—通道—服务区"三段体块，采用大直方体与小直方体的体量对比、高差对比，以中间通道串联"分离—连续"状态。

▼**体块附加**

即在大的体块上点缀附加小体块的手法（图 3-7）：

A 加歇别墅：为增加其外部空间层次，打破纯粹的"多米诺"直方体，在外立面所进行的附加手法——1、2、3 出挑阳台或雨棚；

B 库克住宅：为增加其外部空间层次，打破纯粹的"多米诺"直方体，在外立面所进行的附加手法——1、2 出挑阳台或雨棚；

C 拉罗歇住宅：为增加室内格局层次，而在内部所进行的附加操作手法——室内出挑平台。

3.1.3.2　空间的辞格

除了对"体块修辞"的得心应手，勒·柯布西耶最具开创性的其实是他的"空间修辞"，从根本上来说，"建筑漫步"的提出其实是以"视觉需要"为前提的：

位于建筑正中央的巨大坡道，以流动空间的名义有着古典别墅大台阶的装饰性，却粗暴地横亘在有限的别墅内部，使得二层各个房间前形成两个无法令人愉快的走道空间，并形成复杂的流线和低效的使用空间。这是否有悖于现代主义的机能底线？打破居住的宁静和温馨只是为了宣告交通和流动的神圣？①

---

① 姜涌 . 柯布西耶的真实谎言 [J]. 缤纷，2007，11.

勒·柯布西耶自己也把"坡道"排除在"建筑新五点"之外,因此,我们可以明确,在当时的"元语言 & 语法"前提下,柯布对于"空间"的思考其实就是"隐性的视觉修辞",所谓空间漫步甚至光影体验,其实根本不是一个"居住的机器"所必需的部分,那是在基本需求之外对于视觉感受的额外满足。

由柯布西耶开始,现代主义建筑就开始了"中心性的解体",空间的取向就朝着"分离、曲折、格挡、蜿蜒"等更修辞而不是更基本的趣味出发,重视序列的经营、强调欲扬先抑的视觉效果,这就带来了空间的运动修辞。

在柯布西耶这里,由于住宅作品的规模限制,他较多地采用"▼对角运动"的辞格(图 3-8):建筑平面的"对角运动"带来了主体区域与从属区域的分离,从属区域偏至一边让出空间,界面遵循运动方向而集结,较多地使用"曲面"来收束调和,减少建筑转角带来的冲击;而"坡道"则是满足建筑剖面"对角运动"的解答:"从架空的底层,沿坡道不知不觉地上升,这种感受与通过楼梯的行进是完全不同的,楼梯将一个楼层与另一个楼层分隔开,坡道则将其连接起来。"

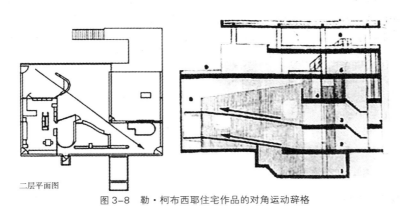

二层平面图

图 3-8　勒·柯布西耶住宅作品的对角运动辞格

3.1.3.3　界面的辞格

"多米诺体系"使建筑由原来的"垂直限定水平"转为了"水平限定垂直",平面被解放,在建筑内部"墙"成为垂直方向的界面、"板"成为水平方向的界面。正因为对于"空间修辞"的取向不同,所以与古典时期静止的"对称与中心性"不同,由运动引导的现代主义,其界面辞格主要是"错综与分离性"的(图 3-9 ~ 图 3-11):

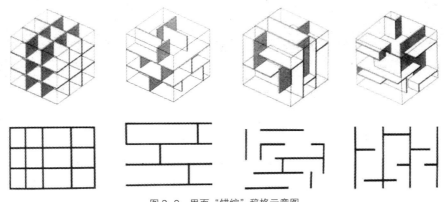

图 3-9　界面"错综"辞格示意图

▼平面错综

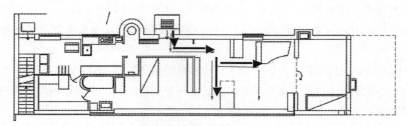

图 3-10　勒·柯布西耶母亲之家的平面"错综"

▼剖面错综

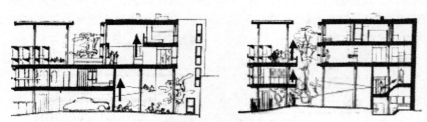

图 3-11　勒·柯布西耶雪铁龙别墅的剖面"错综"

▼立面错综 / 透明性

　　然而，平面或剖面的"错综"毕竟还是可以匹配某种实实在在的需求或功能，但立面、或者说建筑外观的"错综"就基本只是为了视觉的满足而产生，因此其"修辞性"体现得最为明显，这被科林·罗称为"透明性"，并被认为是现代建筑的普遍特点之一。

图 3-12　勒·柯布西耶库鲁切特住宅 & 加歇别墅的立面"错综"

　　在本书最后的第 12 章，我们将仔细对比"现代建筑"与"古典建筑"中两种具体的视觉修辞，一种是科林·罗定义的"透明性"，而另一种则被本书冠之以"透视性"，它们都在用"二维立面的视觉"隐喻"三维空间的内涵"，因而都可以获得"正面性"的效果："透明性"用立面隐喻现代主义的"自由空间"（图 3-12），所以用消解的方式在压缩空间、层叠边界、去中心化；而"透视性"则用立面隐喻古典建筑的"宏大空间"，所以用刻画的方式在加深空间、突出边界、向中心化，用公式表达即为：

【**古典建筑的二维立面**^{透视性}**＝隐喻单纯宏大的三维空间**】

【**现代建筑的二维立面**^{透明性}**＝隐喻复杂蜿蜒的三维空间**】

因此，我们可以看出，"用二维隐喻三维"其实是每一时代建筑师不自觉的一种视觉冲动，既然有"透明性的错综"，也就同样存在"透视性的向心"，并获得"正面性"的隐喻意义。

综上所述，柯布西耶的"意指作用R"是以指数形式多维度叠加的，每一维度都包含多种选择，从而变幻出无穷的结果，即：

图 3-13 勒·柯布西耶的朗香教堂

【{ [(E^{R1}) ^{R2}]^{R3} } ^{R4}……＝C】→

【{ [(多米诺体系^{建筑新五点})^{体块修辞}]^{空间修辞} }^{界面修辞}……＝ 柯布的具体作品 】

朗香教堂（图 3-13）则标志着勒·柯布西耶彻底地走向了修辞，詹克斯把朗香教堂称为"后现代主义的传令官"，认为柯布既是建筑运动的先锋，又是"宣布这个运动结束的人"。而本书认为，其实詹克斯所谓的"后现代"其实就是"现代主义"由语法主导转向了修辞主导。

3.1.4 柯氏辞格的发展

勒·柯布西耶作为建筑历史上的划时代人物，其手法影响了许多后来者，而他们又都在柯布的基础上加入自己的理解与发展，从而使得这几种修辞方式越来越丰富与繁盛，其修辞性也越来越明显。

3.1.4.1 体块辞格的发展

白色时期的"纽约五人组"中，格雷夫斯、格瓦思梅和迈耶都以纯粹主义为出发点，尤其是迈耶的作品（图 3-14）没有太多玄学，就在"体块"上以娴熟精巧的手法拆解和重组着柯布的"形式修辞"；彼得·埃森曼则以特拉尼为致敬对象，其"卡纸板"系列从九宫格、四方格、立方体等出发，运用"倾斜、渐退、延伸、压缩、剪切、重叠、平移、旋转"等"辞格"对此进行变形，产生具体的建筑视觉形式；而1967年世博会的蒙特利尔住宅（图 3-15）则将"体块的叠加"发展为"体块的错综"，与此类似的还有范·埃克"迷宫似的清晰性"和 H·赫兹伯格的"喀什巴主义"等，都是在单元形体的叠加错综上作推敲。

3.1.4.2 空间辞格的发展

而最大程度继承和发展柯氏空间的，莫过于安藤忠雄了，他用自己的努力与东方文化的优势去延续和伸展着柯布西耶形式语言的"修辞"，成为空间序列和光的大师。他的作品中，"水、风、

图 3-14 迈耶的史密斯住宅

图 3-15 蒙特利尔世博会"栖居 67"住宅

光三教堂"（图 3-16）堪称空间转换的经典之作，通过"引导和暗示、层次与渗透、衔接与过度、对比与变化"，其抽象、肃然、纯粹、几何的空间得到了建筑神圣的宗教意义。

然而，既然是"修辞"，那么他就也同样延续着柯氏空间本来的缺点：过分突出视觉需求的反

图 3-16　安藤忠雄的光之教堂、水之教堂、风之教堂

使用性。这一点在他实用性较强的非宗教类建筑中，体现最为明显，以至于有人如此评价：

　　日本的安藤忠雄继承了柯布等人的一个特点：对使用者视而不见的眼睛，即将建筑处理成为使用者和传媒的公共平台。业主和使用者生理的不适，要靠旁观者的高度评价而获得心理的平衡，从而超越肉体的自虐达到精神的狂欢。在东方这可被称为"禅宗"，在西方可称为"殉教"。[①]

3.1.4.3　界面辞格的发展

体块与空间修辞的发展，最终都要落实到界面修辞之中：埃森曼从早期的"卡纸板"走向了后来的"叠置"，他的自定义"辞格"也就走向了新系列，如"缩放比例、模糊、折叠"等；而另一部分人却提出与"折叠"相反的修辞策略"平滑"（图 3-17、图 3-18），以过渡形变或生成柔性的曲线界面。以上无论是平面、斜面，还是曲面的界面修辞，最终都由计算机应用下的"拓扑变形或参数化"来操作处理，现代主义建筑就在这条道路上，越来越走向解构。

不过，无论是"叠置"、"折叠"、"平滑"还是"拓扑变形"、"参数化"，每个建筑师都在辞格应用前，用一种极为哲学的方式为自己的修辞找到了必要的说辞，从而使建筑的"符号"与"意义"、"本质"与"表象"相互联系、相互意指，也从而推动了建筑"新本质"的挖掘。

3.2　辞格的类型化

但是，如果我们只满足于以上"辞格的罗列"，比如"体块嵌套、平面错综"之类，这在现代修辞学中是无用的。列日学派[②]以研究辞格而著称，他们总结道："显而易见，即使这些无穷无尽的列举不是旧修辞学衰败的深刻原因，无论如何也是它们没落的证明"[③]。在这一判断的基础上，其他门类的辞格

---

① 姜涌. 柯布西耶的真实谎言 [J]. 缤纷，2007，11.
② 列日学派因比利时列日大学 6 位学者提出重建修辞学的系统主张而得名。1970 年，列日学派出版了《一般修辞学》，阐述了新修辞学的基本纲领，与热内特将修辞学分为"狭义修辞学"和"广义修辞学"相似，列日学派将修辞学分为"基础修辞学"和"一般修辞学"。
③ 王华. 汉语修辞格的语用研究 [D]. 兰州：西北师范大学，2007：1.

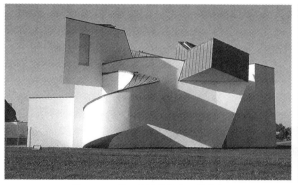

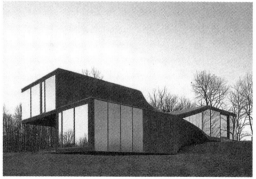

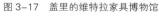

图 3-17　盖里的维特拉家具博物馆　　　　　图 3-18　本·范·伯克尔的莫比乌斯住宅

研究都在积极地类型化，即试图建立各种"辞格"的统一架构，所有的辞格都可以从这一体系中衍生而出。

3.2.1　广告视觉修辞的类型架构

　　罗兰·巴特的"符号意指"其实是试图建立起一套科学的、理想的、稳定的符号系统，来解决对意义本源、描述、解释和获得的含混问题。因为"图像"比"语言"的意义更不稳定，因此这套理论被他首先运用于视觉领域，开创了"广告修辞学"。

　　所谓"视觉修辞"最早见于 1964 年《图像的修辞》，罗兰·巴特预言在图像领域中，应该会发现几个被古典修辞学正式命名的辞格，后来在《修辞与广告图像》和《广告图像中的修辞手段》中，他的弟子杰克斯·都兰德用大量图片的实证，肯定了广告图像中存在几乎所有传统辞格，并试图总结一个基本完整的广告视觉修辞体系（表 3-1）[①]。

杰克斯·都兰德"视觉修辞"表[②]　　　　　　　　　　　表 3-1

操作修辞关系 ＼ 修辞关系		A	B	C	D
		附加	压制	代替	互换
1. 同一		反复 Repetition	省略 Ellipsis	同音异义 Homophony	倒装 Inversion
2. 相似	形式	押韵 Rhyme		引喻 Allusion	
	内容	比较 Comparison	遁词 Circumlocution	隐喻 Metaphor	重言 Hendiadys
3. 差异		列锦 Accumulation	宕笔 Suspense	转喻 Metonymy	连词省略 Asyndeton
4. 相反	形式	移时 Anachronism	置疑 Dubitation	折绕 Periphrasis	错格 Anacoluthon
	内容	对偶 Antithesis	缄默 Reticence	委婉语 Euphemism	交错配列 Chiasmus

[①] 冯丙奇. 视觉修辞理论的开创——巴特与都兰德广告视觉修辞研究初探 [J]. 北京理工大学学报（社会科学版），2003，5（6）：3.

[②] Durand，Jacques. Rhetorical Figures in Advertising Image [A]. Jean Umiker-Sebeok. Marketing and Semiotics：New Directions in the Study of Signs for Sale[C]. Berlin·New York·Amsterdam：Mouton de Gruyter，1987：299// 转引自：冯丙奇. 视觉修辞理论的开创——巴特与都兰德广告视觉修辞研究初探 [J]. 北京理工大学学报（社会科学版），2003，5（6）：3.

以上表格中，横向是指修辞对语法的偏离过程："附加"是在语法上添加成分，"压制"是在语法上减少成分，同时还存在两种次级操作，"代替"是在"压制"基础上的"附加"，"互换"是一个交互性的"代替"；表格竖向是指偏离语法的各种修辞成分之间的关系，以"类似／差异"的两分法为基础，衍生出四种基本关系：同一的类似、相似的类似、差异的差别、相反的差别。

然而，这个脱胎于古典修辞基本运作（增添、消减、转换、替代）的框架，与实际的广告视觉运用并不太匹配，所以，其后都兰德又根据广告中的三个关键成分（"产品"、"人物"以及两者的"形式"）将每一成分都按"类似／差异"的二分法来区别，又总结出另一种辞格的类型化架构（表3-2）：

而另外一些研究者，则用其他的控制项定义着广告的辞格：莱斯特认为广告图像中包含四种视觉元素"色彩、形式、纵深、位移"的修辞维度（前三者是静态的，后一个是动态的），每种维度又向下包含多种辞格，比如"位移"就包含了"真实位移、假象位移、图形位移、暗示位移"四种细项。

杰克斯·都兰德类似性修辞手段表 [①] 表 3-2

视觉成分			修辞类型
形式	人物	产品	
相同形式	同一人物	同一产品	反复 Repetition
		同一产品不同种类	形体变化 [②] Paradigm
	不同人物	同一产品	芭蕾 [③] Ballet
		同一产品不同种类	同形异体 [④] Homology
不同形式	同一人物	同一产品	连续 [⑤] Succession
		同一产品不同种类	多样 [⑥] Diversity
	不同人物	同一产品	全体一致 [⑦] Unanimity
		同一产品不同种类	列锦 [⑧] Accumulation

---

① 王讯. 汉语修辞格的语用研究 [D]. 苏州：苏州大学，2007：16.

② "形体变化"是指同一个人所展示产品的品种的变化。

③ "芭蕾"是指人物似乎是在参加一场芭蕾舞会，因为这些人的"形式"全都是一样的，且整齐地聚焦在一起。

④ "同形异体"是指在这个修辞现象中，存在两种形体变化，一是展示产品的人物的变化，二是被展示产品的不同种类的变化。

⑤ "连续"是指同一个人物连续在几个不同场景中展示同一个产品，人物和产品这两种视觉成分都没有变化，变化的只是"形式"。

⑥ "多样"与"连续"相似，只是展示的产品是同一个产品多样化的各个种类，也就是说，只有人物这个视觉成分没有变化，其他两种视觉成分都有变化。

⑦ "全体一致"与"芭蕾"的唯一不同就是人物这种视觉成分的不同。

⑧ "列锦"在文字修辞中通常指的是"以名词或以名词为中心的定名词组，组合成一种多列项的特殊的非主谓句，用来写景抒情、叙事述怀"，在视觉修辞中它意味着将不同产品在一起进行展示，是一种"浪攫的修辞手段"。

而伯特·泽特尔则对苹果电脑的经典广告"1984"进行了深入分析,总结出场面调度的"镜头 E"和"摄影技巧 R"与"含义 C"之间的意指关系(表 3-3),即:

镜头与摄影技巧的含义 [①]

表 3-3

表 3-3(1)

表 3-3(2)

镜头 E	定义	含义 C
特写	身体一小部门	密切
大特写	身体非常小的部门	审视
中景	大部分身体	私人关系
全景	全部身体	社会关系
远景	背景和人物	背景、范围
Z 轴	朝向观众的垂直动作	卷入
划变	画面从屏幕上很快地划出	加强的结束
叠化	一个画面叠化进下一个画面	较弱的结束

摄影技巧 R	定义	含义 C
镜头下摇	摄像机俯视 X	观众的力量
镜头上摇	摄像机仰视 X	观众的弱势
推摄	摄像机向里推进	观察
淡入	画面出现在屏幕上	开始
淡出	画面从屏幕中逐渐地消失	结束
切换	从一个画面切换到下一个画面	兴奋

$$【E^R=C】→【镜头^{摄影技巧}=含义】$$

3.2.2　比喻修辞的类型架构

在"辞格"的类型化建构中,传统修辞领域的"比喻"则走在了前列,比喻是以甲事物来比拟乙事物,它在形式上具有本体、喻体和比喻词三个成分,即:

$$【E^R=C】→【本体^{比喻词}=喻体】$$

在古典修辞学中,"比喻修辞"本来包含多种"辞格",分类并不系统,但在新修辞学中,"比喻修辞"开始用本喻体之间的关系进行系统分类,并且这些分类一直在不断地合并与简化之中(表 3-4):

比喻修辞的辞格类型简化过程

表 3-4

18 种类型　　　→　　　4 种类型　　　→　　　2 种类型

词的误用、换喻、转喻、提喻、换称法、间接肯定法、夸张、拟人化、谐音、譬喻、反讽、隐喻、反用法、迂回说法、换置

本喻体关系	辞格类型
相似(类比性)	隐喻
对比(相反的)	反讽
相邻(邻近性)	换喻
	提喻

本喻体关系	辞格类型 [②]
联想关系	隐喻
对比型的联想	讽喻(反向的隐喻)
邻近关系	换喻
包含型的邻近	提喻(包含的换喻)

▼杜马赛的《论比喻》列举了 18 个比喻的辞格;

▼沃修斯在此基础上将所有的辞格归结为四种类型——隐喻、换喻、提喻和反讽,本体与喻

---

① [美]阿瑟·阿萨·伯杰. 通俗文化、媒介和日常生活中的叙事[M]. 姚媛译. 南京:南京大学出版社,2000:126-127.// 转引自:王讯. 汉语修辞格的语用研究[D]. 苏州:苏州大学,2007:83.

② 隐喻本质上是表现的(representational),换喻是还原的(reduetionist),提喻是合成的(intergra-vtie),而反讽则是否定的(negational),转引自 Hayden White. Metahistory:the Historical Imagination in Nineteenth-Century Europe[M]. Wesleyan University Press,1980:34.

隐喻与换喻在各类艺术中的体现[①]　　　　　　　　　表 3-5

	文学体裁	诗歌	小说	绘画	电影	梦境
隐喻型话语	教诲性叙说，主题型的文学批评，格言式的话语	俄国抒情诗	浪漫主义，象征主义作品	超现实主义绘画	卓别林的影片（淡入淡出手法是真正的电影隐喻）	弗洛伊德的梦境象征（按同化作用）
换喻型话语	民间故事，新闻报道	英雄史诗	现实主义流派小说	写实主义绘画	格里菲斯的电影（特写镜头、蒙太奇和各种视角选择）	按移位或压缩机制发生的梦中投射

体的意义都从属于相似、相邻、对比这三大组合原则，其中，提喻和换喻具有关联性，提喻就是有包含关系的换喻；

▼而冯塔尼耶后来在《话语修辞格》一书中将反讽剔除，认为讽喻是隐喻表达的进一步扩展，"冯塔尼耶在将反讽剔除之后，他为现代修辞学建立了一个无法替代的模式：即隐喻和换喻对立的模式，这一模式后来被俄国形式主义学派于 1923 年正式确认。"[②]

俄国形式主义代表人物诺曼·雅各布森于 1956 年发表了《两种语言观及两种失语症》，他借用了语言学概念对失语症[③]作出了分析。他发现在所有文化语境下，隐喻（系统秩序）和换喻（组合秩序）都是两极相对的，也是人类传播意义的两种基本模式（表 3-5），隐喻基于语言的相似性（联想关系），处在垂直的替代轴，更多地与诗歌相关，比如用"希腊式风格"指代"优美的时代"；换喻基于语言的邻近性（邻近关系），基于水平的组合轴，更多与日常话语相关，比如用"爱奥尼柱式"指代"希腊式风格"。

现在，"比喻"在框架化、简约化的倾向下，就只有"隐喻和换喻"两种类型了。我们也可以同样用"比喻修辞"来类比"设计能力"，设计没有灵气的建筑师也就和失语症患者差不多，主要在设计语言的"替代"和"选择"关系上——即在"隐喻变形"和"换喻变形"上——出现了能力的底下。

3.2.3　建筑视觉修辞的类型架构

建筑视觉形式的修辞作为一种体系，当然包含各种各样具体的"辞格"：

▼在古典建筑理论中，它们被称之为"对称、均衡、尺度、比例、节奏"等"形式美法则"；

▼在勒·柯布西耶的书中，它们被称之为"基准线、表面和体块"的"模度"；

▼在卡板纸建筑中，彼得·埃森曼起名为"正面性、倾斜、渐退、延伸、压缩、剪切"等"形式操作"；

▼在后现代主义中，建筑师们提出了"拼贴"、"文脉"的不同"策略"；

▼在解构主义中，又创造出"叠置、平滑混合、折叠"等更多"手法"；

▼在计算机辅助设计中，又被叫作"参数化、泡状物、拓扑变形"……

当然，修辞学与建筑学的交叉研究中，建筑学借用的辞格名称就更多：

▼在《关于现代建筑语言中的修辞》中，作者罗列了"对比、映衬、夸张、引用、代入、象征、隐喻、排比、重复、幽默"等；

▼在《中国传统建筑空间修辞》中，被总结为"空间形式格的生象"（向下包括因借、呼应、结构等）和"空间韵致格的取意"（向下包括比兴、意境、机趣等）……

---

① [法]罗兰·巴尔特.符号学原理[M].李幼蒸译.北京：人民大学出版社，2008：66.

② 吴康茹.热拉尔·热奈特修辞学思想研究[D].北京：中国社会科学院研究生院，2011：46.

③ 失语症的病患者主要在语言选择和替代关系上出现功能性的损伤，且普通人也都存在选择和替代关系上的一些问题。

　　因此，我们更急需探究"如何用建筑学的内容去建构统一的辞格框架"，即"辞格的类型化"，需要用一种共同的模式去理解以上不同辞格的内在发生机制，以免陷入烦琐的定义游戏之中。

　　热拉尔·热奈特强调修辞学不能忽略传统资源，提出"有必要让文学研究回归远古以来的诗学和修辞学传统……文学研究需要借用旧修辞格"[①]。因此，建筑辞格体系的借鉴也首先转向了近代，转向"语言转向"之前 19 世纪德语国家成熟的视觉形式研究，它主要呈现两条路线（表 3-6），即"形式主义路线"和"感觉主义路线"[②]：

　　　　前者又称为"艺术科学学派"，以费德勒、希尔德勃兰特、李格尔、沃尔夫林为代表，它着眼于视觉形式的结构分析，艺术品的本质被界定为纯形式关系，与主题内容无关，换言之，也就是强调视觉形式不受外在因素影响的自律性和独立自主性，其源头可以上

近代德语国家"视觉形式"理论的两条路线　　　　　　　　　　表 3-6

路线	艺术家、理论家	主要理论	简要总结
形式主义路线	德国艺术理论家康拉德·费德勒（Konrad Fiedler）	首先提出了纯视觉理论，即纯形式概念，强调作品的美不在于内容、不在于主题，而在于形式，是作品形式结构创造出来的愉悦，艺术的本质在于艺术家如何以视觉形式来表达对外在形象世界的认识	美是脱离内容的纯形式， 客观美实在美纯粹美
	德国古典雕塑家希尔德勃兰特（Adolf von Hildebrand）	在《造型艺术的形式问题》中提出"构形"理论，认为艺术家具备一种不同寻常的观看世界的方式，根据构形的要求可以"在一眼之间就抓住外在形象"，"视觉要素"和"动觉要素"使其能创造出清晰的视觉形式，带给人以秩序感和安全感	
	奥地利艺术史家李格尔（Alois Riegl）	在《罗马晚期的工艺美术》中提出了"艺术意志"的概念，他以知觉的方式构建了一套成对的"心理学·艺术学"术语，用以解释艺术风格的演变，"艺术意志"即形式意志，即是内在因素决定了艺术风格的发展和变化	
	瑞士艺术史家沃尔夫林（Heinrich Wolfflin）	受李格尔的影响，在《艺术风格学》中通过对文艺复兴和巴洛克风格的研究，概括了艺术上的五对形式范畴，将其系统地阐述为两种普遍的观察方式和视觉方式	
感觉主义路线	德国美学家 F·费歇尔（Friedrich Theodor Vischer）	从心理学角度分析移情现象，把移情作用称为"审美的象征作用"，这种象征作用即通过人化方式将生命灌注于无生命的事物中，成为移情说美学的先驱	美是形式对内容的移情， 主观美投射美依存美
	德国美学家 R·费歇尔（Robert Visher）	在《视觉的形式感》中把"审美的象征作用"改称为"移情作用"，认为审美感受的发生就在于主体与对象之间实现了感觉和情感的共鸣	
	德国心理学家李普斯（Theodor Lipps）	在《空间美学和几何学·视觉的错觉》和《论移情作用》中，认为审美享受是一种客观化的自我享受，美的产生是由于审美时把自我情感投射到对象中去，将自身情感与审美对象融为一体，或者说对于审美对象的一种心领神会的"内模仿"，即"由我及物"或"由物及我"	
	德国艺术心理学家、哲学家沃林格尔（Wilhelm Worringer）	在《抽象与移情》中，把人类视觉创造的深层需求分为抽象与移情两种，艺术作品也依此而分为两种类型："移情"只适合对自然的、有机的古典艺术的解析，现代艺术的几何化、无机化的构成方式应从"抽象"这一心理学角度给予解答	

① 吴康茹. 热拉尔·热奈特修辞学思想研究 [D]. 北京：中国社会科学院研究生院，2011：2.
② 曹晖. 视觉形式的美学研究——基于西方视觉艺术的视觉形式考察 [D]. 北京：中国人民大学，2007：14.

溯到齐美尔曼、霍尔巴特直至康德；后者以费歇尔父子、李普斯、沃林格尔为代表，它利用19世纪移情心理学的研究成果，从主体生命意志和感觉出发阐释形式问题，认为形式的本质是生命力向外的投射，是意志的物质化外显。

"自此，西方艺术史始终是在'形式'与'内容'的摩擦轨道上行进"[①]，这种分野肇始于沃林格尔的《抽象与移情》，延续到现代分野为基于"完形心理学"的哲学美学流派和基于"图像学"的人文学科流派：前者聚焦于线条、知觉、笔触、色彩等纯形式本身，强调艺术的独立自存品质；与之相对，后者则注重于对形式意义的分类、解释和挖掘，认为某个时期的艺术与这个时期的政治、生活、宗教、哲学、文学、科学具有密切的关系。这两种研究方式都对现代建筑尤其是建筑的视觉形式取向影响巨大。

因此，当传统辞格研究因分类烦琐而逐渐被人冷落或遗忘时，现代修辞学提出要将辞格简约化、实用化，使之成为一以贯之的符号类型，建筑的"视觉修辞"就被简化为两种类型的辞格体系："**秩序修辞**"与"**表现修辞**"。这两种提法源于近代视觉形式研究的"形式主义路线"和"感觉主义路线"，延续西方艺术史"形式"与"内容"的不同路线："秩序修辞"建立在完形心理学的基础之上，符号化了纯粹的形式感，即建筑"视觉秩序"的形成过程；而"表现修辞"则继承图像学方法，符号化了建筑视觉形式"内容与意义"的表现过程。

根据"辞格"的符号学表达式 $E^R=C$（因暂不考虑语法问题，故将语法层次暂时忽略），分别获得了以下两个修辞公式，其中每个公式中都包含了三个不同的要素：（数学符号 [ ] 表示变化的区间范围，| | 表示内部数组的随机引用）

秩序修辞公式：【**秩序完形**^{视觉操作}=[狭义秩序，广义秩序]】

表现修辞公式：【**视觉原型**$^{隐喻变形，换喻变形}$=**意义表现**】

接下来的两章将根据不同的辞格类型，分别阐述三个要素的作用，得出建筑设计中不同类型"辞格"的运作机制（表3-7）：

"秩序修辞"和"表现修辞"的修辞三要素 表3-7

	秩序修辞	表现修辞
$E^R=C$	秩序完形^{视觉操作}=[狭义秩序，广义秩序]	视觉原型$^{隐喻变形，换喻变形}$ = 意义表现
内容面 E 存在方式，即辞格 的出发点	4.1 秩序完形 　4.1.1 秩序完形的定义明晰 　4.1.2 不断发展的优格式塔	5.1 视觉原型 　5.1.1 特指的原型 　5.1.2 泛指的原型
辞格 R 发生机制，即辞格 的驱动性	4.2 视觉操作 　4.2.1 从被动动力走向主动操作 　4.2.2 西方古典建筑的两种视觉操作 　4.2.3 现代主义建筑的两种视觉操作	5.3 隐喻变形和换喻变形 　5.3.1 意义偏移的表现变形 　5.3.2 建筑的隐喻变形 　5.3.3 建筑的换喻变形 　5.3.4 隐喻形变的递进结合
表达面 C 意义表达，即辞格 的最终效果	4.3 狭义秩序和广义秩序 　4.3.1 狭义秩序 　4.3.2 广义秩序 　4.3.3 视觉秩序的平衡原则	5.2 意义表现 　5.2.1 意义的形成 　5.2.2 意义的偏移

① 曹意强. 图像与语言的转向——后形式主义、图像学与符号学 [J]. 新美术，2005，3：4.

第 4 章　建筑的秩序修辞

用"秩序"一词，正表明了"秩序修辞"剥离内容、剥去表层附属的形式纯粹性，只有当建筑对象被抽象为各种视觉的"基本元素"，其"元素"彼此形成的关系交织成一个"结构"时，才称之为"秩序"。

无论是"秩序修辞"的直接来源"形式主义路线"，还是现代以"形式分析"为中心的艺术史研究，从本质上说，就是承认"美"或"艺术"的"客观实在性"、"科学分析性"，并且因此而拥有"形式自主性"。但既然是这样，那"美和艺术"其科学依据到底是什么呢？我们如何找到并实践这种客观实在呢？而既然形式自主，那么还需要建筑师的"主观修辞"吗？这其实是"秩序修辞"研究的关键所在。

"有意味的形式"[①] 首先由克莱夫·贝尔提出，然而对于形式为何有意味，贝尔"不想做正面回答，也不必做正面回答，因为这不是个审美问题"[②]，因此，在贝尔的理论中"视觉秩序"应该如何组织、如何得到是模糊的，是"高踞于万物之上的上帝"或"终极实在"[③]。但自从"格式塔"概念被提出后，所有关于"纯形式"的研究均指向了"完形心理学"（gestalt psychology）的方向，对于上一个问题，弗洛伊德归因于"潜意识"，荣格归因于"集体无意识"，阿恩海姆归因于"完形"，贡布里希归因于"原型"，而所有这些，都可以向上追溯到康德的"先验形式"。

公认的格式塔心理学美学代表人物，美国艺术学家鲁道夫·阿恩海姆在《建筑形式的视觉动力》中将基于完形心理学的"视知觉"理论应用于建筑领域，清晰地展现了建筑视觉的完形本质、知觉的动力表现、秩序和无秩序之间的关系。本书的"秩序修辞"就极大借鉴和部分修正了阿恩海姆的理论，用 $E^R=C$ 来表达的话就是："秩序修辞"建立在建筑"秩序完形"的基础上，"视觉操作"是它的发生机制，能够得到广义与狭义两极的"视觉秩序"，即：

【秩序完形^{视觉操作} **＝视觉秩序，视觉秩序∈[狭义秩序，广义秩序]】**

前后公式合并即为：【秩序完形^{视觉操作}**＝[狭义秩序，广义秩序]】**

4.1　秩序完形

完形心理学认为，人在观看的过程中总是会自然而然地追求结构的整体性，这种整体性被称之为"格式塔"（Gestalt）。"格式塔"虽与客体的"形式"相关，但实际指的是主体的一种特定心理结构，所以朱光潜将"格式塔"译为"完形"，以区别客体的"形式"。

---

①　即作品各部分之间排列组合起来的独特"形式"是"有意味"的，它主宰着作品，能够唤起人们的审美情感。

②　[英] 克莱夫·贝尔 . 艺术 [M]. 周金环，马钟元译 . 北京：中国文联出版公司，1984：33.

③　[英] 克莱夫·贝尔 . 艺术 [M]. 周金环，马钟元译 . 北京：中国文联出版公司，1984：47.

从"格式塔"的原则出发,考夫卡提出了心物场①和同型论②,并以此派生出若干组织律③,阿恩海姆将其引入了"视知觉"的领域:因为人总是自动将"观看对象"抽象为一个"整体"而不是一群"个别",所以视知觉并不是对要素的机械复制,而是对抽象结构的图式化理解④。因此,阿恩海姆强调视觉的主动性、意识经验的完整性,认为知觉是艺术思维的基础、同型是艺术形式的本质,任何形式都是在完形的指导下,经由直觉进行的积极建构,即把"完形形式的生成归于视知觉的完形倾向之下"⑤,即:视觉秩序^{视觉动力}=秩序完形。

但是,我们会发现阿恩海姆的公式与本文"秩序修辞"的公式刚好相反:对于"秩序完形"这一关键的格式塔要素,在视知觉理论中是由"审美直觉"或"视觉思维"所天然获得的艺术结果,而在修辞学中它只是修辞活动的起点。

4.1.1　秩序完形的定义明晰

在阿恩海姆的理论中,"完形/格式塔"的定义存在前后矛盾:一方面,"完形"指观看过程中主体的整体概括性,即世界上的任何图像都将被视觉所抽象,是普遍的、无优劣的、理所当然存在的一种过程;而另一方面,阿恩海姆又用"完形倾向"来区分优劣,将"完形"看作是形式发展的一种必然结果。这种"过程论"与"结果论"的双重定义,是把本来就存在的现象当作解决问题的关键,将复杂的形式美机制简化为"完形填空"般的刺激反映。

其实,这就是所有"一元论"哲学的本来诟病,自己解释自己、自己得到自己、陷入逻辑的死循环,因而必须通过神秘的直觉,去寻找一种无法言喻、但高居所有一切之上的先验本质或意象来解锁。

也正因为如此,阿恩海姆的视知觉三大运作原理中,"简化原理和逆简化原理"是自相矛盾的:或者说,阿恩海姆只完美地解释了"观看"的本质,"观看"确实是天然格式塔简化的;但"创造性"或"设计"的本质不能够用简化一言以蔽之,正因为"简化原理"不能对此自圆其说,所以阿恩海姆需要一个"逆简化原理"的补丁。

在严格定义的要求下,修辞学的"秩序完形"将秉持"过程论",完形只是"观看"的抽象过程,或更进一步成为"想象"的抽象过程,无所谓优劣。根据"设想—构绘"理论,设计应该包括三个阶段:观察(vision)、想象(imagination)和构绘(composition),因此,"观察和想象"就成为"构绘"的起点,也就是修辞的出发点。所以,美并不归因于"完形",艺术的视觉形式并不是对先验完形的天然回归。

下图(图4-1)从左至右,我们可以用秩序修辞公式描述苹果logo的获得与演化,其中,第1、2、3步分解描述了公式【被咬苹果的模糊抽象^{形式美辞格}=logo 1】;第4步则合并描述了公式【logo 1^{新辞格}=logo 2】,因此,修辞是一个延绵不断、不断叠加的过程:

第1步:对被咬一口的苹果进行视觉抽象,得到模糊的"秩序完形";

第2步:用数理几何的"形式美辞格"对模糊的"秩序完形"进行修辞定形;

---

① 观察者的知觉称作心理场,被知觉的现实称作物理场,心理场与物理场之间并不存在一一对应的关系,但是人类的心理活动却是两者结合而成的"心物场"。

② "同型论"认为对每一知觉过程,并非刺激与知觉之间的一一对应,而是形式、秩序、结构的相互对应,在这个意义上说,格式塔是现实世界的"真实"表象,但不是它的完全再现。

③ 在考夫卡看来,每一个人都是依照"组织律"经验到有意义的知觉场的,这些良好的组织原则包括:图形与背景、接近性和连续性、完整和闭合倾向、相似性、转换律、共同方向运动等。

④ [美]鲁道夫·阿恩海姆. 艺术与视知觉 [M]. 孟沛欣译. 长沙:湖南美术出版社, 2008:引言.

⑤ 宁海林. 阿恩海姆美学思想新论 [J]. 船山学刊, 2008, 3:221.

第 3 步：秩序修辞后，获得了优格式塔的"视觉秩序"；

第 4 步：在前一修辞的基础上，用"新辞格"发展出新的"视觉秩序"。

图 4-1　苹果公司 logo 的获得与演化第 1-4 分样

上图的第 3 张图，也并不能说明阿恩海姆的"视知觉倾向于把任何刺激式样尽可能组织成最简单的结构"，因为再深入分析（图 4-2）我们就会发现，它并没有完全向最简单的图形回归，至少对于最简化的圆形、正方形、长方形而言，是"逆简化原理"在第 2 步中起作用。

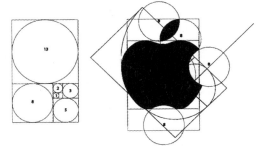

图 4-2　图 4-1 第 2 步的"形式美辞格"

这击溃了现代主义以来，"抽象、本质、最简"等美学倾向的天然正当性，如果把"简化"当作一种"修辞"来对待，这很正常，但把"简化"当作一种最高哲学所规定的"语法或元语言"来加以实践，就往往带来丑陋的结果，但许多打着现代主义旗号的建筑却正在这条道路上狂奔不止。

4.1.2　不断发展的优格式塔

严格定义之后，阿恩海姆理论的第二个缺陷就出现了：视知觉中的"完形"其类型是固化的，阿恩海姆力图探寻形式建构的普遍基础，却忽视了历史差异与个体差异，这也是一元论哲学下心理学美学流派的普遍缺陷：意欲把各种关于先验的描述简化成普遍公理，具有初始性但缺乏发展性，具有共时性但缺乏历时性。

修辞学借用了阿恩海姆的"优格式塔"概念，即不是所有的完形都具有美，也不是所有修辞获得的"视觉秩序"都是好的结构，但所有的美都能够被抽象为"优格式塔"，三大原理[1]之中只有"平衡原理"被留下，成为衡量新的"视觉秩序"是否是"优格式塔"的标准。

"优格式塔"继承了"解释学"的认识论循环，上一次成功修辞的回忆构成了当下修辞的起点，当下形成的"视觉秩序"又可以成为下一次修辞的"秩序完形"，人类通过持续的修辞活动对"优格式塔"的种类不断扩充，这样，主体与客体、历史与当下、完形起点与效果终点才得到充分的互动。

因此，首先存在"简洁率、平衡率"辞格下的"优格式塔"，即阿恩海姆所说"任何视觉刺激图示，最终都倾向于被看成是在给定条件下最简单的图形"[2]，但在此基础上，即使是"古典形式美"

---

[1]　包括平衡原理、简化原理、和逆简化原理。

[2]　[美] 鲁道夫·阿恩海姆. 艺术与视知觉 [M]. 孟沛欣译. 湖南：湖南美术出版社，2008：37.

也会逐渐发展出"多样统一率"。正因为"优格式塔"的发展性，所以它基于人类视觉经验，又将以突破人类视觉经验的方式不断扩充（图4-3），并不是以"最简单的图形"一言以蔽之。而阿恩海姆所描述的"简化原理"应该这样看：艺术家常常采用已知的"优格式塔"作为秩序修辞的起点，也往往使用已经存在的"优格式塔平衡"作为美的判断标准，旧的"优格式塔"尤其简洁图式的"优格式塔"，是获得新"优格式塔"的重要基础，但并不是形式发展的必然结果，"简化"是一种修辞的方向选择，但不是必然。

图4-3　苹果公司 logo 的不断发展与各种衍生

4.2　视觉操作

4.2.1　从被动动力走向主动操作

正因为阿恩海姆也发觉自己用"完形"解释"完形"的矛盾，在1974年再版的《艺术与视知觉》以及其后的《建筑形式的视觉动力》中，他就把"完形倾向"转换成一种具有思维性质的"视觉动力"理论，这也是视知觉中最具创造性的理论（表4-1）："他越来越强化了'力'在视知觉完形形式建构中的作用，最后用'动力'取代了'张力'的理论核心地位，从而使视知觉完形过程'动力化'了"[1]。

阿恩海姆视知觉理论中"力"的不同含义与用法[2]　　　　　表4-1

英文	中文	含义	用处
forces	力	由视觉对象的形状和构型所生成的力	1954年版《艺术与视知觉》
tensions	张力	物体间或物体各部分之间的聚合力，有强度但没有方向	
dynamics	动力	在视觉对象中知觉到的有方向性的张力，它的载体是矢量（vectors）	1974年版《艺术与视知觉》《建筑形式的视觉动力》
power	力量	视觉式样本身及其组合所形成的视觉冲击力	1982年版《中心的力量——视觉艺术构图研究》

在 $E^R=C$ 公式中，"视觉动力"就是阿恩海姆的辞格 R，在《建筑形式的视觉动力》中，他从各种维度描述了"视觉动力"是如何作用的：

① 宁海林.阿恩海姆视知觉形式动力理论研究 [M].北京：人民出版社，2009：2.
② 宁海林.阿恩海姆视知觉形式动力理论研究 [M].北京：人民出版社，2009：8.

第一章"空间要素"中"周围空间的动力"是从空间的三维维度描述；

第二章"垂直与水平"中"圆柱的动力"是从方向的一维维度描述；

第三章"实体和虚空"中"空间的相互作用"是从图底的二维维度描述；

第五章"运动"中"路线的动力"是从时间的四维维度描述；

第七章"动力的象征意义"则是描述"辞格"与"意义"之间的关系。

但是，阿恩海姆重点关注艺术的视觉形式，"完形"是艺术自觉的结果，因此，他的"视觉动力"总是推动形式向"秩序完形"的方向发展，"'动力'与'完形'是交互阐释的关系"[1]，这也就意味着阿恩海姆对"完形"的概念模糊问题并没有解决，他用"视觉动力"影射了一种"完形式形式自律"的存在。

而修辞关注的是普遍的视觉形式，所以，"秩序修辞"用"操作"取代了"动力"的提法来解释辞格的驱动机制。"视觉操作"展现的是主体修辞的心理过程，一样也含有"力"的因素在其中，但既包含成功的，也包含不成功的修辞结果，比如，我们经常用三大经典手法"砍一刀、挖一洞、扭一扭"的戏称来批评、诟病建筑学学生的创作手法贫瘠，这其实也是被"视觉操作"所驱策的三种辞格。

人类借助于"视知觉"而具有了主动创造的思维，即"视觉思维"：

> 知觉，尤其是视知觉，本身具有思维功能，具备了认识能力和理解能力。所谓认识活动，就是积极地探索、选择、对本质的把握、简化、抽象、分析、综合、不足、纠正、比较、问题解决，还有结合、分离、在背景或上下文关系之中作出识别等。这样一些活动并不是哪一种心理作用特有的，它们是动物与人的意识对任何一个等级上的认识材料的处理方式。在这方面（即处理认识材料的方式），一个人直接"看"世界时发生的事情，与他坐在那儿闭上眼睛"思考"时发生的事情，并没有本质的区别。[2]

但"视知觉"并不是形式脱离于人的自觉，即并不存在纯客观的"完形式形式自律"，修辞学将"有意味的形式"回归到艺术家的主观能动性，归于"辞格"的创造性操作，而不归于"完形"的先验性。但与此同时，秩序修辞也承认经验中的"优格式塔"，尤其是简洁图式的"格式塔"是"视觉操作"的优先驱动力，不是"创造动力的条件必须在视觉对象本身中来找"，而是创造动力的条件"可以"在视觉对象本身中寻找。这样理解的话，阿恩海姆在《艺术与视知觉》中的一系列实验和在《建筑形式的视觉动力》中的一系列直观描述就都是成立的。

下面我们分别从西方古典建筑和现代建筑中，选取两种较为典型的修辞操作手法，来加以说明：

4.2.2　西方古典建筑的二种视觉操作

西方建筑最早的视觉秩序就是"Order"，既指柱式，又指石梁柱体系的比例系统（由檐部和柱子组成，控制着建筑物的体量和等级），维特鲁威在《建筑十书》中指出，建筑通过柱式的运用、尺度的递减、比例的重复而达到古典建筑的经典性，法式、布置、比例、均衡、适合、经营均为各种的秩序法则。[3]

---

① 宁海林. 阿恩海姆视知觉形式动力理论研究 [M]. 北京：人民出版社，2009：100.

② 黎士旺. 阿恩海姆"抽象"的"视觉思维"理论. 南通大学学报·社会科学版，2006，22（4）：35.

③ 维特鲁威. 建筑十书 [M]. 高履泰译. 北京：中国建筑工业出版社，1986：10-12：法式是指作品的细部要各自适合于尺度，作为一个整体，则要设置均衡的比例；布置是适当地配置各个细部，以构成优美的建筑物；比例是组合细部时适度的表现关系；均衡是由每一部分产生并直至整个外貌的一定部分的相互配称；适合是以受赞许的细部作为权威，而组成完美无缺的建筑整体，它由程式、习惯自然形成.

然而，对于古典建筑如何操作这种 Order 的"秩序修辞"，阐述最为精到的是亚历山大·仲尼斯的《古典主义建筑——秩序的美学》，尽管作者将这一"修辞"称之为"构成的逻辑"或"秩序的法则"。

书中，古典建筑的"组成定律"[①]由三层次构成：法式（Taxis）、属群（Genera）、均衡，如果用 $E^R=C$ 公式解读，"法式"就代表辞格 R，"属群"则代表 E 和 C，是填充"法式"的具体构件与细节元素；而"均衡"是判断 C 是否为"优格式塔"的方式，即：

【秩序完形^{法式} = 视觉秩序 】

"均衡"的视觉秩序→优格式塔，不断发展的优格式塔→"属群"

仲尼斯认为，在这三个层次中，"与法式和均衡相比，属群受到了不合比例的大量关注"[②]，确实，不管是古典维特鲁威的多立克式还是文艺复兴塞利奥的五柱式，无论是"固化"或者"异化"，一直到后现代的"符号"滥觞，建筑师与历史学家对"构件与元素"的关注一直萦绕不去，也就是对被历史固定的直观符号 E 和 C 长期关注，却往往忽视间接符号 R。

在《古典主义建筑——秩序的美学》中，仲尼斯将"法式"又称为"图解"（schemata），这似乎暗示了古典主义修辞的"秩序修辞"属性，仲尼斯分别叙述了两种"图解"："三分法"（tripartition）和"网格法"（grid）。

4.2.2.1 三分法操作

《古典主义建筑——秩序的美学》中的"三分法"，就是我们常说的"三段式"，它并不是一个设计师陌生而难以企及的原则，但是当前的大多数人仅仅按照字面意思理解它，将其简单流俗化了。现在，我们叫作"三分法"可能更能使人形象地感受到视觉操作"用线来划分面"的主动性。

亚里士多德在其修辞学开山之作《论诗》中就说："整体，是三分的，有一个开始、中间和结束"[③]。在西方古典的其他领域中，"三分法"无处不在，所有的古典作品，无论是用文字表达的、用声音表达的、还是用形状表达的，都可以严格地划分成起始部分、中心部分和结束部分，并冠以各种名目：

> 开始、持续、结束；介绍、主体、结论；展开、发展、概括……最典型的是奏鸣曲形式和音乐中的 ABA 回旋曲，其中的旋律建立在起始部、连接部和下行部分……每一部分的长度并不重要，重要的是各部分之间明确的划分，每部分各自所代表的特性以及在作品的每一个连接部分都严格的运用着法则。[④]

在古典主义美学体系中，世界是完美的、和谐的、统一的，是一种没有冲突的静态美，而这种无冲突的和谐，就是用"三分法"获得的，仲尼斯用极大笔墨来描写它，认为"三分法"才是理解古典建筑的入门基石，而不是"柱式"或者"母题"之类的建筑构件与符号：

---

① [荷]亚历山大·仲尼斯.古典主义建筑——秩序的美学[M].何可人译.北京:中国建筑工业出版社,2008.第一章"组成定律"包括三节,第一节"法式:框架体系";第二节"属群:元素";第三节"均衡:关联"。

② 亚历山大·仲尼斯.古典主义建筑——秩序的美学[M].何可人译.北京:中国建筑工业出版社,2008:27.

③ [古希腊]亚里士多德.修辞术·亚历山大修辞学·论诗[M].颜一,崔延强译.北京:中国人民大学出版社,2003:第7章第35段.

④ 亚历山大·仲尼斯.古典主义建筑——秩序的美学[M].何可人译.北京:中国建筑工业出版社,2008:22.

天鹅和海豚、花环、羽翼和火炬、卷轴和斯芬克斯这些母题也许站不住脚，但是法式会留存下来。马里奥·普拉兹想象着历史上最伟大的古典建筑倡导者温克尔曼在幽暗阴间，臂弯里托着……世上最美的形体徜徉着……欣喜着，在草地上微笑。如果可能靠近温克尔曼的身边，你会注意到他只是捧着一个简单的框架，他最喜欢的、最完美的秩序划分。[①]

最简单的三分法是维特鲁威在划分神庙时（前柱式、两面前柱式、围柱式等）提出来的，仲尼斯对其进行图解（图 4-4），得到一个 "a：b：a" 的比例公式，这个公式图解了一个建筑的内部与外部，把一个建筑切分成三个部分，包括两个边缘和一个中心，然后把这三部分又细分成更小的三部分，一切排列组合的原则都建立在这种 "三分法" 的 "比例" 权衡之中：

a	b	a
b	c	b
a	b	a

a	b	c	b	a
b	c	d	c	b
c	d	f	d	c
b	c	d	c	b
a	b	c	b	a

图 4-4　"三分法" 基础分析图

设计师在 "三分" 的基础上去除一部分、融合一部分、增加一部分、替代一部分甚至把矩形网格换算成向心的圆形网格等，就可以排列组合出多种的图式（图 4-5），仲尼斯认为这就是古典建筑自然生成的一种内在方式，是《建筑十书》中 "法式" 的真相：古典建筑的细部如何各自适合于尺度？作为一个整体如何设置适于均衡的比例？如果没有三分法的控制，便很难做好这一点。

只需依照 "三分法"，建筑就可以形成一个夸张但可操作的秩序结构，通过这种方法建立边界、规范线条及平面、界定个体建筑元素的空间区域和尺度细分，从而控制建筑的组织构成：

图解将建筑立面、平面和剖面分成三个主要部分，并且能更进一步运用于这三段中的更小部分，不断持续，三段式就在每一个步骤下创造了一个相互关联、网状交织、交叉蕴含的一个关联的整体……这种三段式的等级性应用，应是从整体到部分，从全局到最小的一个细节，同时也是抵制矛盾性的一种手法。[②]

所以，我们从 "三分法" 中领悟到的，不仅仅是分成三份或者是比例，而是如何在一个简单秩序下无穷变化并由此生成一种复杂形式的修辞："如画式、浪漫式、地域主义、表现主义及现代反古典主义的形式，无非是古典网格系统和三分法定律的变体而已"[③]。

罗伯特·斯特恩在《古典主义如何为现代所有》一文中谈到 "古典主义的语法、句法和词汇的永恒的生命力，揭示了建筑最根本的意义，体现在有序的、可读性的公共空间里，古典主义提供给设计师一种语言系统，一个和谐的复杂体，从最小的细部到最基本的大结构，以人体尺度为衡量标

---

① 亚历山大·仲尼斯.古典主义建筑——秩序的美学 [M].何可人译.北京：中国建筑工业出版社，2008：23.
② 亚历山大·仲尼斯.古典主义建筑——秩序的美学 [M].何可人译.北京：中国建筑工业出版社，2008：12.
③ 亚历山大·仲尼斯.古典主义建筑——秩序的美学 [M].何可人译.北京：中国建筑工业出版社，2008：23.

▼删除的三分法

```
      c              b c b       a b c b a    a b c b a    a b c b a
    e d e          b   d   b     b            b                b   c d f d c
  c d f d c        c d f d c     c              c     f     c    b c d c b
    e d e          b   d   b     b            b                b   a b c b a
      c              b c b       a b c b a    a b c b a
```

▼融合的三分法

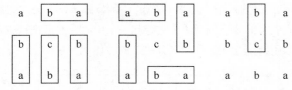

▼嵌入的三分法

```
                d e d       d e d             d e d
                e f e         B               e f e
                d e d       d e d             d e d
  a b a
  b c b   into    B           C                 B
  a b a
                  A           B                 A
```

▼增加或重复的三分法

a	b	c	b	a
b	c	d	c	b
c	d	f	d	c
b	c	d	c	b
b	c	d	c	b
a	b	c	b	a

▼切萨里亚诺转换 / 向心圆转换的三分法

a	b	c	b	a
b	c	d	c	b
c	d	f	d	c
b	c	d	c	b
a	b	c	b	a

```
              b   c   b
            a         d         a
          b   c         c   b
        c   d     f     d   c
          b   c         c   b
            a         d         a
              b   c   b
```

图4-5 以上所有"三分法"分析图均来自《古典主义建筑——秩序的美学》

准的几何体，从文字或口头表述所抽象出来的形……"①。

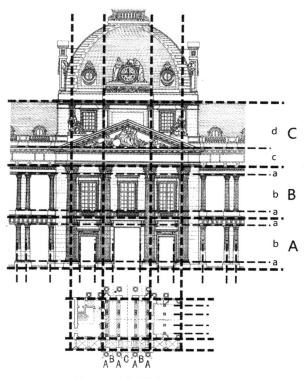

图 4-6　古典建筑的"三分法修辞"

然而，以上这种语言系统并不应该用"语法、句法和词汇"来类比，而应用"修辞"来解读：所谓"三分"只是一个大致的数量，可以"四分"也可以"两分"；它是灵活、可变的，时时处于被推翻、被越界、从假定规则中"越轨"的境地之中，正是因为建筑师对枯燥规则的厌倦，积极地从"三分法"中创造了各种变体，甚至演化出各种螺旋的、有机的、生态的形态，在"格律"、"节奏"、"嵌入"、"冲突"等多方尝试下，才创造出"文艺复兴"乃至以后丰富多样的建筑作品与风格（图 4-6）。以上所有的具体演化过程，散布于亚历山大·仲尼斯在《古典主义建筑——秩序的美学》中对多个建筑的逐一分析中。

因此，所谓"三分法"其实是一种"修辞"，而并非古希腊命名的"三段式逻辑"，后来罗马更多用辩论术来混合两者，"修辞学"也就慢慢演化出"逻辑学"，直到现在的"新修辞学"才有人正名："三段式"其实是一种逻辑式修辞②。

至于代表 E 和 C 的"属群"，维特鲁威只是把它们看成一个特定环境、特定时段、特定情况下诞生的整体，它只是由当时修辞所控制的某种结果，远没有后人所解读的"神圣性"

这正是后期文艺复兴和反改革的建筑师所极力遮掩的，他们只是纯粹地把维特鲁威的理论和新柏拉图神秘主义联系起来。这些理论家认为属群的概念归属于一种神秘的分类学，是永恒的、绝对的、有着不可改变的限定与界限，而这些都是一种神圣的宇宙间的秩序所规范的。③

4.2.2.2　网格法操作

"网格法"是用单独的、均质的、"线"来切分"面"，并可无限扩充，它无所谓排序，也无所谓层次。"三分法"从属于"网格法"，但又与其相对立，因为"三分法"是一种节制的"网格法"，只"三分"而不是"无限分"使得它带来"和谐"的古典理想，古希腊人说"和谐"多过于"美"，"节制与限制、和谐与平衡"就是古典的两个前提。

---

① 何可人 . 另类现代 1900～2000——记 20 世纪传统和古典建筑设计及城市设计国际研讨会 [J]. 世界建筑，2001（3）：83.
② [比] Ch·佩雷尔曼 . 逻辑学与修辞学 [M]. 哲学译丛 . 1988，4. 我认为精细的哲学思考所特有的方法论是靠修辞学提供的，而不是靠形式逻辑提供的。
③ 亚历山大·仲尼斯 . 古典主义建筑——秩序的美学 [M]. 何可人译 . 北京：中国建筑工业出版社，2008：28.

当然，与之相反，无限分的"网格法"（图4-7）所带来的就是"不节制、无限制、不和谐"的另一种均衡，所以它在哥特式风格上表现得最为明显，清澈明晰、绝对的、无限可分的逻辑性统治一切。

在完全展开的情况下，支撑物被划分为主要的角柱、较大的柱身、较小的柱身以及更为微小的柱身……从理论上说，这种部分细化能够继续下去，直到单个的部分变得如此微小，以至于它们各自分离的形式融合在一起，并且消失在一个总的"结构"当中……依照哥特式标准，单个的要素……明确地保持相互之间的分离……但它们之间必然存在明确的相关性。[①]

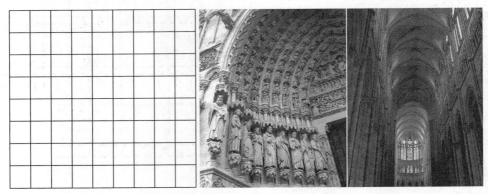

图4-7　哥特式风格无限细分的"网格法修辞"

4.2.3　现代主义建筑的两种视觉操作

从表面上看，现代主义是对古典秩序的推翻，但在20世纪的建筑革命中，"秩序修辞"也发挥了潜移默化的作用，建立了虽不同于"Order"却属于当前时代的操作手法，从勒·柯布西耶到彼得·艾森曼、从纯粹主义到理性主义，他们的作品中都能体现出这一点：

4.2.3.1　勒·柯布西耶的操作

勒·柯布西耶的视觉操作，具体可见上一章"3.1.3柯布西耶的辞格"，他试图通过"基准线、表面和体块"建立一个修辞体系，即在"体块、空间、界面"上进行的"叠加、嵌套、附加、运动、错综"等修辞操作。柯布的伟大绝不仅仅因为"多米诺体系"、"建筑新五点"等"元语言和语法"的建立，恰恰更在于他在"新修辞"上的不懈努力与成功实践。

历史上，往往是规则的提出者不拘泥于自己的规则，孜孜不倦地在尝试着各种"越界"的行为，以对"既定规则"的违反去获取"修辞"的灵性；也往往是后来者将前人的规则奉为圭臬，半步不敢越雷池一步。《柯布西耶的真实谎言》中的这一段评价也许才是当代建筑师应该深入思考的：

柯布西耶非常了解建筑作为艺术的感人不能仅仅"用几何满足我们的眼，用数学满足我们的心"，建筑必须超越材料和技术形成"有意味的形式"，形成以科学、民主和时

---

① 理查德·帕多万. 比例——科学·哲学·建筑 [M]. 周玉鹏，刘耀辉译. 北京：中国建筑工业出版社，2004：204.

代进步为利器的强势语言和大众消费符号。正如机器时代的语言一样，现代主义的被大众认可和追捧并非是技术和材料使然，而是因为其象征意义。建筑作为建造的艺术和技术，除了材料、技术和功能之外的感动、功能与形式的逻辑以及割裂和审美异化，才是建筑艺术乃至是现代美学的基础。[①]

4.2.3.2　彼得·埃森曼的操作

彼得·埃森曼也认为建筑的形式不是风格、象征或功能主义能够解释的，而是一种概念性的"秩序"所在，在建筑的五个变量中"本质上是为意图、功能、结构和技术赋予形式"[②]，形式最重要。

在本书"第 8 章：形式的自律——隐喻形变的交织演进"中，我们将详细解读"正面性、倾斜、渐退、延伸、压缩、剪切"等埃森曼的"视觉操作"是如何修辞，又如何演变的。

4.3　狭义秩序与广义秩序

最终，优格式塔的"视觉秩序"可以用和谐、均衡、对比等形式主义概念来定义，也可以是后现代貌似混沌、混乱、无秩序的一种视觉结构方式："秩序这个术语已经被长期的争论曲解了，把普遍意义上的秩序等同于一种非常特殊的秩序，并被一代设计师、艺术家以建筑师所推崇又被另一代人视为讨厌的限制而拒绝。"[③] 在这里，阿恩海姆明确提出有"普遍意义上的秩序"和"非常特殊的秩序"两种理解，认为建筑师和历史学家没有意识到这两者的微妙差别，以致理论模糊。

4.3.1　狭义秩序

狭义秩序很好理解，即有规则、有条理、不紊乱，是具有恒定性和一致性的"关系"或"结构"。这是一种静态的秩序观，把建筑元素置于一种事先确定的、恒定不变的结构中，通过推敲各部分之间稳定的相互关系，比如比例、尺度、主从等，力图营造一种确定的、线性的、二元的、非此即彼的视觉形式。

这种静态的视觉秩序在古希腊神庙、中国古典连续纹样、蒙德里安几何构成、中表现尤为明显，而包豪斯的现代建筑以及后来的路易斯·康（图 4-8）、迈耶、罗西等，其作品的静态性显而易见，这就是广泛被人们所接受的"狭义秩序"。

路易斯·康认为"形式含有系统间的谐和，一种秩序的感受，也是一事物有别于它事物的特征所在……而各种'序'决定了设计的各种元"[④]，他以最简单、最纯净的几何元——正方形、矩形、圆、三角形为基础，通过对基本元的"秩序修辞"形成视觉秩序，很明显，这就是一种静态的狭义秩序。

4.3.2　广义秩序

而从广义上来讲，秩序表现在动态的变化之中：这个状态古典时期用"复杂性"来表达，以此来作为"秩序"的对立面；而自从文丘里提出"建筑的复杂性和矛盾性"之后，局面似乎有所松动，他的几对"宁要……不要……"都相对温和；但当代的建筑师们走得更远。

① 姜涌. 柯布西耶的真实谎言 [J]. 缤纷，2007，11.
② Peter Eisenman. The Formal Basis of Modern Architecture. Lars Muller Verlag，2006：33.
③ 鲁道夫·阿恩海姆. 建筑形式的视觉动力 [M]. 宁海林译. 北京：中国建筑工业出版社，2006：123.
④ 李大夏. 路易·康 [M]. 北京：中国建筑工业出版社，1993：122.

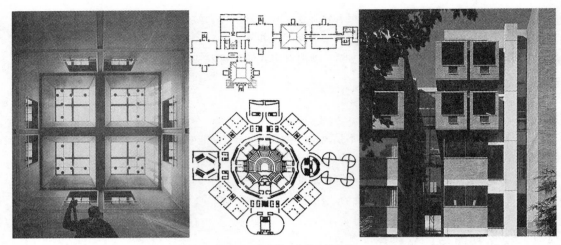

图 4-8　路易斯·康的建筑作品

　　"复杂性"的英文用 complex 表示，而不用 complicated，后者倾向于没有规律可循的繁杂，是把简单事物变得无序杂乱；而 complex 是多种事物复合在一起的复杂，看似杂乱，实际却有更高层次规律可循的、非线性化的复杂。

　　所以，这其实是一种"混乱中的秩序"[①]，又有人称之为"有秩序的复杂"或者"复杂的秩序"[②]，也就是"广义秩序"。广义秩序分解了正统的静态秩序观，以一种看似无序性、其实有章法的组织形式出现，用彭一刚的话来讲，就是"从整齐一律到杂乱有章"[③]，我们可以从阿恩海姆对京都龙安寺五堆石头（图 4-9）的描写中来理解：

图 4-9　日本京都龙安寺枯山水庭院的五堆石头

　　实际上，这个秩序没有在任何优势点上展现自己，因此不能逼真地描绘出来，当人们沿着平台走动时，它才从无数彼此融入的远景布置中显现出来。这个古老秩序打动观众的是它的完美和扑朔迷离……仿佛能量不相等的五块磁铁相互吸引和排斥，浮在水上，各自找到各自的位置，在它们的力场里达到完美的平衡。[④]

---

① 理查德·帕多万. 比例——科学·哲学·建筑 [M]. 周玉鹏，刘耀辉译. 北京：中国建筑工业出版社，2004：98. 第六章：柏拉图：混乱中的秩序.

② 格朗特·希尔德布兰德. 建筑愉悦的起源 [M]. 马琴，万志斌译. 北京：中国建筑工业出版社，2007：85.

③ 彭一刚. 从整齐一律到"杂乱"有章——当代西方建筑评析 [J]. 世界建筑，2002（7）：78.

④ 鲁道夫·阿恩海姆. 建筑形式的视觉动力 [M]. 宁海林译. 北京：中国建筑工业出版社，2006：151.

同样，虽然当代许多建筑往往给人以杂乱、难以捉摸的感觉，但这其实都是建筑师精心追求和构建的效果（图4-10），越复杂的结构就越需要秩序，在打破静态秩序观的同时，必然要重构一种新的、动态性的秩序，它将审美对象的结构置于一种充满变化性、偶然性、随机性的运动模式中，在这种动态的秩序结构下，建筑也呈现出一种极强的非线性、多元的运动趋势，达到一种新的"有序"。

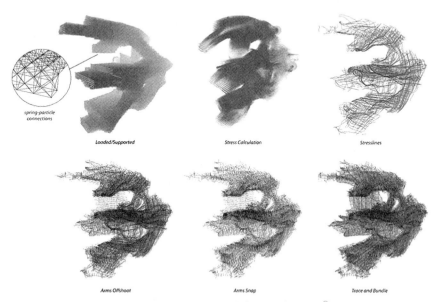

图 4-10　Softkill Design 工作室的 3D 房屋模型 [①]

广义秩序的建筑代表是解构主义，但它们所具有的松散、偶然、混沌、杂乱等特征，现已广泛渗透进更多的作品之中，并随着建造技术的发展，越来越从纸面走向实际，也越来越为人所接受。广义的动态秩序逐渐成为一种流行的建筑视觉形式，以此为目标的各种辞格，如"叠置"、"平滑混合"、"折叠"、"拓扑变形"等也成为当代最流行的设计手法。

从修辞学来说，"狭义"与"广义"并非绝对定义，而是相对成立的：相对于古典的静态秩序，现代的动态秩序就是广义的；而只论现代建筑，相对于路易斯·康的狭义秩序，彼得·埃森曼的解构就是广义的；相对于"对称、均衡"，"叠置、平滑、折叠、拓扑、分形"等是广义的秩序辞格；而只论叠置，也同样存在简洁明了的狭义叠置与复杂丰富的广义叠置。这就是"狭义"与"广义"的所谓相对存在，并且，"优格式塔"也必须在狭义与广义间取得平衡，才能成为最成熟、最具艺术表现力的优格式塔。

4.3.3　视觉秩序的平衡原则

建筑的"视觉秩序"是在"视觉操作"的指引下进行积极组织和建构的结果，而这个过程是否成功，是否获得"优格式塔"，则需要用"平衡原理"来衡量，其中包括两种平衡：物理平衡和心理平衡，而"优格式塔"首先需要获得物理平衡。

---

① Prototype for a 3D-Printed House / Softkill Design[EB/OL]. 谷德设计网 . http：//www.gooood.hk/_d275605507.htm.

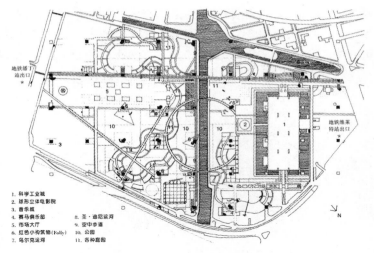

1. 科学工业城
2. 球形立体电影院
3. 音乐瓶
4. 赛马俱乐部
5. 市场大厅
6. 红色小构筑物(Folly)
7. 乌尔克运河
8. 圣·迪尼运河
9. 空中步道
10. 公园
11. 各种庭园

图 4-11　拉维莱特公园平面图

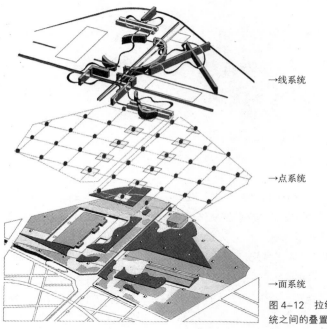

→线系统

→点系统

→面系统

图 4-12　拉维莱特公园三套系统之间的叠置

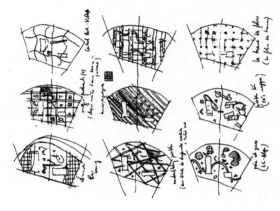

图 4-13　拉维莱特公园平面设计的过程手稿

图 4-14　《整理的艺术》中的两幅示例

物理平衡很好理解，就像物理空间充满着能量一样，建筑的秩序中充满着一种经验中的视知觉力，平衡是它们相互抵消的物理稳态。而对于"广义秩序"，它也是一种平衡，其审美快感来自介于乏味和混乱之间的欣赏，因为单调的形式难以吸引人的注意力，过于复杂的形式又会使人视觉负荷过重而停止欣赏，这种介于乏味和混乱之间的完形，被称为复杂而又统一的"优格式塔"。

因此，解构主义的"混乱、暧昧、混沌"等，其实都是建筑师精心构筑的优格式塔平衡，不是真的混乱、暧昧和混沌。比如屈米的拉维莱特公园（图 4-11）是三套系统的叠置（图 4-12），其中的一层就是"点系统"——在 120 米见方的点阵网格上布置一系列被称为"疯狂"的红色小亭子，这个均匀体系首先保证了整个"叠置辞格"的底色秩序性，后面的一系列动作也就逃不脱设计师的控制了（图 4-13）。

但是，如图 4-13 所示，视觉的"物理平衡"其实有千万种方式，瑞士艺术家乌尔斯以《整理的艺术》为名，把许多艺术作品（图 4-14 左）拆分成最基础的组成部分，然后按照颜色和尺寸排列起来（图 4-14 右），这也是一种最简单的"物理平衡"。所以，"优格式塔"的关键还在于前置"心理平衡"的获得，否则艺术就"与家庭妇女在壁炉上把她的那些小玩意十分对称地排列在一起时所从事的活动没什么区别"[1]。

心理平衡是视觉形式"物理场"与认知主体"心理场"之间的一种平衡，即"物理平衡"能否与它所要传达的"意义"形成一种视知觉力的同构。比如图 4-14 右上图被艺术家用来加以表现"反熵强迫症"，只有立足于这一点它们才跻身成为与"内容"相匹配的"艺术形式"，否则就毫无意义。

不论一个作品再现代、再抽象，只有当它在传达某种内容时，才能最终决定秩序构成的式样，而这就从"纯形式"走到了"内容"的范畴，"秩序修辞"的纯形式分析中缺少对作品意义、主题、内容等影响因子的反映，而这部分则是下一章"表现修辞"的专长。

---

① 宁海林 . 阿恩海姆视知觉形式动力理论研究 [M]. 北京 ：人民出版社，2009 ：66.

第 5 章　建筑的表现修辞

当代艺术史中，关注内容的美学研究是"图像学"，它将形式作为内容分析的前奏，最终目的是通过对意义的深入阐释，达到对作品的理解，所以逐渐成为对纯形式方法的矫正。但无论是"表现修辞"的直接来源"感觉主义路线"，还是现代的"图像学"，实质上都是在研究如何对"意义"进行"视觉的比喻"，如何用"视觉"获得"意义"，在第 2 章中我们也已谈到，"图像转向"的实质要到"修辞转向"中去寻找。

因此，"表现修辞"最终借鉴的是文学中的"比喻修辞"体系（象征、隐喻等都涵盖其中），根据 $E^R=C$："表现修辞"存在于建筑"视觉原型"的基础上，带有意义偏移的"表现变形"是它的发生机制，包括隐喻和换喻的两种表现，即：

【视觉原型^{表现变形} = 意义表现，表现变形 ∈ { 隐喻变形，换喻变形 }】

前后公式合并即为 : **【视觉原型$^{\{隐喻变形，换喻变形\}}$ = 意义表现 】**

5.1　视觉原型

修辞学与其他本体论美学的重大区别是对辞格出发点的不同理解："秩序修辞"对视知觉的修正起步于对"完形"的严格定义；"表现修辞"与图像学，尤其是与贡布里希图像学的不同，也在于对"原型"定义的修正。

5.1.1　特指的原型

在修辞学引入之前，建筑的"原型"有特定的指代 : 它来源于康德的"先验形式"，荣格将集体无意识的内容称为"原始意象"，在贡布里希的理论中就被称为"图式"，特指前人留下的"样板、摹本"，是后人创作必不可少的参照物 :"训练有素的画家学会大量图式，依照这些图式他可以在纸上迅速地画出一只动物、一朵花或一所房屋"[①]；不论哪种风格，建筑师依靠的也是风格下的一整套"图式"，设计成功的关键在于建筑师是否熟悉图式，而不在于是否熟悉事物本身。

C·亚历山大的"模式语言"就是这种"原型论"的直接体现，他通过对城镇模式、建筑物模式和建造模式的区分，列举了 253 个不同的模式，这就是 253 个"原型"。在建筑学中，"原型论"发展成为历久不衰的"类型学"研究，德·昆西首先使用"类型"一词，意味着事物的"根源"，美国理论家安东尼·维德勒将历史中的"类型学"分为三类[②] : 启蒙运动以来到 19 世纪中叶之间，以几何形态为分类依据的是"第一种类型学"，这是一种自然模拟论，比如劳吉埃尔的"原始棚屋"；19 世纪末期为应对建筑工业的大规模生产，一些建筑师提出设计的模式应该建立在技术生产本身，

---

① [英] 贡布里希 . 艺术与错觉——图画再现的心理学研究 [M]. 林夕等译 . 杭州 : 浙江摄影出版社，1987 : 177–178.
② 赵榕 . 当代西方建筑形式设计策略研究 [D]. 南京 : 东南大学，2005 : 50 .

这就产生了"第二种类型学"，如柯布西耶的"多米诺"体系；20 世纪 60 年代，作为形态的"类型"概念重返建筑学，其研究重镇是意大利新理性主义运动，关注历史城市与建筑类型的关系、建筑形式的连续性以及类型的意义等问题，这就是"第三种类型学"，比如阿尔多·罗西的《城市建筑》和新理性主义。

以上这些"原型"、"模式"和"类型"都是指经历时代，由多个建筑师锤炼而成的"摹本"，在语言学中对应"元语言"，使用语境对应"语法"。C·亚历山大就有一种类比：文脉相当于语言中的意义（所指），而形式相当于语言中的概念表达（能指），如果概念表达与文脉相合，则形式正确地说出了应该说的东西，否则就只是失败的表述。也就是说，"模式语言"中不存在转义和引申义的可能，而这与修辞学的观点截然不同。

5.1.2　泛指的原型

在建筑视觉形式的"表现修辞"中，"视觉原型"是存在的基础，但绝不是核心问题，因为修辞学不纠缠于"原型"的概念、定义、分类与整理。用文学中的"比喻修辞"来类比，"原型"是表现修辞的本体，意义是喻体，一切皆可为"原型"，是泛指的"原型"。

所以，虽然看起来 C·亚历山大与阿尔多·罗西的理论有类似性，但是两者的实践道路却完全不同，"亚历山大著作等身，但在设计上一直没有成为大师级的人物……像罗西这样的大师历史上为数不多，其作品本身就蕴含着丰富的哲学思想和深厚的理论功底"[1]，这种两级评价不得不说两者在实践方法上有重大区别：亚历山大把"模式"当作"元语言"和"语法"来使用，所以花费了大量精力在"原型"的总结、提炼、打磨上，这看似更省力、更正确，但却以损耗"艺术性"作为代价；罗西则没有被"原型"束缚，"类型"虽然作为新理性主义的核心，但类型和类型学的意义在罗西那里却从来没有被清晰地界定过，更多的还是从历史领域借用特殊的建筑形式，"法国革命时期、帝国式样、19 世纪工业建筑的混合物，北意大利地区的农村建筑，法西斯时期的意大利建筑，甚至还有德国纳粹时期的建筑式样，所有这些构成了类型学的经典文集"[2]。

新理性主义作品"究其形式的来源，可以从意大利'形而上画派'画家籍里科的梦幻般的城市场景中找到些许印迹……由于这些看似寂静、不变的景象带着历史的记忆，所以历史既得以延续，而又非简单的重复，整个世界就在一种似而不同的循环中螺旋上升"[3]（图 5-1）。周琦凭此认为罗西的"作品与手法主义建筑师的设计有着很大的区别"，但从修辞学的角度来说，罗西的作品恰恰就是手法主义的，他向籍里科学习的不仅是历史形式，还是对历史形式的减法修辞：如何从纷繁的城市中提取出永恒，如何用视觉来隐喻一种超现实的存在，如何把真实与非真实如梦境般缠绵地融合在一起，创造一种似是而非的图像——罗西就这样把历史与当代融合在一起，创造了一种独特的建筑视觉修辞。

5.2　意义表现

5.2.1　意义的形成

"表现修辞"如何驱动建筑的"视觉原型"而使具有表现力，19 世纪的研究归结于一种"移情作用"，即视觉审美是一种客观化的自我享受，是观者在一个与自我不同的对象中寻求自我。沃林

---

① 周琦，高岗.建筑的复杂性和简单性——建筑空间与形式丰富性设计方法 [J]. 建筑师，2007，128（8）：78.
② A.Tzonis. Architecture in Europe since 1968[M]. London：P&H，1997：11.
③ 周琦，高岗.建筑的复杂性和简单性——建筑空间与形式丰富性设计方法 [J]. 建筑师，2007，128（8）：78.

图 5-1 籍里科画作与阿尔多·罗西作品的对比

格尔认为移情论美学提供了"意义"之所以形成的内在动机，完形心理学进一步将其归结于"心物同型论"，当"外部事物所体现的力的样式与某种人类情感中包含的力的样式同构时，我们便感觉它具有了人类情感"①，这也就是上一节"秩序修辞"论述完"物理平衡"之后，没有涉及的"心理平衡"部分。"移情"使图像形成表现的意义，这种意义既可以是抽象的构成所带来的，也可以是复杂的图像所带来的：关于前者，布鲁诺·赛维在《建筑空间论》中列举了几种几何形态的意义移情；

水平线：当一个人本能地追随一条水平线时，他体验到一种内在感，一种合理性，一种理智。水平线与人们行走于其上的大地相平行，因此，它伴随人们走动；它在人眼的高度上延伸，因此不会对其长度产生幻觉；人在追随其轨迹时一般总要遇到某种障碍物，这就突出了其极限。

垂直线：这是无限性、狂喜、激情的象征。人若要追随一条垂直线，就必须片刻中断他正常的观看方向而举目望天。垂直线在空中自行消失。不会遇上障碍或限制，其长度莫测，因此象征着崇高的事物。

直线与曲线：直线代表果断、坚定、有力。曲线代表踌躇、灵活、装饰效果。

螺旋线：象征升腾、超然，象征摆脱尘世俗物。

立方体：代表完整性，因其尺寸都是相等的，也是一眼就能把握住的，因此给观者一种肯定感。

圆：给人以平衡感、控制力，一种掌握全部生活的力量。

球体以及半球形穹隆顶：代表完满、终局确定的规律性。

椭圆形：因为有两个中心，故总也不使眼睛得到休息，老是令眼睛移动，不得安宁。

各种几何形体的相互渗透：象征着有力和持续的运动。②

---

① [美] 苏珊·朗格. 情感与形式 [M]. 刘大基，傅志强，周发祥译. 北京：中国社会科学出版社，1986：8.

② [意] 布鲁诺·赛维. 建筑空间论——如何品评建筑 [M]. 张似赞译. 北京：中国建筑工业出版社，1985：1.

而关于后者，布鲁诺·赛维在《建筑空间论》中也列举了一系列公式来说明历史式样的意义移情。

埃及式 = 敬畏的时代；

希腊式 = 优美的时代；

罗马式 = 武力与豪华的时代；

早期基督教式 = 虔诚与爱的时代；

哥特式 = 渴慕的时代；

文艺复兴 = 雅致的时代；

各种复兴式 = 回忆的时代。

但是，以上直线式思维的理论过于简单，将"意义的形成"归结于"原型"是什么，这与建筑的实际感受根本不同：出自于同样的"视觉原型"，建筑形式与意义的对应关系经常是复杂而变化的，由此而产生刻画、象征、隐喻、反讽等等意义的强调或游离。比如，都是通过对历史形式的复兴来召回在现代建筑中失落的情感，文丘里与罗西就表现出完全相反的"情感"：一个戏谑、一个严肃。阿恩海姆在《艺术与视知觉》中也写道："一座山可以是温和可亲或狰狞可怕的；即使是一条搭在椅背上的毛巾，也可以是苦恼的、悲哀的和劳累不堪的"[①]。对此，视知觉理论试图用"多义性"来解释，比如著名的"鸭兔实验"[②]，但并不完善，我们要回到修辞学找答案。

5.2.2　意义的偏移

冯塔尼耶认为，修辞不一定与普通自然的表达法对立，但是它一定是与"简单的表达法"对立，比喻的对立模式不是"转义与常用义"，而是"转义与字面义"，比喻的标准是一个词的词义必须发生变化，即转义[③]。根据修辞学的完整公式（E^{R1}）^{R2}=C，即：**(能指 / 本体 / 原型^{语法})^{修辞} = 所指 / 喻体 / 意义**，双重作用的叠加形成意义。

所以，不同于语法关注"意义的生成"，修辞转而关注的是"意义的偏移"，修辞是偏离于"字面义"的表达："在词与义之间……其实是存在偏差和空隙的，不管存在什么空隙，它都拥有一种形式，而人们就把这种形式称之为一种辞格，意识到这一空隙就等于掌握了修辞学的精神。"[④]

辞格填补了"符号中的词与义之间的空隙"，彼得·埃森曼曾把这称之为"弱意向"，与符号和意义一一对应的"强意向"相对应，并对强意向提出质疑："建筑要进入后黑格尔王国，必须从辩证对立的结构中，从僵化状态中挣脱出来。诸如结构与装饰、抽象与具象、轮廓与背景、形式与功能，这些传统习俗上的对立面都应予以废除。"[⑤]应该说，修辞的提出使得彼得·埃森曼用不着去推翻"强意向"了，能指与所指之间不需要被斩断，"辞格"具有多种多样的转义技巧，能够带来

---

① [美]鲁道夫·阿恩海姆.艺术与视知觉[M].滕守尧译.成都：四川人民出版社，1998：3.

② 心理学家 J. 贾斯特罗在他的《心理学中的事实与虚构》中画出的一个模糊的图形，并给孩子观看，孩子一会儿就说："这是鸭头！"过一会儿他又会说："这是兔头！"并且会不断在两个图形之间转换。

③ Pierre Fontanier. Les Figures du Discours [M]. Flammarion，1977：10–11.

④ Gerard Genette. Figures I [M]. Editions du Seuil，1966：207–208.

⑤ PeterEisenman. Edges in Between [J]. Architecture Design，1988，58：7–8.

超出其意义之外丰富的引申义。

"表现修辞"的驱动性就在于意义的偏移，它所表现的是"远离一般和普通的设计，远离通常和简单的图像"，它将建筑真实的视觉形式（即设计最终采用的形式，包括诗性的形式）与潜在的视觉形式（即语法直接形成的形式）尽可能分离。在苏珊·朗格看来，这种分离就叫作"奇异性"或者"透明性"，它是使艺术具有艺术性的本质所在，从这一点看来，艺术归于修辞。而从另一方面来说，不是所有的视觉修辞都是成功的，只有当"意义"发生了偏移而带来了引申义，才能被历史铭记。

5.3 隐喻变形与换喻变形

5.3.1 意义偏移的表现变形

辞格从操作上来说，是用一种表达去替换另一种表达（词、词组、句子、句段等），是内涵相近但效果不同的词汇意义、布局方法、叙述顺序和语体风格等的选择，本质是"替代"。当然，我们也可以草率地说，建筑的"表现修辞"是用一种视觉形式去"替代"另一种视觉形式：我们对现代建筑的视觉体验取决于建筑师用"国际式"的机械和乏味的形式，还是路易斯·康那样充满形式主义元素的形式或是彼得·埃森曼那样隐含理性逻辑的形式，它们都是对"多米诺结构"外表的一种"替代"，在种种"替代"之中，现代建筑"多米诺结构"的"元语言"发生了意义的转义与引申义。

但艾伦·科洪在《历史主义与符号学的局限》一文中已经列举了"视觉审美系统"与"语言系统"的诸多不同，就修辞本身而言，从语言领域移植到视觉领域也存在先天的不同，尤其在"意义偏移"的辞格操作上，其最大差别就在于：语言中的"字"或"词"是天然的最小单位，是被固化的单元；但是，我们很难界定"图像"的最小单位，首先在所谓"元"的概念定义上就将碰壁：对于一个"门"的视觉形式而言，哥特式的透视门与工业批量生产的产品门，两者到底要简化到何种程度、上溯到何种原型才能够被称之为"元符号"或"元图像"？难道又要像柏拉图一般借助哲学家的想象，创造一个思维中的"符号"来代表？或者就用"门"的"语言符号"来代表"形式符号"？在各种关乎视觉形式的"元符号"、"元图像"研究中，都没有真正厘清过这个问题。

早期的符号学，或者说广义上的记号科学，除了研究字词，还研究手势、图片、服装等一切承载意义的东西，打算对所有的文化现象进行编码。但是，罗兰·巴特在其早期巨著《时装体系》问世的同时，却在这部著作的序言中宣称，他的历险"已经过时"，"我热烈地相信将自己融入一种符号科学的可能性，我经历了一次（欣快的）科学之梦"[①]。此时他已经明显地意识到，这种"就语言而语言、就符号而符号"的本体论方法，终究也不过是一套难以自圆其说的解释，"一种科学狂热"，一个"科学幻觉"的时期，这本书也成为罗兰·巴特理论的转折点，从而开启了他符号意指理论的修辞转向。

因此，图像"意义偏移"的发生机制不适合用"替代"来定义，而更多采用的是"变形"一词。没有厘清这一点之前，在建筑学中就产生了诸多的误会：建筑语言学乃至图像学，总是企图去建构一个包罗万象的"符号"体系，产生了从"元符号"到"超符号"、"符号树"、"符号家族"等定义

---

① 黄晞耘. 罗兰·巴特思想的转捩点 [J]. 世界哲学，2004（1）.

的自我衍生；也常常把视觉形式尤其是"历史的形式"当作僵死的"符号"刻板而不知变通地使用，把表现过程简化为"符号"之间的"替代"。

曾有一段时期，我们期望从后现代的"历史拼贴"中学习对中国古典形式的现代化处理（有人认为"拼贴"是区别于"叠置"操作而存在的，"拼贴"是所有"原型"边沿清晰、互不渗透，"叠置"是"原型"边界暧昧模糊、相互渗透），但从修辞学的角度观察，"古典形式的现代化"其实更应该是一种"表现修辞"，对于历史原型的采用不是选取也不是替代，而是截取变异，正如"人不可能两次踏进同一条河流"，设计师不可能毫无改变地使用历史图像，其中一定存在"变形"。当我们把"历史拼贴"的后现代主义不假思索地引入时，也就难怪满北京的大屋顶，这只是一种简单粗暴的"替代"，当历史情感的需求不断加强，建筑师别无他法，就只好把这个片断用得再多一点、再完整一点、再宏大一点。只有"符号"，却没有"符号"的修辞变形，"符号"就已经死去了，死在了历史的过去。

总之，"变形"才是建筑视觉形式"表现修辞"的核心问题。在此，我们引入"比喻"的辞格框架，借鉴了隐喻（Metaphor）和换喻（Metonymy）这两个重要的概念，架构了一个"隐喻变形"和"换喻变形"的表现修辞辞格体系。按照雅各布森的说法，隐喻和换喻完全涵盖了语言中的所有辞格，这使这个辞格体系有别于"明喻、暗喻、借喻、借代、引喻"之类的辞格罗列。

5.3.2　建筑的隐喻变形

"隐喻"指本喻体之间由于某方面的"类似性"而成立的比喻关系，按联想的方式运作，由于这种比喻其"意义偏移"的角度和范围都很大，往往构成了一种意义的"指向"，即喻体的本来意义被偏移变形而嫁接到本体之上。于是，建筑的"隐喻变形"就要求一种积极的、富于想象的编码与解码过程，即找到某种原型，进而进行有意义的形式转换，而这种积极介入的行为是建筑师所追求的，建筑师们希望能够启动观者的想象力，从而使建筑的视觉形式更有说服力。

在西方历史中，"拉丁十字"是对"上帝"的隐喻，"完美穹顶"是对"人文"的隐喻；在当今时代，"现代主义运动"隐喻"机器"，"后现代主义运动"隐喻"废墟"；在建构学说中，又存在着"建构与身体"、"本体和再现"的各种隐喻……在本书的第 1 章中，"建筑内涵的视觉化"一节整个地其实就在描述：20 世纪以来时代所自认为的建筑本质与内涵——如"功能"、"空间"、"技术、结构与材料"、"意义"、"无形式"等——是如何不可避免地走向了视觉的隐喻。我们已经从历史中感受到，这些所谓的建筑本质，如果仅仅停留在"语法"的层面，而不能在视觉形式上得到"隐喻"的直观表现，建筑的艺术性就将丧失殆尽，也将失却建筑最重要的感性打动力。

如果以上历史都属于建筑视觉隐喻的"强叙事"，我们也可以来看看"弱形式"的现代建筑隐喻辞格，它们更贴近于"对语法偏离"的修辞定义："弱"意即反抗与批判建筑传统中相对确定的"强"规则，其策略是挖掘被"强形式"（如功能、历史、意义等）压制的素材，从不寻常、不正确甚至是奇异的事物中寻找灵感之源。

故事从哥伦布市会议中心的方案投标讲起：因为这个会议中心要在哥伦布航海 500 周年仪式中开幕，因此，大部分建筑师都不可避免地从"航海"中寻找题材与灵感，彼得·埃森曼也不例外。但在距交标仅三星期时，他一听说格雷夫斯也从这个角度出发做设计，埃森曼就毅然放弃了原有工作，为赢得竞赛开始寻找另一条设计途径。此外，身体力行修辞学的埃森曼还以他独特的方式，嘲讽了不假思索、从显而易见元素出发、毫无创新的格雷夫斯：他揶揄地寄了一张沉船明信片给他。

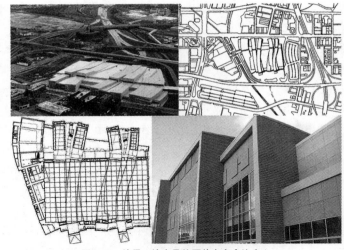

埃森曼最终中标实现的哥伦布市会议中心（图5-2），其"弱形式"主要从两个"视觉原型"中变形而来：一是光纤的横截面图形，用来表现"信息技术"的隐喻；其二，类似于火车的岔道系统，用来表现"基地文脉"的隐喻，因为这里曾是一个铁路基地，这最终使得建筑的视觉形式就像一个由触须状的形体编织起来的巨型体块（图5-3）。

图 5-2　彼得·埃森曼的哥伦布市会议中心

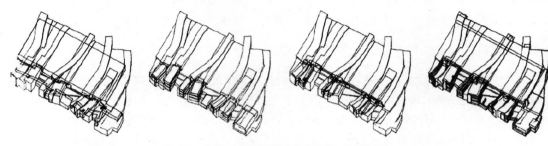

图 5-3　彼得·埃森曼哥伦布市会议中心的概念图解

因此，"弱形式"其实就是一种形式主义的"视觉隐喻"，建筑师们从各种现实的、想象的、实体的、虚拟的联想场中寻找"意义"的灵感来源，并将其"视觉原型"与建筑设计的最终形状进行意义的关联。而这种"弱的意义关联"既要偏离于建筑学原有的普遍联想，免得枯燥乏味、与他人雷同；又要能够接近于建筑本要表达的基本含义，免得离题万里、不知所云。

现在，这种偶得的"修辞"经埃森曼整理、总结、论述、发表后，已经可以自己复制、供他人学习了，这也就意味着"弱形式"已经演变成为一种固定的"隐喻辞格"，可以进行类型化的定格整理：

近十余年来，埃森曼基本上沿袭了从外部引入形式参照的设计策略，这些参照图形进一步扩展到场地、科学、数学、文学等多层面的题材，形态各异：如，2000 年教堂中液晶分子图、埃莫罗艺术中心的和声正弦图、BFL 软件公司的曼陀罗图式等。[①]

在新一代建筑师的作品中，我们也能看到类似于埃森曼的"弱形式"操作。……如在埃及亚历山大图书馆的竞赛方案中，采用了米开朗琪罗绘画中繁复的衣服褶皱图，然后将其简化抽象，接着仔细地逐步变形直到原型不可辨认，同时在变形过程中寻找合适阶段来发展具体的建筑计划。[②]

---

① 赵榕. 当代西方建筑形式设计策略研究 [D]. 江苏：东南大学，2005：138.
② 赵榕. 当代西方建筑形式设计策略研究 [D]. 江苏：东南大学，2005：139.

5.3.3　建筑的换喻变形

但"弱形式"要成为一种可操作和传播的修辞，除了找到合适的、出其不意的、甚至奇怪的"视觉原型"，还必须不断探索对视觉原型进行"连续变换"的技巧，为此埃森曼又创造了基于"隐喻前提"的各种"换喻辞格"：比如从早期的"叠置、缩放比例、旋转、平移"（图 8-3~ 图 8-6 ），到近期的"折叠、模糊"（图 8-7、图 8-8 ）等。

"弱形式"追求建筑的复杂性效果，因此，它在找到更广泛的"隐喻意义"的前提下，然后，借助各种基于复杂变换、计算机算法、拓扑变形、模拟轨迹（图 5-4 ）等"换喻变形"，演变出更加难以料想的复杂性：

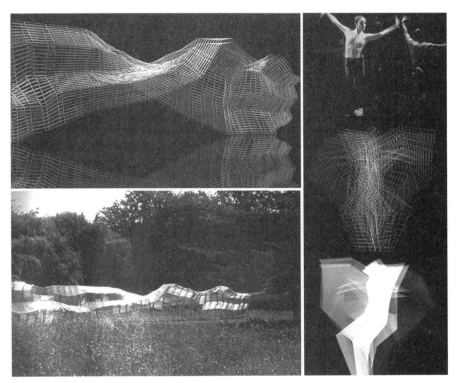

图 5-4　dECOI 事务所，舞蹈轨迹分析→计算机模型→装置雕塑

法国设计事务所 dECOI 为日内瓦联合国总部 50 年庆所作的装置雕塑也是这样一种"弱形式"的操作，设计来源于一段双人舞，通过视频分析描绘出空间中舞蹈者的动作轨迹，以此轨迹作为装置的基本形态，由此发展出最终形式 [1]。

而"换喻"在比喻修辞体系中，本指本喻体之间由于"邻接性"所成立的比喻关系，它按组合的关系运作：如果话还没说完，句子的其余部分还悬在半空中，换喻就可以靠推演把剩余的意思构建出来。在建筑中也是一样，换喻是一系列可以推演的"操作转换"，所以，换喻是一种隐匿的

---

[1]　赵榕 . 当代西方建筑形式设计策略研究 [D]. 南京：东南大学，2005：139.

修辞，往往在"隐喻前提"被默认的情况下，很容易被看成自然而然、天经地义、本该如此，而有所谓"形式逻辑"、"自然生成"一说，即把形式归结于一种理性的推演过程，从而使人无法意识到它不是语法的必然，而是一种修辞，是一种可能性的选择。

比如，古典建筑的"三分法操作"常常被"人体、比例的隐喻前提"所掩盖，被当作是隐喻主导下的自然生成，然而事实并不如此，"三分法"其实还是由建筑师主动操作的一种换喻修辞，并不存在"人体的比例尺度"可以自动"生成"古典主义建筑。

在此基础上，彼得·埃森曼的住宅 X 就是一系列的换喻变形，而并非他自己所描述的逻辑推演；学院派教育反复抄绘平面、立面上的形式构成，是一个单面的"渲染"，所以它是"二维换喻"的能力训练；海杜克的"九宫格"重复玩味立体和空间上的形式构成，表现为轴测，所以它是"三维换喻"的能力训练；现代主义以来，建筑师开始喜欢像音乐家一样编号——如 D 大调第三号序曲之类——给自己的作品、特别是纸上作品命名，这正暗示了设计是不断换喻变形的一系列过程，而矶崎新首次提出了"未建成"这一概念，认为"所谓近代建筑，就是一场寻求可能性的梦想运动"[①]，如果我们从换喻的角度来解读"未建成"的话，就一点也不难理解"反建筑史才是真正的建筑史"[②] 这句话了。

5.3.4 隐喻形变的递进结合

如何看待"隐喻变形"和"换喻变形"的共同作用，我们可以观看蒙德里安《红、黄、蓝》的一系列画作（图 5-5）；简要来说，它们首先是对"科学主义"、"理性主义"的一种"隐喻变形"，而其后几何抽象艺术的一系列繁殖，则是一系列的"换喻变形"过程。

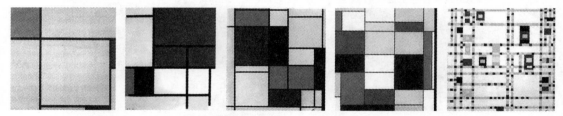

图 5-5　蒙德里安《红、黄、蓝》画作系列

隐喻变形更贴近于意义的类比与联想，它与时代精神、价值观等密切联系，为强调这种变形的指向性，本文简称"隐喻变形"为"隐喻"；但一旦隐喻开始成立，视觉形式便自动开启了换喻变形模式，这个过程更多地受视觉形式内部的驱动力推动，并且往往伴随着隐喻意义的不断减弱和丧失，因此更强调其变化的推演性，为更适应视觉模式的理解，本文简称"换喻变形"为"形变"。为使图像思维能更好的理解，"建筑修辞学"的关键词就从**隐喻、换喻**转换为**隐喻、形变**。

同样，几乎所有建筑风格的演变过程都可以这样来描述和概括：《建构文化研究》中，弗兰姆普敦把确定的部分称之为"核心形式"，与之对应的叫作"艺术形式"[③]；贡布里希认为"艺术家之所以专注于结构……反映了我们需要一个方案来掌握这个多变的无限多样化"[④]。以上"结构"或"核心形式"由"隐喻"首先形成，此后，再由"形变"使之产生"多变的无限多样化"。而用彼得·埃

① 何谓"未建成"？[OL]. 豆瓣网 . http://www.douban.com/group/topic/16639753/.

② [日]矶崎新 . 未建成／反建筑史 [M]. 胡倩，王昀译 . 北京：中国建筑工业出版社，2004：序 .

③ [美]肯尼斯·弗兰姆普敦 . 建构文化研究 [M]. 王骏阳译 . 北京：中国建筑工业出版社，2007：65.

④ [英]贡布里希 . 艺术与错觉——图画再现的心理学研究 [M]. 林夕等译 . 杭州：浙江摄影出版社，1987：352.

森曼的案例来解释的话，就是要首先阐述"弱形式"的隐喻概念，然后创造"折叠、缩放、模糊"等的一系列形变辞格，使之可以持续变换。

因此，表现修辞公式：视觉原型$^{|隐喻变形，换喻变形|}$=意义表现，被改写为：

【（视觉原型^{隐喻}）^{形变}=意义表现】

《建筑诗学》中，作者"把人们通向建筑创造力的各种渠道进行分类，可以分为积极的渠道和消极的渠道"，这其实暗合"隐喻和形变"的两种方式，隐喻属于积极的修辞，形变属于消极的修辞，而其他诸如比喻、包容、模仿、直译、象征、表现、意向、折中、衍生、装饰等种种手法，就都被"隐喻和形变"两者所涵盖。

第6章　隐喻形变的多维修辞

6.1　隐喻形变的辩证统一

6.1.1　表现修辞对秩序修辞的统一

与中国古典三大修辞法"赋比兴"比较,秩序修辞对应"赋"[①],表现修辞对应"比"[②]和"兴"[③];与完形心理学比较,秩序修辞对应"心物场",表现修辞对应"同型论"。但是,这存在一个原则性的问题——"辞格:形式,还是意义?"[④],建筑的视觉修辞延续了"形式"与"内容"的艺术史之争,从而出现了"秩序修辞"与"表现修辞"的两种类型。

21世纪的建筑修辞与传统修辞学的根本不同就在于,首先要确立缜密的理论统一,然而才是丰富多样的衍生,否则就会陷入"无穷无尽的列举之中",因此,我们需要再进一步将"秩序修辞"和"表现修辞"统一,代表长久以来问题的圆满解答。

"一种理论:复杂科学如何改变建筑和文化"是查尔·詹克斯《跃迁宇宙间的建筑》的副标题,这里的"复杂科学"就是指现代数学和物理学的一些子集,包括分维几何、混沌理论、灾变论、大爆炸理论等[⑤],但早在"复杂科学"出现之前,"近代科学"中的基础数学和物理学,就已经深深地影响到建筑的视觉形式。正因为科学主义的抬头,作为其代表的"秩序修辞"也就被特殊化而从"表现修辞"中独立出来:从更大的角度来看,"秩序修辞"可以被"表现修辞"所涵盖,因为"秩序修辞"就是对抽象数理形式的一种"表现":

6.1.1.1　秩序完形——数学形式的抽象隐喻

"数学"很早就是视觉形式的隐喻来源,并且一直是最重要的隐喻之源,人们将"非视觉的数学形式"隐喻变形,得到的就是"视觉的几何形式",因此,"几何学"又被称为"数学"的同义词。而到了近代科学主义抬头的时期,人们就把"用头脑想象对纷繁事物几何变形的过程"特别用一个专门词汇来定义:"视觉抽象",这其实就是"完形/格式塔"分析的基本原理。

人类早期只发展出了"初等数学",即代数、素数、分数等,所以,一直以来建筑学被局限在"欧几里得几何"的框架中,运用矩形、圆形、三角形、圆弧形、正多面体等来获得视觉形式,这构成了最早的"狭义秩序";其后,对"欧式几何"复杂的"视觉操作"拓展了建筑的可能领域,形成最早的"广义秩序"。

---

① 赋:平铺直叙,铺陈、排比,相当于现在的排比修辞方法。
② 比:比喻,相当于现在的比喻修辞方法。
③ 兴:托物起兴,先言他物,然后借以联想,引出诗人所要表达的思想,相当于现在的象征。
④ 李晗蕾.辞格学新论.黑龙江人民出版社,2004:第一章第四节标题。
⑤ 张利.跃迁的詹克斯和他的"跃迁的宇宙"——读查尔斯·詹克斯的《跃迁的宇宙间的建筑》[J].世界建筑,1997（4）:78.

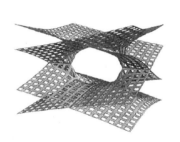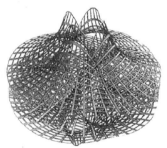

图 6-1　黎曼几何的曲面

图 6-2　分形几何的立方体

而 "数学" 基本规则的改变推动了 "现代几何学"（图 6-1、图 6-2）的发展[①]：

> 假设欧几里得的第五公设并不成立，空间可以是弯曲的而不是平直的，结果就产生了非欧几何学，而非欧几何中的黎曼几何恰好提供了广义相对论的正确框架；假设空间可以有 4 维、5 维乃至 N 维，无限维的希尔伯特空间就产生了；假设维数可以是分数，或者假设形状不是由一次求解一个方程来定义，而是通过反馈环中进行迭代来定义，分形几何就产生了；假设形状可以扭曲、拉伸，打结，拓扑学就产生了。

因此，当 "非线性数学" 取代了 "线性数学" 成为人们理解自然或宇宙的基本方法时，当类似 "混沌、自组织、熵" 这样的理论被用来解释宇宙膨胀与物种进化时，建筑常用的 "数学隐喻" 随之改变：建筑师们多从函数、微积分等 "高等数学" 中获取灵感，"非欧几何、解析几何、分形几何、拓扑几何" 的各种形态就成为建筑视觉隐喻的重要来源。

6.1.1.2　视觉操作——物理形式的抽象形变

与几何学形成的静态视觉不同，物理对视觉形式的作用对应着持续的变换，即将建筑空间或体量的生成过程转变为一种连续性的操作。古典时期以及现代主义早期甚至一直到现在，建筑师运用的都是经典力学，如重复、并列、组合、穿插、剥离、架空、叠加、交叉、错位、折叠等手法。

当我们观看彼得·埃森曼称之为 "形式动作" 的操作时，就可以轻易地感知到一种想象中的经典力学运动，"观察者会把他们感知到的这种力看作是知觉物本身所具有的特性，人们仅仅通过

[①]　任军.当代科学观影响下的建筑形态研究 [D]. 天津：天津大学，2007：65.

观察，难以区分这些忽隐忽现的圆形，究竟是晃动在物理世界中书页的页面上，还是发生在睡梦中的真实事件，抑或是源自现实的物理事件的一种幻觉"①。也因为如此，阿恩海姆要将"视觉操作"用"视知觉力"的方式定义。

在福冈相互银行佐贺支店中，矶崎新"先选择立方体作为基本结构，经过切削、对置、偏位等变形之后，形成最后的形体"；在群马县立美术馆（图6-3）中，矶崎新"选择了每边12米的立方体格子作为基本形体，然后导入'场'的因素，形成第二次结构，再经过异化修辞（增幅、转换、对立、反转、并置）之后，使形体消失，获得深邃的透明度。"②

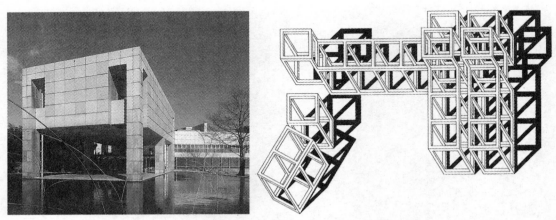

图6-3 矶崎新"群马县立美术馆"的异化修辞

对于后现代主义常用的"折叠"辞格（图6-4）而言，它所呈现的"几何隐喻"已然是非线性的数学模型，然而从物理运动推动的"换喻变形"即"形变"而言，则依然属于经典物理学的运动模式。

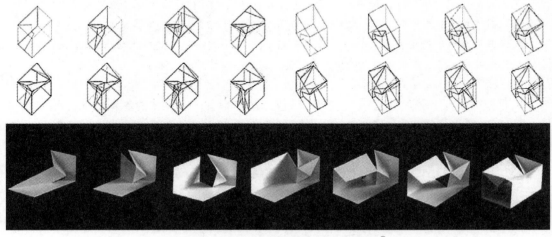

图6-4 S-M.A.O. 马德里教区中心的折叠操作③

① 阿恩海姆. 艺术与视知觉 [M]. 孟沛欣译. 长沙：湖南美术出版社，2008：8.
② 傅克诚. 矶崎新的作品及其创作特色——为《世界建筑》的读者而写 [J]. 世界建筑，1993（1）：8.
③ 任军. 当代科学观影响下的建筑形态研究 [D]. 天津：天津大学，2007：58.

　　而未来的建筑师更多地使用着"量子力学"，"视知觉力"也应该改称为"视知觉场"，模拟的大多是"电场、磁场、重力场"等相互作用所形成的状态，建筑师应用诸如挤压、扭曲、拓扑变形、蒙太奇、泡状物等等一系列手法，操作出极具视觉冲击力、充满曲线、扭结与不定性的柔性建筑形象（图 6-5）。目前，建筑师还没有停止对这种形式的不断创新，导致了五花八门的多元建筑，尤其在引入"计算机参数化"后，建筑师可以设计和控制更高级、更复杂的形体，带来更多视觉形式上的可能性。

图 6-5　扎哈·哈迪德的"阿联酋阿布扎比表演艺术中心"

6.1.1.3　秩序修辞∈表现修辞

　　"完形"是如何被抽象的，阿恩海姆归之于人类的本能，"格式塔心理学"假定了观看过程中主体整体概括的天然性，即世界上的纷繁图像都将被视觉自动抽象为"完形"。但这一被忽略的、被认为是视觉天性的抽象过程，其实是一个被忽略的主动修辞，所谓"秩序完形"其实是对"视觉原型"进行"数学隐喻变形"的结果，即：**秩序完形 = 视觉原型**^{数学隐喻}；其后的"视觉操作"其实也是运动、力或场推动的"物理换喻变形"，即：**视觉操作 = 物理形变**。

　　在《当代科学观影响下的建筑形态研究》中，作者将科学影响形状与结构的主要元素分为"分类、分析和表示"（表 6-1），表中"分类"就是指"数学的几何隐喻"；"分析"就是指"物理的操作形变"；而"表示和可视化"是为呈现和描述这一过程所建立和依赖的主要工具。从中，我们可以清晰地看出当代建筑学"数学隐喻"和"物理形变"的各种类型与难易分级。

　　也就是说，"秩序修辞"的全过程，其实是我们将某种原型，先抽象处理为一种数学的几何关系，然后再对此进行物理操作，最后得到"优格式塔"或者"非优的格式塔"，而优格式塔在历史中被保留下来，成为下一次修辞循环的起点。而秩序修辞公式：秩序完形^{视觉操作} = 视觉秩序，也可以被

形状的结构——分类、分析与表示 [1]　　　　　　　　　表 6-1（a）

分类		
初级	中级	高级
平面多边形	锯齿形多边形和星形多边形	螺旋线；螺线；圆柱；环面；莫比乌斯带
多面体	多面体	多面体
智力游戏	用多边形铺砌平面网格	埃舍尔式铺砌简单的晶体结构
全等性、相似性		
肥皂泡	肥皂泡簇	定向、亏格结构

---

① 任军. 当代科学观影响下的建筑形态研究 [D]. 天津：天津大学，2007：66.

分析		
初级	中级	高级
镜像对称	双镜万花筒	多面体万花筒
旋转对称		
全等	有限图形的对称性	作为组织原理的对称性变换几何学
折纸；图案	剖分；智力难题	
相似性	重复砖块；分形；自然界的模式	探索分析生物学中的尺度
构造和解构多面体	正多面体和半正多面体	多面体的欧拉公式
直线 / 体积测量	角度测量	平面的三维几何学基础
作拼接被和马赛克	用多边形铺砌平面	格子，初等铺砌理论

形状的结构——分类、分析与表示　　　　　　　　　　　表 6-1（b）

表示和可视化		
初级	中级	高级
制图，看图使用简单映像	地形图和水平曲线	三维形状的横截面结构
	地球仪	球面几何学；投影；映像
阴影	阴影几何学	图像和图像重建；不可能图形
制图	透视制图	工程制图；立体视镜
标度投影器	望远镜和显微镜	透视几何学；照相机
	平面坐标	三维坐标
乌龟几何学	用计算机探索几何学	更多的计算机图形学

替换为：【（视觉原型^数学隐喻）^物理形变 = 视觉秩序】

所谓"数学的隐喻"其实是所有隐喻变形中的一种，即几何的抽象观看；"物理的形变"也是所有换喻变形之一，即视知觉力。综上推理过程，"秩序修辞"其实就是对视觉原型的一种"数理意义"的表现修辞过程，"表现修辞"完全可以涵盖和统一"秩序修辞"类目，即：秩序修辞∈表现修辞。

6.1.1.4　古典视觉与现代视觉的修辞统一

由于这一统一，恰恰也揭示了"古典视觉与现代视觉的统一"，修辞学能够将两者完美地囊括在一个统一的解释体系之中：

现代艺术继承"形式主义路线"的影响，对"纯形式"的关注标志着人类脱离了长久以来的"艺术模仿论"，被认为是艺术史上的一个重要分水岭：一旦将焦距对准"形式"，艺术就逾越了模仿的藩篱而直达纯粹精神，艺术的形式创造了一个独立的宇宙，既不同于直观的世界外表，又与它所表现的内容断绝了关系，从而进入艺术的自身世界，艺术家不再单单是世界的模仿者和记录者，还是世界的塑造者和解释者。

然而，"秩序修辞"其实是对抽象数理形式的一种表现，这一结论将前面的光环打破，纯形式依然没有脱离现实世界的表象，只不过隐喻的来源、或者说是对原型的隐喻变形，从直接观察迈向了间接想象，其实也是一种对"几何形式"的模仿，我们在模仿的同时赋予它们纯粹精神的意义隐喻，但这并不是真的纯粹，而依附于时代中科学发展的进度。

所以，古典视觉与现代视觉的区别只在于"视觉原型"的起点以及人们赋予"数理隐喻"的崇高意义。之所以贡布里希的"预成图式 – 修正"理论不适用于现代主义，就因为他过于强调原型的作用，但从原型泛指化的修辞学看来，古典视觉与现代视觉的修辞尤其是两者修辞的发展路线，就是非常类似和雷同的。

针对现代建筑，其实一样可以总结出类似于"李格尔的艺术意志"、"沃尔夫林的五对概念"的众多辞格，比如："静态与动态"、"直线与曲线"、"柏拉图形式与有机形式"、"完形定格与完形破格"等。用建筑的修辞话语完全能够对自现代主义以来，尤其是图像时代到来所导致的后现代、解构、无形式、表皮甚至更新的建筑现象、更新的视觉主题加以解释：古典建筑隐喻的是古典数学，现代主义隐喻的是现代数学；经典现代主义建筑师模拟经典力学运动来推敲建筑形式的变化，而后现代的建筑师模拟的是量子力学，用"电场、磁场、重力场"来推敲建筑形式的变化。在"第 9 章 情节的交互——修辞语法的悲喜剧"中，本书试图解读"古典建筑与现代建筑"其语法的出现条件、契机与幻灭的相似性；在"第 11 章 从古典到现代修辞循环"中，则描述了"古典与现代"类似的修辞循环链条。

总而言之，建筑修辞与狭义修辞学殊途同归了，法国狭义修辞的架构被统一成只有一种"比喻修辞"，建筑视觉的修辞架构也被统一为只有一种"表现修辞"。正因为如此，表现修辞的关键辞格"隐喻"和"形变"（"隐喻变形"和"换喻变形"的简称），就成为整个"建筑视觉修辞"的关键词，表现修辞的公式也成为最终的修辞学公式：

【$(E^M)^m = C$（E 能指，C 所指，M 隐喻，m 形变）】

6.1.2 修辞学对图像学的统一

1939 年，以潘诺夫斯基出版《图像学研究》为标志，现代图像学正式形成，他提出了著名的图像学三段论：

第一层次 "前图像志描述"（preicongraphic）是基本的形式分析；

第二层次 "图像志分析"（icongraphic）识别图像的故事和人物；

第三层次 "图像学阐释"（iconological）通过分析制作时间、地点、流行文化或艺术家风格、赞助人意图等解读图像的意义。

接下来，本书试图用修辞学的三段论来重新贯通这一过程（图 6-6），打通视觉修辞与图像学的学科联系：

图像学 用逻辑推演意义	前图像志描述→ 图像志分析→ 图像学阐释	（→意义推演过程）
（修辞过程←）	秩序修辞　←表现修辞　←广义修辞 形变　　←　隐喻　←　意义 秩序美学　←隐喻美学←尚不存在美的判断	视觉修辞 艺术家的主观修辞

图 6-6 "图像学三段论"与"修辞学"的一一对应关系

● 首先，时间、地点、流行文化或艺术家风格、赞助人意图等潜藏的价值观影响了修辞者的"意义的选取"，这是一个被广义修辞影响的寻找过程，非修辞技巧可以达到；

● 其次，修辞者先追求"隐喻"的心理平衡，即故事、人物、题材、风格等的选取是否符合"意义"的表达；

● 最后，修辞者追求"形变"的物理平衡，是脱离"意义"的纯形式、纯技巧的使用。

正因为"图像学"主要针对作品的解读，其中心任务是"对图像意义的阐释"，与"解释学"交叉，其关键词是"分析"，表现出一种"从形式推演意义"的"逻辑推理性"，因此潘诺夫斯基用"图像逻辑的"（德语 ikonologisch）定名；而修辞学的前提是作品尚不存在，其中心任务是"揭示创作的过程"，关键词是"方法"，从而表现出一种"主观的选择性"。因此，由于两者的思考起点和追求目的刚好相反，这导致了两个三段式过程的前后翻转，而且从这个角度来说，修辞存在机会成本，即修辞没有唯一的解，只有更好的解。

6.1.2.1　第一层次：意义的寻找 = 图像学阐释

"图像学阐释"不针对作品本身，而是针对作品产生的"文化情境"来分析，被界定为"揭示一个民族、一个时期、一个阶级、一种宗教和哲学流派之基本观点的根本原则"，在文化征象上去理解"人类精神的基本倾向"，这就脱离了修辞技巧，上升到了修辞诗学和修辞哲学之中，即脱离了狭义修辞，走向广义修辞。

与此相同，创作过程的第一步往往都是"意义"的寻找与选择，可以用广告的概念诉求（brief）来类比，完成整个创作流程的首要条件在于"意义"定位，不论是模糊游移的还是精确描述的，也不管是有意识表达还是下意识选择，"意义"这件事不存在太多的技巧，而更多地趋从于潜在心理、社会、文化、政治、精神的意识形态影响，往往表现为灵光一闪、下意识的"修辞行为"之中，就像彼得·埃森曼的"弱形式"来源。

乔布斯为何选择"被咬一口的苹果"作为视觉原型？它又为何获得了成功？这不是修辞技巧所能回答的，而是"广义修辞"的内容。

苹果 logo 最早的视觉原型是"一个完整的苹果"，包含以下意义的传递：希腊神话中苹果是智慧的象征，亚当和夏娃吃了苹果才变得有思想；这个苹果就是落在牛顿头顶上的那一个（图 6-7）。但是后来真正使"apple"无远弗届的是另一个视觉原型："被咬一口的苹果"，它带来更多的引申义：电脑术语字节（byte）与咬（bite）发音相同；用来纪念人工智能领域的先驱者——艾兰·图灵。后一意义比直白的、没有故事情节的原意更引人入胜，也就使得这个苹果成为不同于普通苹果的苹果。

图 6-7　早期的苹果公司 logo

2009 年 9 月，英国首相布朗向天才的数学家、密码学家、计算机科学的创始人艾兰·图灵道歉。当年图灵由于身为同性恋者被强行"治疗"，当时人们对同性恋还没有像现在这样宽容，而是把这种行为当作一桩伤风败俗的重罪，在法庭上，图灵既不否认，也不为自己辩解，他郑重其事地告诉人们：他的行为没有错，结果被判有罪。在被迫注射大量雌性激素后，图灵不堪屈辱吃沾染氰化钾的苹果自尽，时年 42 岁，图灵的粉丝乔布斯把公司取名为苹果，并且以被咬了一口的苹果作为标志。

这是一个很好的故事，也很煽情，却并不是苹果公司的原始隐喻，但这个故事传播最广、影响最大：命运的曲折、天才的陨落、令人唏嘘的结局使人们愿意不厌其烦地传播与布道"apple 的意义"，从"劝说"角度这首先就是一个最好的"广义修辞"。但最关键的是，时代的发展使得人们对于图灵的行为开始理解与接受，并开始津津乐道其中的故事，"同性恋"变成社会开放与包容的代名词，公众对图灵存有歉意，图灵成为离经叛道的先行者，这与自第二次世界大战后一直朝着自由化方向不断深入的西方社会不谋而合，达成"同一"。我们其实知道，苹果在所有操作系统中是最封闭、最独裁、最没有用户选择权的计算机操作系统，广义修辞的伟大作用使得苹果将自己包装成"开放自由社会"的中坚力量，在好莱坞电影中，坏蛋都用 PC，好人都用 Mac，是"崇尚个性、代表正义"的代名词，也成为"时尚、炫酷"产品的首选。

6.1.2.2　第二层次：隐喻的指向 = 图像志分析

"图像志分析"是识别图像的故事和人物，其关键不是意义是什么，而是在意义传递过程中元素的选取、笔法技巧所起的作用，是否能够与意义匹配。

与此相同，"意义"明确之后的第二步就是"隐喻"的"心理平衡"技巧，即"视觉原型"要如何才能够与它想要表达的意义相匹配，形成合适的"心物场"，以获得引申义的传递。

如下图（图 6-8），在众多被咬的苹果中，设计者选择了一个饱满的苹果，并在最饱满的地方下口、留下一个清晰的边缘，因此，被小小咬了一口的诱惑弥散在整个图案之中，就像断臂的维纳斯表现出一种缺陷美，反倒给人以广阔的空间产生无穷无尽的联想，从而与"对亚当夏娃的诱惑"、"科学和未知世界的诱惑"联系起来。此后，设计者将"被咬一口的苹果"扁平化、几何化、色彩化，也就是亲切化，这也就与它的价值观"拒绝将计算机神化"联系起来，人们将不再崇拜或恐惧计算机，而是将之视为一种娱乐、一种寻常，从而与 IBM 这类的冷冰冰的科技公司区别开来。

图 6-8　"被咬一口苹果"的隐喻过程

6.1.2.3　第三层次：形变的推敲 = 前图像志描述

图像学的"前图像志分析"是描述艺术家最终完成但观者最先欣赏到的部分，它只与视觉形式的元素与结构相关，不涉及主题和内容，是纯形式的形式美分析。与此相同，艺术家最后要从"心理平衡"深入到"物理平衡"的雕琢上，完成获得"优格式塔"的纯形式"秩序修辞"。关于这一层次，我们已经在第 4 章中，描述了苹果公司的 logo（图 4-1、图 4-2、图 4-3）是如何用几何、线条、色彩等形式美的"秩序修辞"来不断演化的。

因而，"秩序修辞"就基本等同于"的形变"，因为设计师无法依靠灵光一闪的直觉来完成这一"物理平衡"，而是由粗到细、不断推敲、去芜存菁、不断优化的过程，而我们往往误会为"生成"。关于西方古典建筑，我们不厌其烦地阐述"比例、尺度"这一"数学隐喻"的前提，但只靠"人体的比例"就可以生成古希腊古罗马建筑吗？当然不可能，世界上其实并没有一种"神赋予的形式"只用领悟就可得，如果缺少不断用"三分法"增加、删除、融合、嵌入的"操作形变"，建筑师就无法控制建筑并进行设计。因此，"三分法的形变"是一种被遗忘的修辞，"比例的隐喻"和"三分的形变"两相叠加才成为一个完整的修辞行为。

如果说，我们用"表现修辞"统一了"秩序修辞"的框架，那么"秩序修辞"还有什么价值与意义留存在修辞的体系之中呢？应该说，历史上恰恰是对"秩序"的描述第一次告诉了人们，如何借助理性的数理工具来追求形式，从而将对美的追求带入到科学领域中。因此，"秩序修辞"

获得了在视觉修辞中的特殊地位，也正因为如此，关于"秩序"的视觉描述在建筑学中也经久不衰。

我们往往把"不依赖于意义"的纯形式审美判断称之为"秩序美学"，主要由"形变"的修辞带来，对应康德的"纯粹美"；与此相对，"心理平衡"是必须依赖于意义的审美判断，我们又称之为"隐喻美学"，因为它主要由"隐喻"的修辞带来，对应康德的"依存美"。

6.1.3　类型简单对多样衍生的统一

现在，"视觉修辞"作为一种框架体系，只有"隐喻"和"形变"的两种类型了，但这并不意味着它没有各种"具体的辞格"，热奈特曾经指出："修辞学本身就是辞格的系统……有命名的狂热，是……自我扩张和论证自我存在合法性的一种方法"[1]，这表明："辞格"的定义与命名可以无限地自我扩张与自我繁殖。

比如："比喻"中就包含明喻、隐喻、借喻、博喻、倒喻、反喻、缩喻、扩喻、较喻、回喻、互喻、曲喻等一系列衍生辞格；文学家要是愿意，还可以定义好几倍的辞格名称；吴世文在《修辞格论析》中为减少名称太多的缺陷，就辨析了"统括与节缩"、"特选与衬托"、"迭现与排比"、"转换与跳脱"、"潜喻转借与比拟"、"同字与同语"、"拆词与镶嵌"等一系列辞格。

仔细观察下表，矶崎新的"消失、添加、转写、迷宫"（表 6-2）与彼得·埃森曼的"切变、压缩、旋转、换位"并没什么本质的不同；李格尔的"触觉和视觉、近距离和远距离、平面和空间、彩饰和色彩、图形和基底"与沃尔夫林的"线描和图绘、平面和纵深、封闭和开放、多样统一和整体统一、清晰和模糊"也不存在系统性的区别。每个建筑师都有创造"辞格"的冲动与可能，都可以随心所欲地推陈出新，而每个被定义所固化的辞格，其修辞性都在慢慢减弱。

矶崎新的异化修辞方法表[2]　　　　　　　　表 6-2

变化 / 操作	形态论的	统辞论的	意味论的	论理的
除去	消失	省略	暗示	沉默
附加	添加	混成	重合	夸张
代置	转写	破调	引喻	逆说反语
交换	迷宫	透明	转移	倒置

所以，"辞格"的具体定格不像"隐喻形变"的类型研究，不应被归纳法或总结法所提炼，而应类似于热拉尔·热奈特相继发表的《辞格一集》、《辞格二集》、《辞格三集》等，基本都是案例的剖析与罗列而非理论的阐述，是极具操作性和实践性的辞格手册，不是归纳法，而是列举法。

"辞格"的衍生也代表着建筑学不断发展的方向之一，其目的是创立一套不同于建筑元素的符号系统，可以形象地用下图（图 6-9）来类比，就是建立"辞格的类型学"而不是"原型的类型学"，是"第四种类型学"。它也许就像是"作家每次使用该符码所认可的一种辞格，他就能使这种语言不仅能表达其思想，同时还能传达出它是否具有史诗、抒情诗、教谕诗和演说词的品质"[3]：

---

① Gérard Genette. Figures I. Editions du Seuil，1966：214.

② 傅克诚．矶崎新的作品及其创作特色——为《世界建筑》的读者而写 [J]. 世界建筑，1993（1）：8.

③ Gerard Genette. Figures I. Editions du Seuil，1966：220.

图 6-9　不同风格的辞格对同一幅画的变形①

6.1.4　正向修辞和反向修辞的统一

近代的"形式主义路线"不承认混乱也是一种秩序，"感觉主义路线"不承认反喻、双关、歧谬等故意的反义也是一种移情，而都只停留在一种常态的研究中；而后现代又将"解构、游戏、混乱、反中心、反逻辑"等概念特殊化，认为它们代表了这个时代，揭露了将哲学建立为"真正科学"的幻想的破灭，哲学与人将一起走向终结。

而修辞学认为对于同一类型的修辞，它在"秩序感"与"陌生化"的拉锯之下，将有多重的表现方式，存在正向和反向的对立统一与摇摆两极：在常态基础（白描效果）上，有向"纯粹化"（夸张效果）与"巴洛克化"（歧谬效果）发展的两种对立倾向，而这两种倾向都通过对常态基础（白描效果）的相对关系以定位与观察。

因为这一统一，"矶崎新的异化修辞"、"彼得·埃森曼的弱意向"等概念就被修辞包容了起来，"后现代主义、解构主义"被囊括到一个统一的哲学体系之中与"现代主义、结构主义"并置，成为"语言结构"正向修辞和反向修辞的两种形式，当前时代没有陷入不可知论而成为特殊，哲学与人也还没有走向终结。

视觉修辞与语言修辞虽然并非严格的一一对应关系，但下表（表 6-3）可以帮助我们更好地理解常态修辞的白描效果、纯粹化的夸张效果和巴洛克化的歧谬效果，即"正向修辞和反向修辞

---

① 15 种流派之打蚊子 [EB/OL]. "创意一叮"微博 . http：//weibo.com/51chongwu.

视觉修辞与中文修辞的比较　　　　　　　　　　　　　　　表 6-3

视觉修辞	中文辞格		
	白描效果（常态修辞）	夸张效果（正向的放大修辞）	歧谬①效果（反向的放大修辞）
秩序修辞（形变）	排比、对偶	互文②、反复、顶真③	错综④
表现修辞（隐喻）	引用	仿词⑤	飞白⑥
	明喻	暗喻、隐喻	倒喻（逆喻）、反喻
	拟人	移就⑦	映衬⑧
	比拟、借代	象征、寄寓（寄托）	双关⑨

的统一"。

　　因此，修辞除可看做是"代数阶段的辩证法"外，也可以看成是"符号化的相对论"：首先，"隐喻和换喻/形变"本身就是能指、所指间相对关系的符号指代；由此而衍生的其他概念也都是因为各种环境、条件而"相对存在"。比如，"狭义"和"广义"就是相对的：巴洛克风格"相对于"文艺复兴古典"是广义的，然而相对于"后现代"推翻了上下、内外、表里概念的建筑，"巴洛克"显然又是狭义的；在"第 8 章：形式的自律"中，我们还解析了"隐喻和形变"、"复杂与纯粹"、"崇高与批判"等建筑学概念的相对存在与辩证统一。

6.2　叠加递进的修辞多维

　　《广义修辞学》中，提出了修辞功能的三个层面"修辞技巧、修辞诗学与修辞哲学"，这其实这就是修辞的微观层面、中观层面和宏观层面：

● 话语建构的修辞——修辞技巧

● 文本建构的修辞——修辞诗学

● 精神建构的修辞——修辞哲学⑩

　　以上三个层次，也可以叫作修辞的三级维度，但其实修辞的维度不只有三级，比如以张志公、胡裕树等为代表，也阐述过"用词、造句、篇章、语体"的四层划分体系。

　　但修辞的维度既不是三级，也不是四级，从柯布西耶的案例中我们可以看出，"辞格"以指数形式多维度叠加，每一维度都包含多种选择，从而变幻出无穷的结果，其中，辞格就是修辞的最小单元，修辞可以以辞格为基础不断叠加、迭代、组合，叠加的维度不限：

---

① 歧谬：歧义和谬论的简称，修饰过于夸张和夸大，使用荒谬的言语来加强文章的幽默感和打动力。

② 互文：也叫互辞，上下文义互相交错、互相渗透、互相补充来表达一个完整句子意思的修辞方法。

③ 顶真：也称顶针、联珠、蝉联，指上句的结尾与下句的开头使用相同的字或词，用以修饰两句子的声韵的方法。

④ 错综：使句子整散结合，为避免平板单调，故意写得长短不齐，参差错落，这种修辞手法叫错综。

⑤ 仿词：根据表达的需要，更换现成词语的某个语素或词，临时造出新的词语，临时仿造出新的词语，改变原来特定的词义，创造出新意，这种修辞手法叫做仿词。

⑥ 飞白：故意写白字，明知其错而有意仿效的一种修辞方法。

⑦ 移就：就是有意识的把描写甲事物的词语移用来描写乙事物。

⑧ 映衬：是利用客观事物之间相类或相反的关系，以次要形象映照衬托主要形象的写作技法。

⑨ 双关：在一定的语言环境中，利用词的多义和同音的条件，有意使语句具有双重意义，言在此而意在彼。

⑩ 谭学纯，李洛枫.修辞学批评：走出技巧论[J].辽东学院学报（社会科学版），2008，10（5）：68.

【{[(E^{R1}) ^{R2}]^{R3} } ^{R4}……=C 】→

【{[(多米诺体系^{建筑新五点})^{体块修辞}]^{空间修辞} } ^{界面修辞}……= 柯布的具体作品 】

6.2.1 辞格：修辞的最小单元

在《广义修辞学》的框架论述中，辞格是修辞的最小单元：

"作为话语建构方式的辞格技巧"就是辞格研究，处于第一个层面，但却是研究领域最狭窄、最小的微观层面，被桎梏于细枝末节的辞格细节上反复推敲；

"作为文本建构方式的修辞诗学"则上升到中观层面，超出了单个、具体的辞格范畴，进入到一个系统的整体修辞，这个系统可以是一幅图画、一次演讲、一篇小说、一场电影、一首歌曲，当然也可以是一个建筑；

"参与人精神建构的修辞哲学"则是最广阔的宏观层面，是当代哲学在"代数化阶段"后的认识论转向，它无所不在地影响到了语言、生活、行为、社会、文化、视觉的方方面面，也影响到了建筑学。

6.2.2 建筑诗学

亚里士多德在《形而上学》一书中将知识分成三类："数学、物理学和神学（即形而上哲学）"等是抽象程度较高的理论性知识；"政治学、伦理学"等是与人类生活有关的实践性知识；"修辞学、诗学"等是制造有用或美感的创制性知识。在这里，《修辞学》与《诗学》一同指向了实用的创造、艺术与美。

建筑学中有大量的以"诗学"命名的著作，比如：安东尼·安东尼亚德斯的《建筑诗学》、肯尼斯·弗兰姆普敦的《建构文化研究：论 19 世纪和 20 世纪建筑中的建造诗学》、《建筑的诗学——对话·坂本一成的思考》、亚历山大·仲尼斯的《古典主义建筑——秩序的美学》[①]、巴什拉的《空间的诗学》等。无论古今中外，建筑学家们都太习惯于用"诗学"这个词汇来引出自己的观点，但很少有人追根溯源地去思考"诗学"的含义。

在《建筑诗学》的开篇，作者这样描述"诗学"的内涵[②]：

> "诗学"（poetics）这个术语向来带有神秘色彩。从遥远的柏拉图和亚里士多德时代，到如今的加斯东·巴什拉和伊戈尔·斯特拉文斯基[③]，人们一直用这个词语来描述起源的美学、空间在质的成分及音乐的形成。诗学这个词源于一个希腊语动词，其意义仅为"形成"（to make）。空间的形成、音乐的形成、建筑物的形成……诗歌的形成……因为很多人总是把它与诗歌联系起来，所以造成了词语运用上的混淆；其实，诗歌的创作仅仅只是创作的诸种形式中的一种而已——通过语言进行创作。然而，诗学远远超出了其语义学的意义。所有讨论诗学的鸿篇巨制和我们手上的这本书，都通过美学的透镜来讨论艺术作品的"形成"；也就是说，到目前为止，诗学一直被称作为"创造"的艺术通过深思熟虑，

---

① 原名是"Classical Architecture：The Poetics of Order"，但翻译的中文标题是《古典主义建筑：秩序的美学》，"美学"确实比"诗学"更能够让非建筑学专业的中国人理解其内涵。

② [希腊]安东尼·C·安东尼亚德斯. 建筑诗学——设计理论 [M]. 周玉鹏等译. 北京：中国建筑工业出版社，2006：导言.

③ 美籍俄国作曲家、指挥家和钢琴家，西方现代派音乐的重要人物。

反复推敲的所谓"好"的途径，亦即就"好"而言的各种可能的创作方法的前景或它们之间的微妙差别来进行的。

以上解释将"诗学"定义为关于"创造"的学科，然而这个解释还是不够精确，本书对于"诗学"有两种意义上的解读：

6.2.2.1 系统修辞

首先，"诗学"（poetics）的复数形式表明它是"辞格"在系统中的一系列集成与编织，"建筑诗学"就是多种手法在一个建筑系统中的集合与运用：建筑要真正达到自由，不仅其功能、空间、结构等每一种语法都要从整体中拆零打散，成为独立的系统，其每一种语法也都要经过辞格的意义偏移，各自独立调整完善再重新组合，这才真正是格罗皮乌斯的话："我们寻求新方法，而不是风格"。

如果说"辞格"对应单一的变形技巧，是分解的、纯粹的；那么"诗学"对应的就是系统的修辞，是整体的、集成的、复杂的。中国古代修辞中有"有句无篇、有篇无句、有篇有句"[①]的不同评价，意即存在"句修辞、篇修辞"的不同层次，"诗学"在其中就属于"句修辞、篇修辞"的系统层面。

《广义修辞学》中说"修辞作为话语建构方式和文本建构方式，存在着某种同构性"[②]，也就是说，"系统修辞"与"微观辞格"同源：罗兰·巴特认为"叙事作品是一个大句子"，海登·怀特将历史文本看成"四种比喻辞格"，而我们也就可以把一个建筑作品看成一个大表现，包括宏观层次的隐喻与形变。

《建筑诗学》中列举了"幻想、比喻、矛盾与形而上学辩证法、原始与未触及的朦胧、诗歌与文学、外来与多元文化"等多种不可感知渠道，也包括"历史与对先例的学习、模仿与直译、几何、材料以及自然的作用"等多种可感知渠道，"为诗学（创作）找到了两种可能性：简单模仿和动态改进"[③]，这其实就是隐喻和形变在宏观系统上的使用，两者加起来就是"以诗学为名"的"系统修辞"。

6.2.2.2 系统隐喻

而"诗学"严格意义上的第二种含义也就随之而出现，诗歌作为"隐喻型话语"的代表，"诗学"从狭义定义而言，就只是系统层面的"隐喻指向"。从柏拉图《理想国》延续至今的"诗与哲学之争"[④]，其实就是上升到系统层面的"隐喻与换喻之争"，在视觉领域则是"隐喻与形变之争"：

纵观西方思想史，柏拉图对诗及诗人的谴责、亚里士多德为诗的辩护、奥古斯丁和波依修斯对诗的摒弃、中世纪的"销毁偶像运动"、锡德尼和雪莱的"为诗辩护"、维柯的"诗性智慧"、黑格尔让哲学取代诗的"艺术消亡论"、尼采的"诗性哲学"、海德格尔关于"诗"与"思"关系的思考、维特根斯坦的"哲学的疾病"理论、施特劳斯的"回归古典"与"政治哲学"、德里达的"反逻各斯中心主义"和"白色神话"、罗蒂提倡的"教化哲学"等，

---

① 有句无篇：指通篇结构不太完整，感情意境不太贯通浑融，却有警句、点睛之笔。有篇无句：指通篇结构完整，感情意境贯通浑融，却没有点睛之笔。有篇有句：有警句、点睛之笔，通篇结构也完整，感情意境亦贯通浑融。
② 谭学纯，朱玲. 广义修辞学 [M]. 合肥：安徽教育出版社，2007：2.
③ [希腊] 安东尼·C·安东尼亚德斯. 建筑诗学——设计理论 [M]. 周玉鹏等译. 北京：中国建筑工业出版社，2006：导言.
④ 张计连. 回归古典和"诗与哲学之争"[J]. 广西大学学报（哲学社会科学版），2010，32（4）：52.

这些背后都直接或间接地隐藏着"诗与哲学之间的纷争"。

在《诗与哲学之争》一书中,作者尽管相信"艾略特所阐明的真理:诗与哲学是关于同一世界的不同语言",但是,他也了解"两种语言之间具有不可调和的紧张关系",所以,将"诗与哲学之争"改换为"诗与历史之争"、"神话与哲学之争"其实都不改变其本质,亚里士多德的两部论著——《诗学》和《修辞学》,其实就是"诗与哲学"分别的语言运用。

建筑学中也存在"诗与哲学之争",即建筑的"艺术路线与技术路线之争"、"感性与理性之争"、"修辞与语法之争"……因为一直以来,只有"隐喻"才被看成真正的修辞,而"形变"则不属于艺术,这才是"诗与哲学之争"的问题真正所在。

6.2.2.3　互文性:放大的辞格 & 系统的混杂

我们仍然可以像研究"辞格"一样地去研究多维混杂的"系统修辞",比如,20 世纪 60 年代出现了互文性(intertexuality)概念,即两个或两个以上文本间的比较关系,它提出了多种互文类型,其"文本间性、副文本、元文本、潜文本"等其实就是"表现变形、换喻变形、元符号、隐喻变形"等微观辞格在系统层面的"等比例放大",把这个方法移植到建筑之间,就是研究"系统修辞"直至"建筑批评"的有效武器。

不过,无论以上哪一种含义,"修辞系统"都意味着多种辞格的混杂,是有主有次、有同一有对立、有相关有矛盾的多样性的混杂,我们一旦意识到这种系统的复杂性,就将为"建筑的修辞研究"摆脱微观化、纯粹化、机械化、技巧化起到很大的帮助,只有辩证看待修辞、看待诗学,才有可能摆脱非此即彼、非黑即白的机械分析论,破解"隐喻与形变之争"。

在实证主义者眼中,科学和诗是两种完全不同的话语体系,科学所使用的语言是精确的、标准的,而诗歌所使用的语言则是含混的。人们对科学成就的崇拜导致人们以为科学所使用的语言是常规的和标准的语言。但理查兹否定了科学和诗之间的这种尖锐对立,他指出,从科学到诗是语词对语境依赖性逐渐增加的渐变序列的两端,在这两种话语体系中语词的意义都要依赖于语境,只不过相对的程度存在差别。

同样,纯粹而孤立的"微观辞格"也只是一种研究方式,并不是实际状态,"修辞"研究一旦上升到系统层面,也就成为"混杂的修辞",而"广义修辞"从根本上是要找到一套行之有效的方法论,解读"混杂"下的"修辞世界"。

6.2.3　修辞哲学

正因为"能被理解的存在就是语言"[①],而"人只有借助语言来理解存在,人的本质是语言性的,语言不只是工具或表意符号系统,而是我们遭际世界的方式,而我们掌握语言的同时,我们也为语言所掌握",因此,立足于语言之上的"修辞"从哲学高度而言也成为人类生存的方式:"人是语言的动物",而"人一旦运用语言,就不可避免地进入修辞"。

当诗学从"独立辞格"向"系统修辞"延伸时,哲学则从"语言方式"向"存在方式"提升修辞的地位。因此,自亚里士多德以来的西方修辞学大师,往往都在修辞学、文艺学、哲学以及延展领域同时发言(表 6-4),因为修辞早已深入到思维、知识、历史以及意识形态的建构中去:

---

① 存在主义哲学家伽达默尔名言。

修辞学家涉猎领域简表 ① 表 6–4

人物	学术领域	主要著作	人物	学术领域	主要著作
亚里士多德	修辞学	《修辞学》	伯克	修辞学	《动机语法学》
	文艺学	《诗学》			《动机修辞学》
	哲学	《形而上学》			《宗教修辞学》
		《政治学》		文艺学	《作为象征行动的语言》
		《伦理学》		哲学	《文学形式的哲学》
		《物理学》			《反论》
理查兹	修辞学	《修辞哲学》			《永恒与变化》
	语义学	《意义的意义》			《对历史的态度》
	文艺学	《美学基础》	福柯	话语修辞	《疯狂史》
		《文学批评原理》		史学	《性史》
		《实用批评》		医学	《事物的秩序》
		《科学与诗歌》		经济学	《知识考古学》
				犯罪学	《权力 / 知识》

6.2.3.1　修辞的动机

首先，修辞哲学让我们更为重视建筑师、建筑理论、建筑设计的"动机"问题，并认为这是推动建筑视觉形式发展的根本动力，以及间接推动了建筑学。

所谓"动机"，即从古希腊至今，修辞一直无法摆脱的目的性。肯尼斯·伯克的《动机语法学》和《动机修辞学》研究的不只是狭义的表达动机，而是从人类的行为动机去追寻哲学的基本认知，在此基础上，伯克的《反论》《永恒与变化》《文学形式的哲学》等著作影响深远，伯克也被誉为"亚里士多德第二"而成为 20 世纪最伟大的修辞学家。

如果把伯克对文学的认知移植在建筑学上，那就是：建筑作品是建筑师的武器，并非大多数人表白的"为艺术而艺术"或"为建筑而建筑"，作品与理论本身是有目的性的，是建筑师的自我显示，所以是一种修辞。因此，伯克将文学形式定义为"对欲望的激起和满足"，将语言戏剧运作的过程描述为"污染→净化→拯救"，这些理论均成为下一章的重要哲学基础。在"第 8 章：形式的自律"中，我们将建筑视觉形式定义为"建筑师对自我实现欲望的激起和满足"，将其演化过程描述为"在陌生化动机驱动下，隐喻形变的交织演进"。

伯克说："哪里有意义，哪里就有劝说"，"哪里有劝说，哪里就有修辞"②，修辞动机将"意义"与"修辞"联系了起来，点出了"修辞"的根本驱动力是追求"意义的劝说"，这直接点出了"语言 / 概念 / 符号 / 文本"等不同领域、不同命名的各要素与"意义"之间的关系是由"修辞"建构。从这一点而言，修辞学对于"意义"的理解不同于"结构主义语言学"中"语言—语义、能指—所指、概念—意义"的静态对应关系，而转化为由心理欲望驱动的"修辞动机—意义表达"的动态演化关系。

因此，这就点出了"建筑内涵"之所以走向视觉化的根本所在：各种建筑作品是否被接受，除了满足基本的设计标准（如功能合理、流线清晰、技术满足、造价合适等属于语法的范畴）之外，

① 谭学纯. 国外修辞学研究散点透视——狭义修辞学和广义修辞学 [J]. 三峡大学学报（人文社会科学版）. 24（4）：10.
② 伯克的原话是颠倒的："哪里有劝说，哪里就有修辞；哪里有意义，哪里就有劝说"。

还有更大一部分原因在于其是否能够"说服"甲方或大众,从动机上看,直接用视觉的方式是最快速、最省力、最直接和最打动人心的。这就是第 1 章中各种"建筑内涵与本质"走向"视觉隐喻"的直接原因,并且,这种"从形式到视觉形式"或者我们说"从本质到表象"的建筑学发展还将持续并不可避免。

6.2.3.2　修辞的真理

1930 年,海德格尔发表了其晚期的重要演讲《论真理的本质》,认为原始的真理具有"澄明"与"遮蔽"的二重性,这也就代表着海德格尔的存在主义从"认识论"转向回到了"本体论",因为他提出了"解蔽的真理"和与此相反的"作为遮蔽的非真理"或"作为迷误的非真理",也就是承认有一种超然的、纯粹的、孤立的、绝对的真理存在。然而,真正"认识论"下的真理观并非如此,它们怀疑"绝对真理"的存在,因此也就没什么所谓"遮蔽与解蔽"。

1957 年,罗兰·巴特发表了《神话学》,书中 53 篇文章并不真的在说神话,"一个更加准确和轰动的表达应该是:你正在被洗脑!"① 同样,在社会学、政治学以及其他人文学科中的所有终极概念,都通过"将自己修辞为真理"而存在,都是将"历史的决定"修辞为"自然的法则"以达到"劝说"的目的,这个过程被罗兰·巴特称之为"神话"。建筑学也不例外:"哥特建筑对于上帝的尊崇"、"文艺复兴对于比例的迷恋"这两个神话已经被时代破解,但是,现代主义直至今天,对"科学、技术、进步、发展"压倒一切、牢不可破的信仰依然存在,难道其中一丝"被修辞"的成分都没有?这从哲学角度讲不通。

作为认识论的修辞哲学对"真理"这一存在是怀疑的,这也使我们开始质疑"结构、材料、空间"等那些至上的建筑词汇,并质疑建筑理论中所谓"本质、客观、逻辑、原真"直至"每个时代所确立的语法"等诸多问题的天然正当性。"修辞不是只是使真理更有效,而是具有认知功能的,是创造真理的"②,这也就是说,修辞不仅参与了真理的表述,而且参与了真理的确立,真理之所以成为真理,离不开修辞的作用。因而,真理不是终极的,而是相对的;不是被遮蔽或解蔽的,而一直是被修辞的。

这也是本书要将题名限定在"建筑视觉形式"上的根本原因,到底是"建筑本质"决定"视觉形式",还是相反?建筑师对"建筑视觉形式"的表达欲望影响和参与了"建筑本质"的确立过程?如果本书还是采用"建筑形式"这一类标题,也许就又陷入隐蔽的、韬晦的学科修辞之中。

罗兰·巴特写《神话学》的目的是破解神话,力图揭示种种被伪造的"自然法则",在他的眼里,世界不再是原始本体论所能解释的,在简单事实的背后都隐匿着复杂的立场、价值判断和别有用心的甚至是阴险的含义。而本书"第 10 章:影响的他律"也是建筑学试图"破解神话"的过程:"形式间性"破除了"崇高"的崇高性、"批判"的批判性,认为优美美学与堕落有相通之处,崇高美学与专制有联系;"主客体间性"破除了建筑艺术这件事情本身的崇高性,认为大众艺术是一种直白的煽情,小众艺术则是一种巧妙的伪装;"历史间性"则是对历史价值的回顾与整理,破除掉历史上对于"历史神话"的拔高和贬低,同时破除"隐喻"的神圣性、强调"换喻"的不可或缺;而最后的"文化间性"则是对"地域性神话"的破解。

---

① 薛巍 [EB/OL]. 三联生活周刊. http://www.lifeweek.com.cn/2012/0531/37414.shtml.
② R·什尔维兹. 修辞的"认知性":对"新修辞"运动认知论的淡化 [M]. 顾宝桐译 .K·博克等. 当代西方修辞学:演讲与话语批评 [M]. 北京:中国社会科学出版社,1998:176.

不过，现代修辞学和激进叛逆的尼采、拉康不同：尼采①排山倒海式地发难，将苏格拉底、柏拉图斥为"最有害的一群人"，称"谎言为真理"；但是，修辞学却认为"真理"的反对面不是"谎言"，而只是"绝对真理"。"真理"确实通过"隐喻、转喻和拟人法"的修辞确立，但现代修辞学继承海德格尔的理智清算，认为它固然并非"流俗的真理概念"，但其建立也有其"适合性"，因此，我们对于真理的态度不应该简单批判，而必须既破解又运用。

6.2.3.3 修辞的学科

再次，修辞哲学颠覆了我们对于"学科理论"的认知，并进而开始认识到"学科意识形态"的存在。

科学哲学家库恩认为，科学虽是个体的工作，但学科从来就是集团的产物。他认为，科学赖以运作的理论基础和实践规范，实际上是从事某一学科的研究者共同遵从的世界观和行为方式，学科的发展不是通过发现新事实，而是通过学科内部集团与集团间辩论的方法实现的。从这个意义上说，学科通过修辞而确立。②

有一种常见的误解：数学作为一门绝对科学是非修辞的，但实际上，当我们用"哲学的代数阶段"指代"语言转向"时，反过来也就意味着，所谓"代数"其实就是"数学的隐喻"。布莱克在《模型与隐喻》中指出，如果没有隐喻，数学不可能产生，每一种学科都必须始于隐喻而终于代数，从这一角度而言，每种学科的研究方法都将始于"语言"而终于"修辞"。而学科理论则是不同的隐喻体系辩论的结果，胜利者可能够获得"隐喻"的定义权。我们可以从更广阔的历史与地域范围来假设数学学科的建设，如果是中国人首先创立了"代数"，那么现在常用的"X、Y、Z"会否换成"甲、乙、丙"而被全世界接受呢？如此看来，即便是数学、物理学这类绝对科学主义主导的学科也是修辞性的，更不用提横跨科学、艺术与人文的建筑学科。

传统修辞学重视"有意为之的修辞"，而现代修辞学更为关注的是那些"无意识的修辞"，而学科内部的"无意识修辞"就导致"学科意识形态"的存在，因为，"真理与权利不可分离"③。

塔夫里用《走向建筑的意识形态批判》来破解现代主义建筑的神话，从而将意识形态拖入建筑学内部，然而，他初期的理论并没有脱离政治学范畴，而是严格地采用马克思主义原理来对资本主义建筑大生产进行阐述，其中心论点是："建筑，自启蒙时代以来，已经成为资本主义的意识形态工具"；直到塔夫里后期转入历史研究，他才开始直言不讳地指出："这是一项历史研究，而不是革命行为"。在此，我们往常所理解的"意识形态"扩大化了，不仅社会学、政治学有意识形态问题，所有学科的内部也都存在"学科意识形态"，塔夫里所谓的"历史问题"，即"建筑学对历史的态度"，也是"学科意识形态"的一种承载。

但"学科意识形态"还远远不止于"历史问题"，本书的第10章不仅"破解神话"，其实还隐含着建筑学为争夺"真理"阐释权所展现的各种"学科意识形态"：崇高还是批判？大众还是精英？拔高历史还是贬低历史？隐喻为先还是形变为先？民族主义还是全球化？为什么总是会出现"先被踩到脚底、再咸鱼翻身，或者先被捧上神坛、再拉下马来"的建筑史翻转剧，这往往是"学科意识

---

① 19世纪末，尼采向对科学认知及其辩护者所依赖的概念发起挑战。他认为，我们通常心满意足地称之为"真理"的东西不过是一种社会性的安排而已，并非意味着我们的确瞥见了最终的真实。如果科学家和哲学家们不这么认为的话，那他们是在用一个远非客观和中性的语言构造了一个自己愿意相信的世界，而语言绝不是客观和中性的，它永远是有偏向性的、带有价值倾向的、有目的性的，简而言之，是有修辞性的。

② 邓志勇. 西方"修辞学转向"理论探源 [J]. 四川外语学院学报，2009（4）：102.

③ 福柯秉承了尼采的思想，认为真理同权利是不可分离的，他通过"考古学"和"系谱学"的研究方法，颠覆了主流思想的"霸权主义"，消解了启蒙运动的"永恒真理"。转引自：邓志勇. 西方"修辞学转向"理论探源 [J]. 四川外语学院学报，2009（4）：102.

形态"，而不仅仅是"政治意识形态"在其中作祟。

当然，学科意识形态受到社会、政治意识形态的影响，但有时并不是同步的反映，其中存在着错综复杂的对应关系，而强大的的建筑教育体系，则是学科意识形态中最有力的一环。

6.2.3.4　修辞的意义

最后，修辞哲学消解了"能指"与"所指"的一一对应，促使对绝对意义的否定，然而，修辞学也不赞同后现代的"意义虚无主义"。英国文艺评论家理查兹在《意义之意义》一书中提出，意义不是与生俱来的，"意义即阐释"，在这种背景下，许多人从文学批评转向修辞学，而同样，当代的建筑批评也应转向修辞学。

建筑批评的典型架构可以在修辞学的指导下予以重构，从关注批评主体转而关注接受客体，从关注孤立作品转而建立比较网络，在这一过程中，第 8 章和第 12 章可以指导我们建立建筑批评的修辞演化路径和比较网络，以此描述出批评对象在路径和网络中与其他作品、理论、建筑师的折射关系；第 10 章则可以指导我们建立意识形态背景分析的大体架构。

修辞批评将不仅仅只阐述主体的意义，因为"作者已死"，而应该更多地关注客体的意义，其批评角度不仅在于作品或建筑师本身的符号诠释、手法描述、得体与否，还应当深入到设计师的内心原型、修辞动机、学术源头，而这往往是无意识的，还应研究接受客体的社会环境、经济状况、大众预期、流行理论等。正因为意义的结构被置于即时的、或然的和不明确的语言舞台，而修辞批评的任务不是否认意义的存在，而是要将这一舞台加以描述，进而将意义阐释出来。

总而言之，"修辞转向"促使了哲学研究对象、视角和方法的变化，是哲学力图克服逻辑经验主义、科学绝对主义的必然结果，是当代重新走向"认识论"的可能选择，它必然深刻而广泛地影响到建筑学的理论体系。

同样，这也表明，从原本追求"真实性"和"客观性"，当代的建筑视觉形式向"图像化"和"表现化"在不断发展，这不仅是在科技层面出现了新技术的支撑，而且是在哲学的世界观、价值观上出现了新的理论动向。

演 化 篇　建筑视觉形式的历史循环

第 7 章　历史叙事的演化框架

"辞格"属于共时研究，是机械的、纯粹的、独立的，它排除掉时间、历史、语境、社会等外部条件，将建筑的视觉形式还原到静止状态下、在封闭结构中作研究，带有结构主义重视形式内部、忽视意义与内容的传统缺点；然而，"修辞的诗学与哲学"则必须广泛涉猎历史、批评、意识形态等多重领域，它是混杂的、暧昧的、复合的、被多重因素所影响的，要给出各种外部条件的影响因子。因此，"广义修辞学，不是狭义修辞学经验系统内的自我扩张，而是一个双向互动、立体建构的多层级框架"[①]，其研究方法不应局限于将"辞格研究"的同比放大。

7.1　修辞的历史化

然而，众多微观的"辞格"如果不用分类和定义的方法串联起来以形成宏观，那么，要用什么方法才能将它们集中起来，成为可理解、有逻辑、可贯穿的一个整体，最终形成有关意义、理解、伦理、判断等深层次的问题解读呢？海德格尔的《存在与时间》给出了我们答案。

关于哲学的三大问题"我是谁？我从哪来？我到哪去？"，如果说针对第一个问题，海氏给出了"存在、此在、存在者"等具体而微的解答，那么，针对第二和第三个问题，海氏则给出了"时间"这一关键性要素，是《存在与时间》这一书名，而不是《存在与此在》或是《存在与存在者》，这表明了"时间"这一概念的重要性，海德格尔把"时间"如同"语言"一样本体化了。同样，微观辞格关键性的串联因素也基于此，我们只能采用"历时"的方式来串起一系列复杂，从"时间"的流逝中去描述"演化"，用以追寻概念与意义。

如果说，存在主义重视的是"曾在、眼下和将来"的时间三态，那么"修辞学"强调的就是由"之前、之后"往复运动连绵不绝而形成的"演化"：不同于存在主义，从修辞学看来，是"存在"在"流俗时间"中的一个个切片形成了"此在"，因而并没有一种能使我们领悟存在的特殊存在者，我们只有通过一个个时间切片的"相对"分析，才能够最大可能地靠近和领悟"绝对"。

前面我们提出，修辞学除可看作是"代数阶段的辩证法"外，也还可以看成是"符号化的相对论"，因为修辞学的所有概念都是"相对"的，其"相对"的主要坐标轴就是"时间轴"，所有的"修辞学概念"都在与它"之前"和"之后"的比较中获得相对定义：就像解释学中，理解的完成依赖于理解的"前结构"，"前结构"反过来又影响到"下一次理解"；而建筑视觉形式只有在与它"之前"和"之后"的形式对比中，才可以产生意义、审美或价值判断。这就像"一个人做了一辈子好事，但最后做了一件坏事"和"一个人做了一辈子坏事，但最后做了一件好事"，世人却对两种情况存在着不同的评价，如果我们用运动演化的角度看，似乎从中就可以得到合理的解读。

我们将"时间"的片段串联起来，就形成了"历史"的"演化"，艾伦·科洪就认为："在美

---

① 谭学纯，朱玲. 广义修辞学 [M]. 合肥：安徽教育出版社，2007：2.

学系统中对历时维度的研究承担了特别重要的任务，因为发生在美学系统中的变化是革命性和有意识的，这些变化直接与意识形态相关，而且意识形态只能在历史的文脉中被了解"①。

因此，"修辞的演化"将从前后对比中来得到定义、从历史脉络中去寻求意义，这使得我们可以总结过去，并可观未来。

7.1.1 历史叙事的修辞

要谈历史，首先要谈"历史的体系"。人们常把"艺术的历史"（history of art）和"艺术史"（art history）相混淆：前者只是一种机械收集与资料排列的窠臼；只有后者才意味着历史研究的超越，进入到一种关乎理性的结构体系中去。

7.1.1.1 历史的终结？

建筑的视觉形式与世界上的一切生命一样具有生、老、病、死的演化过程，这种演化过程的研究首先基于"普遍史"的宏大叙事，在 18~20 世纪关于"艺术史"的哲学美学背景中，表现为一种"风格史"。

普遍史研究很早即已出现，从 18 世纪晚期的德国古典哲学中，康德、赫德尔和黑格尔等哲学家逐渐形成了系统的历史哲学观念；而后，他们的唯心史观被马克思所扬弃，从而诞生了基于辩证唯物主义和政治经济学的唯物史观，这对 19 世纪以来，直至卢卡奇和汤因比的西方史学理论产生了巨大影响；但与此同时，在另一派历史学家中逐渐产生了一个对立的观点，即历史学本身的主观性与当下性，从而否认了历史的客观主义。②

在普遍史的影响下，艺术史的"历史叙事"早在 18 世纪就由温克尔曼提出，但贡布里希弃温克尔曼而尊称黑格尔为"艺术史之父"，这应该归于黑格尔《美学讲演录》的巨大影响，"历史主义"③与"时代精神"④的理念功不可没，两者相结合就是"历史决定论"，即历史是有规律可循的，可测过去、可估未来。

但实证主义者则是另一种观点，与黑格尔重视演绎逻辑的史学观正好相反，他们认为历史研究应该像自然学科一样拥有客观的技术方法体系，效忠于历史事实本身。而当"实证主义"与"历史决定论"相结合，就带给"艺术史"以启示，即在大量编年素材的基础上进行历史的主观叙事。从此，艺术作品具有了史料和史观的双重性质，这种史料和史观的结合引出了艺术史的核心范畴——风格史。而在艺术史的影响下，一直贯穿于古典建筑史的就是"风格史"。

但现代主义之后，建筑风格史的叙事被边缘化了：格罗皮乌斯概括"我们寻求新方法，而不是风格"；柯布西耶也强调"风格是谎言"、"是插在妇女头上的一根羽毛"、"建筑艺术与各种风格毫无共同之处"⑤；密斯对一切理论、教条、形式主义进行猛烈抨击，认为建筑不是要确立一种风格。

---

① [英]艾伦·科洪. 建筑评论——现代建筑与历史嬗变 [M]. 刘托译. 北京：知识产权出版社，2005：118.

② 伍维曦. 历史学、艺术学与音乐史学——音乐史研究中的历史学视阈及其与"艺术史学"的关系 [J]. 中国音乐（季刊），2012，1：155.

③ "历史主义"第一次把整个自然的、历史的和精神的世界描写为一个过程，这个过程处在不断的运动、变化、转变和发展中，黑格尔以进化论的模式来阐述艺术史，即历史由低级向高级发展，在"正—反—合"的辩证运动中升华。

④ "时代精神"是指每一个时代都具有笼罩着它的精神氛围，或弥漫于每个时代人们心中普遍的情感或意识，而艺术形式就是这个特定时代精神、道德趋向的表现。

⑤ 参见顾孟潮：当代中国建筑艺术的危机与其他.

　　然而，当代发生的故事是：不仅仅是"风格史的叙事"被边缘化了，连"叙事"这一历史学的根本概念现在都已被质疑。在胡塞尔、维特根斯坦、加达默尔等学者的推动下，传统哲学发生了重大转向，走向了新一轮的本体论、存在论。但是，关于本体的一元论对应复杂性局面的无能导致"能指的狂欢"，稳定的意义不复存在，只好强调叙事的异质性、多元性和相对性，由此导致的是历史学的核心问题"叙事史学"落伍了。

　　20 世纪晚期，黑格尔的"艺术终结论"由美国艺术评论家阿瑟·丹托重新阐述，几乎在同一时间，德国艺术史家汉斯·贝尔廷于 1983 年也出版了《艺术史的终结？》，就像美国学者福山提出"历史的终结"①，也有人提出"建筑史的终结"。以上种种"终结论"表明，不仅是风格史落伍了，而一向支持艺术史的结构性体系也就此寿终正寝，艺术史正出现危机：首先，历史不再沿线性路线向前发展，成为不可预测的未来；其次，理论不再能提出解决问题的有效途径，成为不可捉摸的科学，而最近这几十年，建筑史与建筑理论也遭遇同样的问题，陷入学科的危机。

　　阿瑟·丹托强调，他的"艺术终结论"不是指"不再有艺术"，而是指"宏大叙事"的终结，"今天的艺术是在没有任何宏大叙事的结构的艺术世界中生产出来的"②。所谓"宏大叙事"就是"元叙事"（meta narration），历史的元叙事是一种完满的历史设想，利奥塔认为，社会的"现代性"由元叙事构成，比如近现代出现过"历史进步的元叙事"、"启蒙解放的元叙事"、"马克思主义的元叙事"、"民主自由的元叙事"、"民族独立的元叙事"等。而后现代不仅怀疑以上各种概念，并且怀疑元叙事本身的存在，因此要"把目光聚焦于单个的事件上，从而把宏大叙事抛弃"，要将"宏大叙事"让位于"小叙事"。

　　有人将建筑史研究分为四类："历史主义的研究；考古学式的研究；谱系学式的研究；解释学式的研究"③。就如同"古希腊建筑的元叙事"终结于温克尔曼提出的"模仿的衰落"、"哥特式建筑的元叙事"终结于宗教的衰落、"文艺复兴建筑的元叙事"终结于手法主义的滥觞，而当代以来，"现代主义建筑的元叙事"也已经终结于后现代的多元主义。因此，建筑史的"宏大叙事"终结了，"历史主义的研究"就此落伍，就好似现在的建筑史只剩下一些历史的缝隙，我们的任务只剩去缝补这些历史缝隙，考察历史的局部、片段，从犄角旮旯里寻找建筑史的"小叙事"。所以，像纳博科夫一样阅读建筑的理论家们越来越多，《文学讲稿》中纳博科夫从细节着手，将一部文学机器一个一个零件逐一拆解，具体而微地审视，"读书读得像侦察"④，这就如同阿恩海姆曾经发出的感慨，建筑作品"成为一具小而精致的尸体，被一大群焦灼而急切的外科实习医师和化验员共同解剖"⑤，建筑的理论研究开始"碎片化"。

---

① 1989 年，美国新保守主义期刊《国家利益》发表了《历史的终结？》，标志"历史终结论"作为一个完整的理论体系正式出笼。冷战结束以后，如何评价资本主义制度和社会主义制度及其命运，成为东西方理论界普遍关注的现实问题，在这一背景下，日裔美国人福山抛出了"历史终结论"。在他看来，苏联解体、东欧剧变、冷战的结束，标志着共产主义的终结，历史的发展只有一条路，即西方的市场经济和民主政治。人类社会的发展史，就是一部"以自由民主制度为方向的人类普遍史"，自由民主制度是"人类意识形态发展的终点"和"人类最后一种统治形式"，从此之后，构成历史的最基本的原则和制度就不再进步了。

② [美]阿瑟·丹托. 艺术的终结之后 [M]. 王春辰译. 南京：江苏人民出版社，2007：76.

③ 王贵祥. 建筑历史研究方法论问题刍议. 建筑师论文集（第 14 辑），2001. 221：历史主义的研究注重总结性，讲求事物发展的连续性与规律性；考古学式的研究注重描述性的东西，注重事务的片段、局部、细节；谱系学式的研究注重描述性与解释性，注重事情的断裂、分叉、变异及彼此的关联；解释学式的研究注重符号性与分析性，注重内在的结构、文化的关联及象征的意义。

④ 陈樱. 读书读得像侦察——读纳博科夫的"文学讲稿"。

⑤ 阿恩海姆. 艺术与视知觉 [M]. 孟沛欣译. 长沙：湖南美术出版社，2008：1，引言.

7.1.1.2 叙事的复兴！

但是，在当代哲学尤其是历史学的"修辞转向"下，"叙事史学"又重新焕发生机，这被称为历史学的"叙事转向"（narrative turn），美国历史学家海登·怀特是这一转向的关键人物，其主要著作《元史学》主宰了近几十年来的历史学，他就认为"叙事一直是并且继续是历史著作中的主导性模式"[①]。

因为，只有"叙事"才能赋予历史以"意义"，而只要表达"意义"就会出现"历史的修辞"："人们虽然经历真实的历史，但只生活在呈现及观念历史中，并通过观念不断地从记录的历史中寻找依据，寻找所谓真实的历史。历史由真实的历史和呈现的历史推动，又由观念的历史和描述的历史消解"[②]，所谓"消解"就是"修辞"。

所以，"历史学的叙事转向"等同于"历史学的修辞转向"，历史著作本身就是一种言辞结构，正因为"历史叙事"不可能足够长到100%呈现真实历史，所以它由特定的视角、观点、立场所选取，无论有意还是无意，其阐述都离不开历史学家的立场预设。因此，历史永远是一种被修辞的故事，并不完全的客观和科学，历史文本的撰写其实就是历史的修辞过程，"历史叙事"就是历史学家从主观出发对历史的修辞。而如果我们离开了"历史的叙事修辞"，也就谈不上什么"从演化中寻求意义"了。

与建筑视觉形式的"表现修辞"一样，怀特的"历史修辞"也源于文学的"比喻修辞"，包括隐喻、换喻、提喻和反讽四种辞格[③]，在这样一个过程中，历史的修辞预设将优先于任何层面，以往"创造、建构、想象"等受排斥的因素也通过这一崭新定义进入历史学的核心地带：

> 隐喻——它所建立的是两个对象之间的类比关系。我们在历史著作中常常看到，以植物的生长、繁茂和衰败来类比一个民族或文化的兴衰起落，或者以凤凰涅槃、浴火重生的意象来表述个体或民族经历危机而重新焕发活力的历程。

> 转喻——其特征是把整体还原为部分，如将对殖民主义的个别抵抗行为视作给第三世界的民族主义赋予了意义，视作某种普遍现象的代表；又如以伏尔泰一生言行作为启蒙运动的人格化身。

> 提喻——与转喻相反，其运作方向不是从部分到整体，而是从整体到部分。由"一切历史都是阶级斗争的历史"（马克思）或"一切历史都是贵族的灵床"（帕雷托）这样对全部历史的意义作出判断的命题出发，一切个别事件或事件组合都由此得到理解并获得其意义。

> 反讽——对于某种关于历史的判断采取怀疑主义或犬儒主义的否定态度，以展示出与之相反的意涵。

因此，不同于传统历史文本的隐性预设，用"修辞"阐释建筑视觉形式的演化，本身就成为一种主观的"历史叙事"，如何建立完整的、清晰的、自圆其说的叙事逻辑是显性且第一位的，这是一个带有比喻性的想象过程，这种视角将使本书的写作呈现出与传统文本迥异的模式，这也使得叙事逻辑的建构成为"修辞历史"的核心问题。

---

① 海登·怀特. 文学理论与历史著作. 转引自：彭刚，2009：7.
② 周思中. 历史学与艺术史学的结构 [J]. 装饰，2010，201（1）：116，摘要.
③ 彭刚. 叙事、虚构与历史——海登·怀特与当代西方历史哲学的转型 [J]. 历史研究，2006（2）：27.

7.1.2　修辞的历史叙事

历史发展总是"否定之否定"的，后现代史学的"碎片化"现已成为当下反思的对象，于是又重新出现重建与回归"宏大叙事"的趋向。然而，"历史叙事的修辞"只是说明了"历史叙事"的必然，但并不代表"宏大叙事"的必然，如果想重建建筑学的"宏大叙事"，还需要从"修辞的历史叙事"中去寻找。

7.1.2.1　语法的风格史

对于 20 世纪前的建筑学，其关键词是自 17 世纪起开始盛行的"风格"，但风格是表象、是某一时刻的切片、是外在的表现形式，背后一定要有推动的"方法论"。而只有论证能逻辑清晰、自圆其说地描述"风格的演变"时，才构成了完整的"风格史"，即一种完满的"风格叙事"。

然而，自温克尔曼的《古代艺术史》以来，直到现代主义建筑运动，在各种"建筑风格"的历史叙事中多数都存在着一个潜台词，即所有的叙事角度都基于"某种本质"的阐述，当然，历史上林林总总看待"本质"的角度很多元：有的是基于技术手段上的，比如"石梁柱体系—石拱券体系—多米诺体系"的进化；有的被描述成"时代精神"的反映，比如"希腊建筑的明晰美在于奴隶民主制的社会繁荣，罗马建筑的雄壮美在于表现奴隶专制帝国的显赫霸业，哥特建筑的崇高美在于宗教的意识迷狂，伊斯兰建筑的深邃美在于表现教徒们的忧郁虔诚"[①]；有的则是建筑师们对建筑本质问题的层层挖掘与不断批判，比如本书开篇第 1 章所描述的，类似于弗兰姆普敦的《现代建筑：一部批判的历史》；以上都属于"本质论"的范畴，也就是说，它们都类似于"语法的风格史"（真正的本质）或"隐喻的建筑史"（虚构的本质）。

现代主义之后，"风格叙事"被边缘化了，然而严格来讲，这其实只是以古典建筑语言为基础的风格史终结了，现代建筑师非常不喜欢"风格"这个词汇，"风格"被各种建筑理论小心地掩藏了起来，代之以种种"主义"、"范式"、"模型"……诸如此类，然而，我们却还是难以摆脱这一称谓指代的精神内核。

其实，"风格叙事"作为史料与史观相结合的艺术阐述模式，作为视觉表象与内在机理的统一，对建筑视觉形式史而言并未落伍。或者可以这样认为，技术进步会使影片效果日新月异，但电影所讲述依然是那些动人的情感要素而非科技本身，而"风格史"作为艺术史、建筑视觉形式史的核心，其功能与意义并未被消解，只是所使用的工具在不断更新。而这意味着，如果我们找到新的叙事工具与叙事角度，也就能够展开新的"宏大叙事"：[②]

> 历史学家通常所面临的任务，简单说来就是要将按时间顺序排列的事件序列（即编年）转化为叙事。……然而，对于同一事件序列，我们完全可以有不同的构思情节和论证的方式，在不改变时间顺序的前提下，赋予它们不同的意义。
>
> 比如，如果在叙事中着重强调的是最初的事件，以其作为事件序列的初始原因，那么随后所发生的一切事件就都可以通过最终追溯到它而得到说明，一切决定论的历史观都属于此类。又如，如果将作为故事情节中段的事件安排得起举足轻重的作用，那么，此前所有的事件都因为导向它而得到说明，而此后的所有事件则都因为可以追溯到它而

① 吴强. 后现代主义建筑的美学释义 [J]. 安徽建筑工业学院学报（自然科学版），2：72.
② 彭刚. 叙事、虚构与历史——海登·怀特与当代西方历史哲学的转型 [J]. 历史研究，2006（2）：28.

得到解释。而如果将叙事的全部重心置于整个序列的最终事件，以之作为全部故事所趋向的目的，它就规定了一切此前事件的意义和合理性。

7.1.2.2　修辞的风格史

回想学习建筑伊始，在实践中，我们总感觉与设计联系最紧密的就是"风格"与"手法"；中国语言学家吕叔湘曾明确指出语言学"要走上修辞学、风格学的道路"；而中国古代的"风格学"就等于"修辞学"——这都证明了"修辞"与"风格"之间的天然联系，从这个意义上来说，风格表象是纵向发展的形态学切片，"修辞"与"语法"一样，都是一种横向发展的方法论。因此，作为不同的叙事工具与叙事角度，不仅存在"语法的风格史"，还可能存在某种"修辞的风格史"，即可以用修辞的历史眼光重新阐述一遍建筑史的"宏大叙事"，这将是对以往语法角度的有益补充。

黑格尔在他的历史哲学中说："中国的历史从本质上看是没有历史的，它只是君主覆灭的一再重复而已，任何进步都不可能从中产生"，从这里可以看出，黑格尔的历史就只是一种"不断进步的宏大叙事"，是特定叙事工具与叙事角度的宏大叙事，从中隐含的就是"语法的元叙事"。然而，从历史所需要的结构性构想以及叙事史学而言，"正所谓天下大事，分久必合，合久必分"也是一种历史观，是另一种"轮回循环的宏大叙事"，其中隐含着的就是"修辞的元叙事"。

在上一篇中，建筑的狭义修辞企图建立起一种包罗万象的"辞格类型学"：建筑大师和名家的作品都成了辞格手法的仓库，建筑师脑子里的手法存得越多，设计能力就越强。但是，这也只不过是一个时代切片的罗列，没有历史的叙事，手法的罗列并不能带来"意义"的阐述。这种现象与当代汉语的辞格研究一样，就如同西方温克尔曼出现前的"艺术的历史"，陷入一种片段和机械的辞格罗列与烦琐定义之中，胡范铸在《科学主义与人文主义的分野——中国修辞学研究方法的研究》中批评"更主要的症结表现在他们对辞格研究采取了'命名主义'，对风格研究采取了'原子主义'的态度"[①]。也许，只有我们将辞格用时间演化串联起来，当这个"建筑的修辞历史"能够逻辑清晰、自圆其说地描述"建筑视觉形式"的发展演变过程，给出一个完整的历史解释模型时，这也许才是完整的"修辞的元叙事"，并对广泛意义上的修辞给出令人信服的普遍解读。

而所谓"艺术的终结"、"建筑史的终结"，终结的只不过是"语法的元叙事"，建筑修辞的演化研究所期盼的，就是将"修辞"拉入"历史叙事"的逻辑建构中，建立"修辞的元叙事"。

7.2　历史的框架化

"修辞的历史叙事"提出一种新的叙事角度，试图用"修辞的风格史"补充长久以来建筑学"语法的风格史"；而"历史叙事的修辞"则强调了叙事逻辑的重要性，预设一套极具说服力的演化逻辑与框架体系就是演化篇的核心。

本书基本借助了海登·怀特的"历史学的修辞转向"（又称"叙事转向"），来建构这个体系，并着重借鉴了他《元史学》[②]的五层结构主义框架：

---

① 胡范铸. 科学主义与人文主义的分野——中国修辞学研究方法的研究 [J]. 云梦学刊，1990（2）：86.
② 海登·怀特. 元史学：19 世纪欧洲的历史想象 [M]. 陈新译. 南京：译林出版社，2004.

　　叙事乃是历史话语理论首要关注的问题，对历史话语的叙事结构各个层面的分析由此就构成海登·怀特那套颇具形式主义色彩的理论框架的主要部分。在《元史学》的"导论"中，他援引当代语言哲学、文学理论、社会学理论等多方面的学术成果，将叙事性话语结构分析为这样几个层面：

　　（1）编年（chronicle）；

　　（2）故事（story）；

　　（3）情节化（emplotment）模式；

　　（4）论证（argument）模式；

　　（5）意识形态（ideological implication）蕴涵模式。①

　　在此，视觉形式的"编年"是最简单和最初级的层面，即按时间序列记录素材，它是一切建筑史描述的基础；而后，编年中所罗列的各种素材（建筑作品、建筑师、建筑风格、建筑理论等）要能够编排出一个"故事"，要像讲故事一样用可理解的方式讲述形式的演化、修辞的演变：

　　　　将历史事实纯然按照发生时间的先后顺序记录下来，所产生的就是历史著作最简单和最初级的层面——编年。编年没有开始，也没有结局。它们只开始于编年史家开始记录之时，而结束于编年史家结束记录之时。编年中所描述的一些事件分别依据初始动机、过渡动机和终结动机被编排进入故事。故事有一个可辨认的开端、中段和结局，各种事件由此就在故事里进入到一种意义等级之中，共同构成一个可以为人们理解的过程。

　　而为让这个历史故事有逻辑、有意义、能理解、可说服，海登·怀特总结出了"历史叙事概念化的三个基本层面"：论证模式、情节化模式和意识形态蕴涵模式：

　　　　情节化、论证和意识形态蕴涵是历史叙事概念化的三个基本层面，它们中的每一种又各有四种主要模式，可表示如下：

　　　　情节化模式：浪漫的；悲剧的；喜剧的；讽刺的。

　　　　论证模式：形式论的；机械论的；有机论的；情境论的。

　　　　意识形态蕴涵模式：无政府主义的；激进的；保守主义的；自由主义的。

　　　　如果说，历史话语所生产的乃是历史解释的话，历史叙事概念化的这三个层面，就分别代表了历史解释所包含的审美的（情节化）、认知的（论证）和伦理的（意识形态蕴涵）三个维度。②

　　接下来，本书将就这三个方面，展开一种普遍的修辞演化的历史框架。

7.2.1　论证模式

　　论证，是要通过援引某些人认作历史解释的规律性的东西，来表明故事中究竟发生

---

① 彭刚. 叙事、虚构与历史——海登·怀特与当代西方历史哲学的转型 [J]. 历史研究，2006（2）：27.

② 彭刚. 叙事、虚构与历史——海登·怀特与当代西方历史哲学的转型 [J]. 历史研究，2006（2）：27.

的是什么。在这个层面上，历史学家要通过建构起某种规则——演绎性的（nomological-deductive）论证，来对故事中的事件（或者是他通过某种模式的情节化而赋予事件的形式）作出说明。严格缜密者如"经济基础决定上层建筑"这样的理论立场，暧昧俗常者如"有兴盛就有衰落"这样的老生常谈，都可以作为论证所要援引的规则。论证模式直接关系到我们是以何种方式来看待历史的。

"第8章:形式的自律——隐喻形变的交织演进"就是"建筑视觉形式修辞历史"的"论证模式"，这一章在试图说明：看似散落无规、命名无序、但又内容庞大的"辞格的仓库"，其实有内在的规则可循，每一个辞格的出现，并非完全妙手偶得、心血来潮或者直觉灵感，而是作者在"自我实现欲望"的驱动下，受"前结构"影响而作出的选择。

因此，我们可以根据"时间"要素，以"陌生化"为线索，将所有的"辞格"通过有规律的"前后变化"串联起来，这就是"建筑视觉形式"内部的自律演化:它以陌生化的心理驱动为动机，沿"隐喻→加法的形变→逆反的新隐喻"、"隐喻→减法的形变→提纯的新隐喻"两条路径不断演化，二者交织在一起就形成了"隐喻形变交织演进"的自律演化模型，但是，这种自律只是某一代建筑师或者好几代建筑师在历史继承性下不自觉的一种宏观归集，并不带有私人化、个体化的规律。

7.2.2 情节化模式

海登·怀特的"情节化模式"是依靠故事情节来辨识历史叙事的类型。《元史学》提出浪漫、悲剧、喜剧、讽刺四种情节，人们可通过这些模式来确定历史故事的意义，即历史观:"浪漫"的历史观是一种带有成功色彩的喜剧，善良战胜了邪恶，美德战胜了罪孽，光明战胜了黑暗；"悲剧"的历史观则把美的东西毁灭给人看;"喜剧"的历史观展现人与人、人与社会、人与世界之间的妥协，各种对立要素和谐相处;"讽刺"的历史观则代表人类最终是世界的俘虏而非其征服者，黑暗力量是人类永不消逝的敌人。

情节化是一种将构成故事的事件序列展现为某一种特定类型的故事的方式。人们可以通过辨识被讲述的故事的类别来确定该故事的意义，情节化就这样构成为进行历史解释的一种方式。在叙述故事的过程中，如果史学家赋予它一种悲剧的情节结构，他就是在按悲剧的方式来解释故事；倘若他赋予故事的是一种喜剧的情节结构，他就是在按另外一种方式来解释故事了。

在"第9章:情节的交互——修辞语法的悲喜剧"中,论文首先试图完成"修辞学"和"语法学"的语言学大统一，建立"修辞语法"的对立统一模式，即：从狭义看，修辞语法是对立的，修辞是对确定语法形式的偏离与悖反;但从广义看，修辞语法是统一的，语法是众多修辞中被神化的子集。因此，作为一种特殊的"修辞"，"语法"也是可变的、自律演化的，而如何区分两者，其标准也从共时下的形式判断走向了历时下的历史判断,其"历史叙事的情节"就成为区分两者的重要标准:"悲剧的"就是"修辞的"，"喜剧的"才是"语法的"。

此后，我们就可以将"从修辞眼光看到的"和"从语法角度描述的"两种叙事区分开:一种以"喜剧"情节描述的建筑进步史往往被叙述为"语法的历史叙事",其中的关键被定义为"建筑的本质";而一种被"悲剧"情节叙述的建筑沉沦史则被看成游离于语法之外的"修辞叙事"，而其结果只被看成建筑的视觉形式主义；但往往"修辞"能够跟随"语法"以一种"凤凰涅槃"的方式完成死而复生的修辞循环。

7.2.3　意识形态蕴涵模式

意识形态蕴涵是情节化和论证之外历史叙事概念化的第三个层面，这个层面反映的是，历史学家对于历史知识的性质是什么以及研究过去对于理解现在而言具有何种意义这样一些问题上的立场。而所有意识形态都无一例外地号称自身具有"科学"或"现实性"的权威。在怀特看来，历史学家不可能摆脱意识形态的蕴涵来进行历史著述。意识形态的立场关系到人们对于当前社会实践的现状如何评判，应该采取何种行动——是（急剧地或渐进地）改变它还是维持现状——等问题上的观点。

历史的演化不仅是自律的、交互的，因为所有的历史学家都不可能摆脱意识形态来进行历史叙事，所有的建筑师也不可能摆脱意识形态来进行设计，这也就导致了"修辞影响现实、主观影响客观"，因此，历史的演化还是语境他律影响的。所以，这个层面反映的是建筑师尤其是建筑学科的既定立场问题，研究在某一历史的当下，建筑学的"主流价值观"如何形成。

"第 10 章：影响的他律——形式演化的价值判断"描述了历史语境、社会环境、意识形态、技术条件等外部因素对建筑视觉形式"自律交互"演化的"他律"影响。这种影响之所以能够起效，正是由于各种史观——即价值判断——的形成，对于建筑产生了用形式判断价值的诱因，从而反过来影响到建筑视觉形式的演化。而"价值判断"的最高等级就是建立建筑学的系统性、阶段性"神话"，这起到了意识形态自然化的功能，也就建立起了建筑学内部隐形的"主流价值"。我们将通过四重影响间性：形式间性、主客体间性、历史间性和地域间性，来分析各种被神化的建筑学概念。

总之，修辞的演化研究将参照《元史学》提出的架构，以"编年"作为基础，通过"论证模式"、"情节化模式"和"意识形态蕴涵模式"三个基本层面的分析，阐述一个完整历史解释需包含的"形式的自律演化、情节的交互演化、价值观的他律影响"这三个维度，最终，则要以"故事"的方式叙述建筑视觉形式的修辞演化叙事：在"第 11 章：从古典到现代的修辞循环"中，我们预构了一个关于"建筑视觉形式"螺旋上升的修辞循环，即将"修辞的风格史"建构为一个有开端、有高潮、有死亡、有重生的悲喜剧。

第 8 章　形式的自律——隐喻形变的交织演进

所谓"形式的自律"，就是希望通过修辞学的方式来演绎性地证明"建筑视觉形式"是自律演化的。"秩序修辞"和"表现修辞"的两种辞格类型来源于历史，艺术史中早已存在两种自律演化的描述。

8.0　自律演化的研究史

8.0.1　秩序修辞演化的历史渊源

19 世纪下半叶，西方受进化论的影响，倾向于以发展进化的观点来解释艺术史的进展，同时也受到德国古典哲学、主要是黑格尔辩证法和循环论的影响，将一系列风格的演变看作是一种从简单到复杂、循序渐进、连续线性的发展过程。因此，"秩序修辞的演化"在近代就已经有比较成型的理论阐述，从德国纯视觉理论的发展，历经形式主义美学，到希尔德勃兰特和费德勒的理论，从中昭示出"形式自足"的原则。

李格尔以知觉方式的发展变化来解释人类各阶段艺术视觉形式演变的历史，构建了一套成对的"心理学·艺术学"术语：如"触觉 vs. 视觉"、"近距离观看 vs. 远距离观看"、"平面 vs. 空间"、"彩饰 vs. 色彩主义"、"图形 vs. 基底"等。李格尔的理论对沃尔夫林产生了重要的影响，沃尔夫林在其重要著作《艺术风格学》中也总结出五对范畴："线条型 vs. 涂绘型"、"平面型 vs. 纵深型"、"封闭型 vs. 开放型"、"多元型 vs. 统一型"、"清晰型 vs. 模糊型"，每对概念中的前一个都代表文艺复兴的古典风格，后一个则体现巴洛克风格，这样就从知觉心理学的角度解释了从文艺复兴到巴洛克艺术的视觉演化过程。

以上"形式自足"的描述都根植于对具体作品的敏锐观察，认为艺术史要关心的不是一件作品的来源，或艺术家如何在艺术创作中体现个人意志，而是要通过对具体形式的分析来论证风格演变的整体趋势。这引出了沃尔夫林的一个重要论点："无名的美术史"、"视觉也有自己的历史"[①]——强调视觉形式的内在本质因素，一个时代艺术风格的演变都可以归结为形式自律的演化。其后，这种理论发展为沃尔夫林学派，使得他的理论体系也能适用于不同时代、不同民族、不同地域的艺术，业已证明的包括有日本艺术、古代北欧艺术和现代抽象艺术等，都可以采用这种方式论证形式的自律演化。

建筑的视觉修辞中，我们用"秩序修辞"替换了沃尔夫林的形式主义提法，针对现代建筑，我们也一样可以总结出许多类似概念来表述视觉形式自律演化的过程，这些概念就是一个个具体的辞格，"形式自足"即辞格的自律演化，比如："静态 vs. 动态"、"直线 vs. 曲线"、"柏拉图形式 vs. 有机形式"、"完形定格 vs. 完形破格"等，第 2 篇中所提到的"狭义辞格 vs. 广义辞格"、"对古典数

---

① ［瑞士］海因里希·沃尔夫林. 艺术风格学 [M]. 潘耀昌译. 北京：中国人民大学出版社，2004：13，导言.

学的抽象隐喻 vs. 对现代数学的抽象隐喻"、"物理力 vs. 物理场"等，都是类似沃尔夫林学派概念的辞格描述。

但是，"秩序修辞演化"的纯形式分析不仅缺少对作品意义、主题、内容等影响因子的反映（这部分是"表现主义"的专长），而且从方法论来说，沃尔夫林学派虽然自称为"艺术科学学派"，但针对不同风格、特征、流派，艺术史家们都可以提出种类繁多、定义不同、范畴不同的多种描述，这就像是"辞格"必定会发展出多种类型的无限衍生，从而使这种分析显得过于感性而缺少理性高度和统一框架，所以，当代已经很少人再用这个方法来阐述视觉形式的演变了。

8.0.2　表现修辞演化的历史渊源

"表现修辞"来源于近代美学的"表现主义"，在艺术史中，其自律演化研究是贡布里希等人深化完善的图像学研究，强调情境与艺术家的经验，强调形式与内容的不可分离。他的"情境论"、"投射论"、"预成图式 – 修正"理论以及"以再现为中心，以象征与装饰为两翼"的描述对视觉艺术的发展作出了概括性的解释。

按照贡布里希的"预成图式 – 修正"理论，建筑师就与作家一样，依靠于一套类似于语汇的"原型 / 图式"，它的形成包含两层含义：第一，它是先验的，"没有一个出发点，一个初始图式，我们就不能掌握滔滔奔流的经历，没有一些类目，我们就不能把我们的印象分门别类"[1]；第二，它是历史的，是视觉艺术在漫长的发展中通过"预成图式 – 修正"的方式不断修正、凝缩、积淀下来的，这就是贡布里希所阐述的"自律演化"过程。

但从修辞角度看"预成图式 – 修正"理论却存在以下缺陷：

第一，"预成图式 – 修正"理论虽然也建立在修正的"变形"之上，但其核心是"图式"本身，创作以"图式"为起点，然后再不断地对其进行修正改造的过程，所以，需要一套经过人类文明诠释的，具有鲜活内涵的"语汇表"作为创作的前提条件。但是"修辞学"认为，视觉原型是修辞的基础，但不是修辞的核心，核心是"辞格"的类型化，即"变形"的类型化，而不是"原型"的类型化。也就是说，贡布里希的研究作为"元语言"或"语法学"的工具是起作用的，但对于"修辞学"来说，这套解释不够完善。

第二，"预成图式 – 修正"理论较少阐述"修正变形"的方法与方向。虽然有"以再现为中心，以象征与装饰为两翼"的表述，但是埃里邦问："我们能否说你没有方法？"贡布里希回答："我不想要一种方法，我只需要常识，这是我的唯一方法"，这正说明贡布里希的研究方式是本体论而非方法论的。在贡布里希看来，修正变形"是一个不断地试错过程"[2]，但并没有对如何试错进行描述与定义，"试"就将这种"修正的变形"定义成一种碰运气的行为。

第三，贡布里希的理论"对于后来非再现性的现代派艺术却面临着困境"[3]，因为他重视传统的作用，更关注那些建立在传统链条之上的作品，重视图式的积累而不是方法本身，面对现代派艺术就理论失语了，例如对于毕加索，贡布里希就坦承自己不太同意他的艺术观念。

第四，贡布里希认为视觉形式需要"得体"原则，他特别否定了那种根据想象天马行空式的解读方法，这就为理解后现代、解构主义等建筑视觉形式带来了困难。

应该说，贡布里希开辟了视觉形式研究的语言学视阈，在著作的论述中也经常把艺术跟语言

---

① ［英］贡布里希. 艺术与错觉——图画再现的心理学研究 [M]. 林夕等译. 杭州：浙江摄影出版社，1987：105.
② 高妮妮. 贡布里希的视觉艺术观探究 [D]. 山东：山东师范大学，2011：12.
③ 高妮妮. 贡布里希的视觉艺术观探究 [D]. 山东：山东师范大学，2011：29.

和修辞作比较,他的"预成图式－修正"理论也是"表现修辞演化"的重要基础,但是,他的方法论却不是"修辞学"的,而更靠近"元语言学"和"语法学"。相反,形式主义路线下,不论是李格尔还是沃尔夫林,都更加地修辞,它们的理论多在谈论"手法"的演变,属于隐性修辞理论。

8.1 视觉修辞的交织演化

辞格研究中,视觉修辞试图将修辞类型统一起来,用"表现修辞"涵盖了"秩序修辞",同样"表现修辞的演化"也就涵盖了"秩序修辞的演化"。最终,我们将采用"隐喻、形变"等关键词来完整阐述形式自律演化的过程,也就是说,我们要用一种符号化的方法,来统一涵盖以上各种"自律演化的研究史"。

8.1.0 隐喻的记忆库 vs. 形变的演化链

"隐喻"与"换喻"来自索绪尔的"联想平面"与"组合平面"[①],之后,雅克布逊将隐喻(系统的秩序)和换喻(组合的秩序)的对立应用于一切文化现象之中,为好理解,建筑学中也可以称之为**"隐喻的指向变形"**与**"换喻的推敲变换"**,我们简称为**"隐喻"**和**"形变"**:

隐喻存在于视觉形式的"联想关系"中,适合的分析方法是分类,把一些具有共性的单元用分类方式形成视觉形式组,每组构成一个潜在的记忆系列,即"隐喻的记忆库"。"隐喻的指向变形"提供视觉形式的整体变形,各种要素以"不在场"的方式结合在一起。

形变存在于视觉形式的"相邻关系"中,适合的分析方法是切分,每种视觉形式都被切分为不同局部,在变形前后的局部对比中形成视觉形式组,每组构成一个实际存在的言语链,即"形变的演化链"。"换喻的推敲变换"提供视觉形式的衍生变形,各种要素以"在场"的方式连接在一起,这就从逻辑上描述了词与词之间的词义衍生过程,在语言学中被称之为"语言链",在建筑学上称之为"符号家族",在图像学中称之为"图像树"。

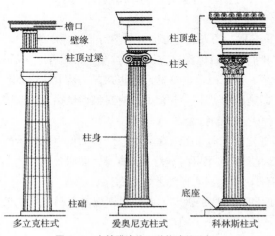

图 8-1 古希腊建筑三种柱式的分析

索绪尔采用了下面这个建筑的例子加以说明语言的"隐喻与换喻",而反过来就正好可以为建筑学的"隐喻"和"形变"所用:

古希腊建筑中,圆柱的每个成分以及圆柱和建筑的其他部分(例如柱楣、即图中柱顶盘)都处于一种"相邻关系"中(图 8-1),而这个"相邻关系"在不同建筑中,其比例、细节、纹饰等一直在变化,从变化的前后对比中就可以得到"形变的演化链"。在形变分析中,所有相邻部分是以"在场"的方式连接在一起的,而分析的方式就是把各部分切分开来进行比较,比如:比较圆柱与柱楣的比例;比较柱头、柱身、柱础的比例;比较上楣、中楣、下楣的比例等,

---

① 对于组合关系,叶尔姆斯列夫称之为关系,雅克布森称之为邻接段,马丁内称之为对比段;对于联想关系,也可以称之为系统关系,或者聚合关系,叶尔姆斯列夫称之为相互关系,雅克布逊称之为类似体,马丁内称之为对立体,各种表述都可以成立。

可以一直无限切分下去。从这个角度上来说，这就是各种柱式不断调整、得以形成的"形变的演化链"，以上三种柱式都是从这样的演化链中不断定型而形成的。

而假使某个古希腊建筑中，这根圆柱是多立克式的，它相对于此时"不在场"的爱奥尼克或科林斯柱式，就属于隐喻分析的范围，因为存在着一种潜在的"分类和联想关系"，比如：采用多里克式是对男性力量的联想、爱奥尼克式是对优雅高贵女性的联想、科林斯式是对青涩纯真少女的联想。这样，三种柱式就被分为了三个视觉形式联想组，分别指向不同的"意义"；同样，当这三种柱式采用在现代建筑上，也可以形成对"古希腊"的古典联想。从这个角度上来说，多立克、爱奥尼克、科林斯柱式等形成了多个"隐喻的记忆库"。

8.1.1 陌生化→程式化→新的陌生化

8.1.1.1 陌生化的演化动机

享有"亚里士多德第二"的现代修辞学家伯克为新修辞学建立了一套完整系统的理论，在他的修辞三部曲[①]中，强调修辞活动中"动机"的重要性，这就从心理学的角度讲清楚了"修辞演化"的驱动力，而我们要谈清楚修辞演化的过程，首先则必须要厘清演化的动机。

拉康·雅克把隐喻说成是"知识"，把换喻说成是"欲望"，也就是说换喻是欲望动机驱动下的能指转化，而隐喻是单纯的。不过，修辞学却扩展了"欲望"的范围，伯克认为"文学是生活的武器，这是对当时流行的'为艺术而艺术'观点的一种回应，……文学本身是有目的性的，是一种修辞，同时也是作者的自我显示。伯克对文学形式的定义，即文学形式是对欲望的激起和满足"[②]。按伯克的理论，无论是"隐喻"还是"形变"，只要是修辞就都有目的性，都是欲望，都是建筑师、设计师、艺术家对自我实现的激起和满足。

伯克把文学和戏剧等的修辞动机称之为"认同"理论，而本书则反其道而行之，把建筑视觉形式的演化动机称之为"陌生化"[③]。陌生化（Defamiliarization）[④]在 20 世纪初由什克洛夫斯基所提出，后来发展为俄国形式主义文学的核心理论，并适用于整个文艺创作领域。在什克洛夫斯基看来，熟悉的事物会使人们习以为常而失去感觉，只有陌生、新鲜和好奇才能使人们眼前一亮，艺术的使命就是让人从"习惯"中解脱，所以，所谓"陌生化"就是运用某种手法对熟悉的形式（语言、文本、结构等）进行偏离和悖反，使主体获得似曾相识的生疏美感。

这就使得修辞学的研究并不是将视角仅仅投向"修辞"本身，而是需要"语法"的定位：如果"陌生化"是运用一定的"辞格"对"忠于语法的视觉形式"进行偏离和悖反，那么每个时代"修辞"的演化方向与路径，都是以这个时代的"语法"为基准点，以对"语法"偏离的方向与远近，来判断修辞自律演化的路径。这也间接说明了对于建筑的视觉形式而言，"元语言 & 语法"的研究为何只具有理论意义但不具备实践意义："图式"或"原型"是传统的、熟悉的、定型的，当它一旦确定和总结出来，就表示已经失去其有效的传播作用，不能对受众产生刺激和震撼，更不能引起受众的特别关注，受众已经产生审美疲劳。而"元语言"的研究意义也就背离于以往的理解，设计师应

---

① 1945 年伯克出版《动机语法学》（A Grammar of Motives），1950 年出版《动机修辞学》（A Rhetoric of Motives），但是可惜的是，三部曲中的最后一部《动机的象征》（A Symbolic of Motives）没有问世，取而代之的是 1961 和 1966 年先后问世的《宗教修辞学》（The Rhetoric of Religion）和《作为象征行动的语言》（Language as Symbolic Action）。

② 邓志勇. 伯克修辞学思想研究述评 [J]. 修辞学习，2008，105（6）：16.

③ 为何喜剧的"同一"和视觉艺术的"陌生化"在演化动机上处于相反的境地，这在"10.2 主客体间性"中会给出解答。

④ 在不同的翻译中，陌生化被译为奇异化或反常化、间离化，但学术界公认"陌生化"比较科学。

该意识到"艺术性"的形式追求不是如何"遵从"元语言 & 语法，而是如何"偏离"元语言 & 语法，却同时又可以为观者理解，这才是修辞的关键所在。

"陌生化"无疑为视觉形式的演化提供了一种全新的、行之有效的思考角度，总体来看，在建筑视觉形式"隐喻与形变"的演化过程中，"陌生化"理论展现了强大的心理驱动力，因此是开启视觉形式自律演化方式的钥匙。

8.1.1.2 以认同的程式化为前提

但是，什科洛夫斯基的"陌生化"很容易被人理解为盲目追求新奇效果、花样翻新的奇特化而落入下乘。因此，在陌生化提出 20 多年后，德国戏剧理论家布莱希特又从戏剧的角度，将"陌生化"改造为"间离效果"（Defamiliarization effect），他把间离效果的实现过程概括为这样一个公式：【认识 / 理解→不认识 / 不理解→认识 / 理解】，这是一个认识上的三部曲，类似黑格尔的"正→反→合"。

布莱希特其"最突出的贡献在于使陌生化理论的价值追求从奇特化走向大众化"[1]，陌生化并非"唯陌生而陌生"，而是希冀借陌生化达到对形式的更高层次、更深刻的理解与熟悉。陌生化不仅仅是制造陌生，制造陌生只是一个步骤，更重要的是消除陌生，达到对形式更深刻的熟悉，陌生化也不是无头苍蝇一般的手法的试验[2]，而是有其方向、规律与套路，最终要形成视觉形式的基本美感，从而可以"形式固化"而向下一个陌生化进程出发。这就是说，视觉形式的"悖反"与"偏离"要以具体的"前在"和"定势"为前提，离开它们而去抽象地陌生，无异于"巧妇难为无米之炊"。

因此，本书提出的"陌生化"就与伯克的"认同"悖论共存，即消解认同的"程式化"才能实现"陌生化"，但是"陌生化"又必须以"程式化"为前提：在接受过程中，观者的头脑不会空无一物，而总是带着自己的理解前提，观者不是被动地去迎合视觉形式，而是尽可能地将其纳入自身的心理定式之中，这为"陌生化"限定了前提条件，而不是我们往常所理解的"天马行空"。

建筑视觉修辞的演化路径就取决于这种"陌生化"与"程式化"相互矛盾、消解、位移的张力之中：陌生化的诞生建立在程式化的消解上，但是，当陌生化逐渐被接受、认同并构成某种审美标准、规范、定势以至于人人竞相模仿时，陌生化就又成为程式化，从而走向衰落和危机。我们用三段式来描述这种螺旋上升、波浪前进的路径，即：【陌生化→程式化→新的陌生化】，然而这个路径，或者说这种陌生化的推动方式，需要用"隐喻"和"形变"的统一符号所填充。

8.1.2 隐喻→形变→新的隐喻

在修辞学中，隐喻的角色很重要，用拉康的话就是"隐喻是能指通向所指的通道，创造一个新的所指"。从隐喻的角度看陌生化的演化路径，"陌生化→程式化→新的陌生化"就改写成【隐喻→形变→新的隐喻】。

8.1.2.1 隐喻的起点

在前文中，我们认为埃森曼想竭力证明的"形式自主"并不存在，那么他所认为的"形式逻辑"又是什么呢？其实，这个埃森曼反复证明的"先验逻辑"，是他主动设置的"隐喻"起点，也就是说，他把他"主动的隐喻修辞"用玄而又玄的理论包装成了"被动的自动生成"，即他所宣称的"自主性"（autonomy）。

---

[1] 王昌凤 . 论现代艺术的陌生化特征 [D]. 武汉：华中师范大学，2005：15.

[2] 不仅贡布里希的"预成图式 – 修正"理论认为"修正变形是一个不断地试错过程"，而且弗西雍的《形式的生命》中，以四个时期的形式来概括某个风格的演变，其中就包括：试验时期、古典时期、精炼时期、巴洛克时期，风格四段伦以试验为起点。

"总的来说，埃森曼是想发展一种客观、理性、逻辑的建筑形式理论，这种理论不仅对建筑进行描述，还能够促成建筑形式的生成并清晰地对建筑进行分析（区别于功能主义的笼统和不精确性以及审美直觉的主观性）。从另一个角度来说，埃森曼希望发展出一套关于形式本身的理论，使得形式的产生不是根据功能、技术、个人直觉之类的东西，而是基于形式自身的某种逻辑"[①]（图 8-2、图 8-3）。应该说，埃森曼想极力证明的"客观、理性、逻辑"应该倒过来看，其实是他建筑设计预设的起点——即"隐喻"的起点。

图 8-2　彼得·埃森曼的住宅 2 号

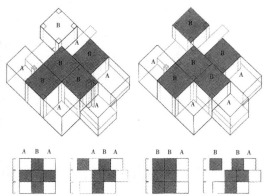

图 8-3　彼得·埃森曼对住宅 2 号形式生成逻辑的研究[②]

8.1.2.2　隐喻的意义获取

应当注意到的是，尽管我们试图证明建筑视觉形式存在自律演化，即演化将由内部因素推动，但是，隐喻的意义则是由外部因素赋予的，即需要新鲜的外部视觉或外部联想元素，利用意义的类似性和联想性"隐喻指向变形"而成，这个过程就是隐喻的意义偏转，或直接称之为"隐喻的意义获取"。

所以，建筑师总是不断地挖掘值得隐喻化的视觉主题，从历史符号、时代精神、科技发展、地域场所等一系列联想场中，寻找可以进行意义获取的视觉原型，这使得"隐喻"一般多与历史、社会、意识形态等因素直接相关。古典主义找到了"人体"，柯布西耶找到了"机器"，解构主义寻找到了"废墟"，埃森曼则找到了"逻辑"。很难说是先有视觉原型，还是先有隐喻意义，两者应该说是一拍即合，表达了建筑师对这个时代的个人理解与选择。

世界上的隐喻题材是有限的、隐藏的、需要发现和挖掘的，与"形变"相比，"隐喻"的获得尤其是"意义"的选取，更为考验人对于这个世界的观察入微与深入思考，考验建筑师的价值观与意识形态，也考验艺术家的联想力与感知力。正因为"隐喻"与"意义"的强对应关系，我们几乎可以把"隐喻"与"元符号"画上等号，这也就是为什么有人认为隐喻才是艺术真正的栖居之地。

8.1.2.3　从隐喻走向形变

但是，埃森曼的"逻辑隐喻"属于建筑的深层方面，同建筑的表皮、质地、颜色、形状等表层方面不一样，"它们不能通过感官去体验，而需要用思维去理解。那么如何找到一种表达这些概念关系的手段，使它能够被观察者理解呢？这也正是埃森曼在他的'卡纸板'系列建筑实践中所试图探索的。"[③]所以，从这个"隐喻"的起点开始，埃森曼必须要设定一整套的"手法/辞格"，比如"正面性、倾斜、渐退、延伸、压缩、剪切"等，正因为如此，"隐喻的陌生化"一旦成立，它立刻就

① 曾引. 纯形式批评——彼得·埃森曼建筑理论研究 [D]. 天津：天津大学，2009：27.

② [美] 彼得·埃森曼. 建筑经典：1950-2000 [M]. 范路等译. 北京：商务印书馆，2015：中文版序.

③ 曾引. 纯形式批评——彼得·埃森曼建筑理论研究 [D]. 天津：天津大学，2009：26.

走向了"形变的程式化"。

　　由这套规则出发，就能够确切地用一系列操作来进行"换喻的推敲变换"，得到可控的"形变的演化链"，这从埃森曼住宅x号系列作品的图解（图8-4、图8-5）中可以明显地观察到。彼得·埃森曼自己将"形变"称之为"运转"（movement）："我的分析图解与当下流行时尚——如数字化作品中很明显的现象学——的不同之处在于，运转是我的作品尤其是图解的内在特质。我的图解和分析，与鲁道夫·维特科尔和科林·罗的很不一样。他们的图解或多或少是静态的，而我的图解则具有内在运转的含义。"①

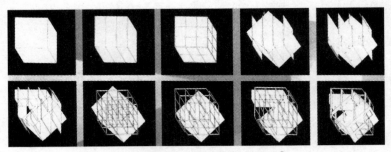

图8-4　彼得·埃森曼的住宅3号图解②

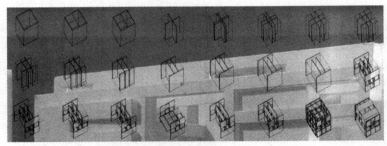

图8-5　彼得·埃森曼的住宅4号图解③

　　这就是语言的两根轴：隐喻轴在"跳跃的记忆库"中被替代，是能指通向所指的飞跃，埃森曼就创造了一种关于"逻辑的隐喻"，替换了原有的一切隐喻，既替换了文艺复兴时期"人体比例的隐喻"，又替换了早期现代主义"居住机器的隐喻"，从而完成了他的飞跃；而形变轴则在"渐进的演化链"中衍生，是一个能指和另一个能指在能指链上的历时性关系，是能指通向所指的衍化，埃森曼的建筑视觉形式——无论是从住宅1号到住宅x号，还是每个作品本身——都是通过一系列图解推理得到的，这一系列图解就是"形变的演化链"，相邻的形式在这个过程中不断被"正面性、倾斜、渐退、延伸、压缩、剪切等"等手法邻接和组合，从而完成了作品的不断衍生。语言的这两根轴合在一起，即隐喻轴和形变轴交织在一起，就构成了视觉修辞的演化方式。

　　同样，应用语言学论文《汉语修辞与词汇发展》遵从"积极修辞vs.消极修辞"的分类法，分别考察了具体词汇在修辞作用下的历时演变。论文上篇论述了八种积极修辞"夸张、移就、转类、仿拟、双关、断取、连及、通感"与汉语词汇发展的关系，这就是语言的隐喻轴：

① ［美］彼得·埃森曼. 建筑经典：1950-2000 [M]. 范路等译. 北京：商务印书馆，2015：中文版序.
② ［美］彼得·埃森曼. 图解日志 [M]. 陈欣欣，何捷译. 北京：中国建筑工业出版社，2005：100.
③ ［美］彼得·埃森曼. 图解日志 [M]. 陈欣欣，何捷译. 北京：中国建筑工业出版社，2005：102.

通过积极修辞产生的变化通常都是打破常规的，具有很强的新鲜感，能让人印象深刻……这种临时产生的新的意义或词汇形式要转化为词汇本身的发展一般要经历如下过程：

修辞突变（临时的语用变化）——偶用——常用——固化——常规用法[①]

论文下篇则分别从"词语的搭配组合、句式的选用、汉语韵律修辞"三个方面论述了消极修辞对词汇发展的影响，这就是语言的形变轴：

一般性修辞影响词汇发展的过程与积极修辞有所不同，因为它不是一开始就引起用法的突变的，而是在长期的语言运用过程中逐渐由量变而引起质变的，这个过程可以简单概括为：

　　　　　　　　语言运用
一般性修辞——渐变——词汇发展（质变）[②]

最终，隐喻与形变两根轴线的整合，就构成了词汇演化【隐喻→形变→新的隐喻】的完整链条：

将以上积极修辞和一般性修辞影响词汇发展的过程整合起来，我们可以总结出修辞影响词汇发展的链条为：

语言运用——修辞活动——创新（突变或渐变）——高频使用（偶用、多用、常用）——固化——词汇发展——语言运用（开始新一轮循环）……[③]

8.1.2.4　隐喻变形→换喻变形→新的隐喻变形

但对于这个过程，我们还必须用"波粒二象性"来理解，量子力学认为所有微观粒子都同时存在粒子性和波动性，同样，"隐喻→形变→新的隐喻"既是被分割的三段，也是【隐喻变形→……→换喻变形→……→新的隐喻变形】的不间断流变，尤其是对于"隐喻"来说，它始终还是一种对"意义联想物"的变形，而并不是完全的创造。"隐喻变形"也好"换喻变形"也好，永远处于一种"不断变形"的过程之中，很难用一个确切的点来划分起点和终点，很难划分到哪一点就是变形得恰到好处的"隐喻"，两者之间的客观差别也许就在毫厘之间，是通过主体赋予的"意义"而人为划分，具有主观性。

只不过在接下来的所有描述中，为了简化，我们都用"隐喻"代替了"隐喻的指向变形"，用"形变"代替了"换喻的推敲变换"这一精确描述。

8.1.2.5　形变的分叉

"隐喻→形变→新的隐喻"其实还只是描述了"陌生化"如何推动"隐喻"自律演化的，隐喻M 以"跳跃记忆库"的方式向前，跳跃的过程被形变 m 填充。但是，"陌生化"的动机一样在驱动着"形变"的自律演化，这个被填充的过程一样需要被描述。

按照英国心理学家贝里尼的"唤醒理论"，隐喻属于"亢奋性唤醒"，而形变则属于"渐进性唤醒"："隐喻变形"的陌生化超过了适当的程度，使得情感剧烈上升，在唤醒后得到一种解除的愉悦，

① 许红菊. 汉语修辞与词汇发展 [D]. 武汉：华中科技大学，2012：37.
② 许红菊. 汉语修辞与词汇发展 [D]. 武汉：华中科技大学，2012：41.
③ 许红菊. 汉语修辞与词汇发展 [D]. 武汉：华中科技大学，2012：43.

所以它不仅吸人眼球，还因为不能很快使人适应，从而迎合了主体的逆反心理，诱发其对形式进行不断地玩味与揣摩；"换喻变形"的陌生化则是情绪的渐进递增、水到渠成，因为形变熟悉而规律，所以它所引起的注意极为短暂，需要一系列的不间断变化，也就是对欲望的层层加码、不断满足。而最后，形变并不能无休止延续，当形变从量变达到质变时，就会演变成一种新的"隐喻"。

形变既然是"渐进性"而非"跳跃性"的，那么就存在连续的、可推演的演化方向。隐喻和形变的根本区别在于，隐喻根据的是相似性，形变根据的是邻近性，所以，从建筑视觉形式的角度而言，形变的演化就存在两个方向："加法的形变"和"减法的形变"，也就是说，我们可以以"隐喻"为起点，用"减法的推敲变换"或"加法的推敲变换"不断取消程式化，即存在"纯粹化与复杂化"的两向形变，视觉领域人们常常也用"崇高化与巴洛克化"分别称呼两者。

有人总结贡布里希的著作是以"再现"[①]为核心，用"象征"[②]与"装饰"[③]为两翼来研究视觉艺术，可以这样说，这其实就是贡布里希版本的"以隐喻为核心，向纯粹化与复杂化两向形变"。

8.1.3　隐喻→加法的形变→逆反的新隐喻

8.1.3.1　加法的形变

"加法的形变"是在原始隐喻的前提基础上，用"复杂化"向邻近不断变形，打破程式化、获得陌生化。应该说，这种形变方式为大多数人所熟知，是最为常用的形变方式，用托尔斯泰的话来说，即"无穷组合的迷宫"，"诗语的难化、陌生化的变形、结构的延宕是俄国形式主义营构艺术迷宫的主要的陌生化艺术程序"[④]。

"加法的形变"是独辟蹊径、趋奇走怪地编织异于前在形式的迷宫，通过复杂化处理，分解已经被概括、固定和统一的事物，打散、组合、再打散、再组合，如同跳舞一样，展现轻重缓急、曲折多变、忽隐忽现、变幻迷人的风姿，踯躅于"弯曲崎岖的、脚下感受到石块的、迂回反复的道路"[⑤]之上。这样的建筑视觉形式就如同一座冰山，观者立即就能感受到的只是浮出水面的十分之一，而隐于水下的十分之九则要靠观者去反复挖掘与品味。"复杂化"的过程阻缓了作品被理解的速度、推迟了高潮的到来，让我们在一唱三叹中反复咀嚼、反复体味其中的曲折心思。

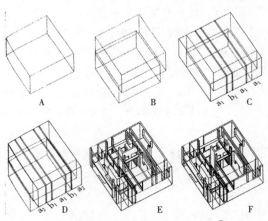

图 8-6　彼得·埃森曼的住宅 1 号图解[⑥]

从住宅 1 号的这一系列设计过程中（图 8-6），我们可以看出，埃森曼是朝着"复杂化的邻近"进行陌生化变形，属于"加法的形变"：

图 A 选择了一个长方体的基本几何体；

---

① 以贡布里希著作《艺术与错觉》、《图像和眼睛》为代表。
② 以贡布里希著作《象征的图像》为代表。
③ 以贡布里希著作《秩序感》为代表。
④ 冯毓云 . 艺术即陌生化——论俄国形式主义陌生化的审美价值 [J]. 北方论丛 . 2004，183（1）：24.
⑤ [苏] 维·什克洛夫斯基 . 散文理论 [M]. 北京：百花洲文艺出版社，1994：28.
⑥ 曾引 . 纯形式批评——彼得·埃森曼建筑理论研究 [D]. 天津：天津大学，2009：29. 来源于 Five Architectects：Eisenman，Graves，Gwathmey，Hejduk，Meie.

图 B 对它进行叠加和错位；

图 C 是线的延伸、面的扩展，以三段式的比例关系（aba 结构）做初始划分，使之成为 5 份；

图 D 则将结构细化为 "a2-b1-a1-b2-a2"，空间的基本划分就形成了；

图 E 和 F 完成内部空间的细节。

8.1.3.2　逆反的新隐喻

然而，"复杂化"的程度总是有限度的，当建筑师穷尽花样、出尽百宝，光靠复杂已不能带给观者以情感上的冲击时，"复杂化"就必将"原始隐喻"带入死角，走向最初隐喻的尽头，产生"逆反新的隐喻"。此时，我们就可以理解在现代主义中，丑陋、怪异与混乱等是如何走上美学的圣坛的。

当"加法的形变"变形到再大都不能刺激观者的感官时，往往"反讽"的荒诞剧就出现了，视觉形式以一种对前置观念的颠覆出现，带来新的观念，这样就完成了从形变到隐喻的转换，【隐喻→形变→新的隐喻】的三段式就改写成为【隐喻→加法的形变→逆反的新隐喻】。

结构主义新批评将"反讽"视为语言中的对比与矛盾；现代修辞学中"讽喻"被认为是隐喻的一种，语义悖论（字面义与引申义的悖反）是其核心；"批判"是西方美学史上的重要美学范畴之一，以上种种所谓"反讽"、"讽喻"、"批判"其实都是一个意思：以对原始隐喻的"逆反"获得新的隐喻的意义。

8.1.3.3　彼得·埃森曼的三个阶段

从彼得·埃森曼【形式主义→结构主义→解构主义】[①] 的三阶段中，我们恰恰可以看到【隐喻→加法的形变→逆反的新隐喻】清晰的发展线索：

> 形式主义阶段从他的博士论文开始到"卡纸板建筑"实践，这个阶段他受到俄国形式主义文学批评和新批评的影响，试图为建筑形式寻找到一种自治的、理性和客观的分析与批评方法。之后，通过对列维-施特劳斯、巴特、福柯的阅读，埃森曼放弃了之前的"形式信仰"而转为结构主义。在结构主义阶段，埃森曼之前简单的、稳定的、逻辑的形式已经被复杂的、动态的、修辞性的形式所代替，"批判性"开始成为其理论和设计的重要立场。最后，通过对解构主义哲学的阅读，埃森曼的思想发生巨大转折，之前想要为建筑形式找到某种基础的雄心全部被颠覆掉。在解构主义阶段，埃森曼发展了一种没有稳定意义的建筑，它完全承认真理的消失，而建筑则是批判过程的记录。

彼得·埃森曼希望证明的"先验逻辑"其实是他设计的起点——即"隐喻"的起点，而这个"隐喻"一旦成立，埃森曼的建筑设计就立即走向了一系列"加法的形变"，他自己设定了一整套的"辞格"（正面性、倾斜、渐退、延伸、压缩、剪切等），试图通过"图解"清楚地呈现每一条线、每一个面都是通过怎样的操作变化而来，为什么是这个样子。

然而，住宅 6 号成为一个转折性的事件，至此，埃森曼作品的单一逻辑和对它的稳定阅读已不复存在，企图再通过"图解"去清楚再现设计过程也已非常困难。"埃森曼在住宅 6 号中颠覆了各种被他称为'人本主义'的建筑观念，比如欧几里得几何中关于正和反、上和下、内和外的对立；传统建筑批评对于正立面的关注；某种建筑元素的统一和不可分割性；形式追随功能的原则；理解

---

① 曾引. 纯形式批评——彼得·埃森曼建筑理论研究 [D]. 天津：天津大学，2009，3：摘要.

的清晰性原则等。"① 伴随这个房子的诞生，他还专门出版了《彼得·埃森曼的住宅 6 号：业主的反应》一书，除了记叙业主对这个房子功能上的种种哀叹，另一方面则重申了他对于传统中类型、意义、功能、美学等方面认识的颠覆。就这样，从住宅 6 号开始，埃森曼"加法的形变"就慢慢滑向了"逆反的新隐喻"，这个新隐喻以对原有"先验逻辑"的否定而出现。

直到解构主义阶段，彼得·埃森曼已完全放弃了对任何一种统一模型的追求，彻底地以"逆反的新隐喻"为目标，他冠之以"批判性"，批判一切传统中的规范或公认，比如传统的中心、基础、理性、结构等认知，再比如代表形而上学、二元对立、有等级、有权力的任何东西。

"新隐喻"已经明确，接下来，埃森曼就要找到一种新的"辞格"来把这些传统与规范"消解"掉、"掩饰"掉、"否认"掉、"嫁接"掉。在这个寻找的过程中，德勒兹的"折叠"（fold）概念深深吸引了埃森曼，他认为通过折叠，传统建筑观念中水平与竖直的区别、内外空间的界限都将不复存在，水平空间或者竖直空间只是同一个空间在不同方向上的伸展或弯曲，内外空间也只是同一空间折叠了 180 度的状态。

最终，埃森曼的"折叠"得到了一种颠覆笛卡尔空间的新空间（图 8-7）："空间内的复杂性经过折叠而得以呈现，而这个复杂也导致了空间自身提供种种重复交织或者随意分叉的偶然性，从而可能促使这个空间脱离自身或自身的框架，并创造新的空间，这样又导致另一次或者更多空间折叠或分叉……不断重复"②，至此，"逆反的新隐喻"彻底地确立和完成。

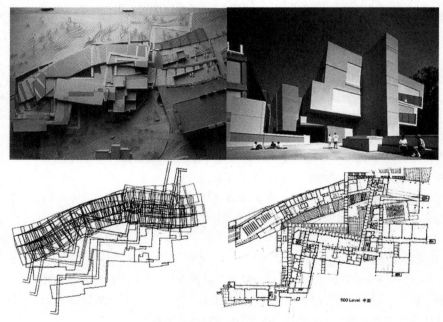

图 8-7　彼得·埃森曼的阿诺夫艺术与设计中心

8.1.3.4　褒贬义的消失

然而，一旦彼得·埃森曼找到了一种明确的"辞格"（比如说折叠），这个"逆反的新隐喻"

① 曾引.纯形式批评——彼得·埃森曼建筑理论研究 [D]. 天津：天津大学，2009：52.
② 虞刚.凝视折叠 [J]. 建筑师，2003：12.

就和原有的旧隐喻一样，立即进入"形变"的程式化之中。即随着新"辞格"的发现、使用、逐渐被人接受从而推广开来，新隐喻的反讽性、奇异性、批判性就慢慢消失了，从而转换成为一个历史上的普通"隐喻"，其褒贬的附加评价只不过出现在历史上的一个特定时期。

当我们观看莱布斯托克公园的折叠步骤（图 8-8），会发现与住宅 1 号的变形步骤何其相似："作为一种图形，折叠直接指引一个过程、一种行动。不像对立方体之类理想形式或普遍形式的变形和分解，折叠立刻就是一样东西和形成这一东西的过程。折叠的操作在事物还不存在之前就已经生成了形式。从这一点来看，折叠不仅仅是对正规的形式类型的扭曲和反抗（如立方体的侵蚀），而表明了一种重复，这种重复生产出全新的东西。"① 在这个描述中，"折叠"已经没有"批判"的含义了，因为"批判性"依赖于"原始隐喻"而存在，它一旦走向自己的"形变"之路，就意味着已经建立起来自己作为一个"隐喻"的独立意义。

现在，不仅仅是埃森曼，"嫁接"、"叠置"、"拓扑变形"、"平滑组合"等多种类似的手法在众多建筑师的作品中已经反复出现，人人竞相学习。

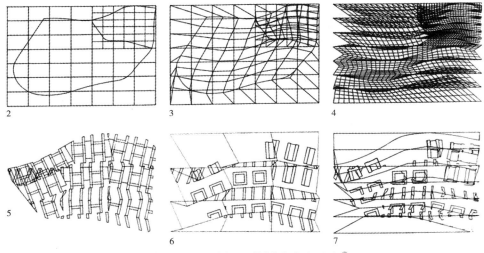

图 8-8　彼得·埃森曼的莱布斯托克公园图解②

如果说，解构主义的"反叛性"或者埃森曼提出的"批判性"，由于历史太过短暂、时代太过接近，我们还看不清楚它的褒贬价值观与评价将如何消失的话，沃尔夫林对文艺复兴和巴洛克时期的对比分析，会使我们更加清晰地认识到"褒贬义的消失"。

沃尔夫林在《艺术风格学》中总结了五对概念，从知觉心理学的角度解释了从文艺复兴到巴洛克艺术的视觉演化过程，我们也可以理解为："文艺复兴隐喻"通过一系列"加法的形变"走向了原始隐喻的反面"巴洛克的新隐喻"。因此，沃尔夫林提出了【**早期阶段→古典阶段→巴洛克阶段**】循环往复的历史规则，这实际上就是沃尔夫林版本的【隐喻→加法的形变→逆反的新隐喻】。

但尤其值得注意的是，沃尔夫林通过形式分析，扭转了以往认为巴洛克是文艺复兴的衰落这一偏见。应该说，巴洛克风格在刚刚出现时，对其评价是"革命性"的，但是很快又被贬低，直到

---

① Peter Eisenman. Diagram Diaries[M]. Universe：New York，1999：197.

② [美] 彼得·埃森曼. 图解日志 [M]. 陈欣欣，何捷译. 北京：中国建筑工业出版社，2005：136.

沃尔夫林才使人们清楚地认识到，巴洛克与文艺复兴艺术具有对等的价值，他对于五对概念的描述中并没有任何类似"对批判性的褒奖"或"对形式怪异的贬低"的褒贬评价，在他的理论体系中，每对范畴的前后概念都是平等的。

而解构主义批评家布鲁姆则提出了"影响的焦虑"来解释"批判性"为何产生又如何消失？他认为，诗人之于前辈的关系、新隐喻之于原始隐喻的关系，是一种爱恨交织的俄狄浦斯情结：后者总有一种迟到的感觉，重要事物已经被人命名，重要话语早已有了表达，因此，他必须消解、推翻、批判传统来为自己的创造想象力开辟空间；但是，俄狄浦斯先弑父后娶母，最终诗人要与前者彻底融合，以达到自身的"认同"。布鲁姆把这个过程分解为 6 个心理阶段 [①]：

> 第一阶段是 Clinamen（曲解或误读），诗人通过反讽，对前文本进行"反动—构成"和"故意误读"，即揭露其相对幼稚的幻想局限性，来逃避前文本"令人难以忍受的出现"。
>
> 第二阶段是 Tessera（完成和对立），诗人通过提喻和"对抗自我"的心理防御机制，超越由于过分理想化而"被截短了的"幻想，就是说，诗人通过第一阶段的"曲解或误读"，揭示前文本的不足，并通过"恢复运动"复活前文本的超验含义，从而使前文本的幻想成为自己作品的"一部分"。反之，他的作品也成了前文本的整体表达或"迟到的完成"。
>
> 第三阶段是 Kenosis（突破和断裂），诗人通过换喻使用"破坏或倒退"的心理防御机制，把前文本的幻想消解到非幻想程度，造成前文本根本不存在的假象，从而产生一种创作幻觉，仿佛处于前俄狄浦斯或无竞争阶段，从而使诗歌体验成为一种纯粹快感。
>
> 第四阶段是 Daemonization（魔鬼附身），诗人运用夸张手法，压抑前文本的崇高幻想，将前文本高级超验内涵变成"低级"的人类欲望，这样就能创造自己的"反崇高"幻想，并把想象力表现为独立、唯我、非人或恶魔的力量。实际操作中，诗人把自己的诗歌文本与某一先驱文本关联起来，但这个文本却不属于这个先驱，而属于超越这个先驱的另一个存在范畴，从而抹杀这个先驱文本的独特性。
>
> 第五阶段是 Askesis（自我净化），诗人（及其所利用的前文本）此时发现：通过幻想无法改造我们生存的世界，因此要运用隐喻"从内部攻克外部"。就是说，诗人献身于诗歌创作的快乐原则，以对抗现实世界的现实原则。他通过转换、替代、位移前文本的影响，从而与前文本彻底脱离，最终达到自身的净化。
>
> 第六阶段是 Apophrades（死者回归）。在这个极端完美阶段，诗人通过僭越（metalepsis）或超前提（transumption）容纳或吸收前文本，造成"哺育前辈"的幻觉，以此表达前文本渴望表达却未能表达的幻想，使人感到前文本出自后来者之手，进而完成与前辈诗歌的认同。

布鲁姆的研究不是以"原始隐喻"为起点，而是以"逆反的新隐喻"为起点描述下一个修辞自律演化过程如何进行，所谓先弑父后娶母，就是描述"反讽"是如何通过"批判"的欲望而产生，而后"批判性"又如何消失，即【逆反的新隐喻→新的形变】中"褒贬性如何消失"的分解步骤。

---

① ［美］哈罗德·布鲁姆.影响的焦虑[M].北京：三联书店，1989.

8.1.4　隐喻→减法的形变→提纯的新隐喻

8.1.4.1　减法的形变

与"加法的形变"拥有层出不穷的各种研究不同，还有一种"减法的形变"常常被人们忽视。如果说"加法的形变"起源于后辈"修改"、"反叛"以致"革命性的批判"的欲望，那么"减法的形变"则根植于后辈"维护"、"保守"、"压抑以致禁欲"的欲望。禁欲本身就是一种欲望，是与欲望作斗争的欲望，这种观点的本质是：人做一切事情的动力都是欲望，或者说是被另一种欲望支配下的对其他欲望的极力抑制。

"加法的形变"其实是在假设一个纯粹的状态，即在一个建筑作品中，我们只看到了起主要作用的"辞格"。但是，单个"辞格"的建筑作品是一种理想的状态，现实情况是，在一个作品中总是多种修辞相互掺杂，新隐喻和旧隐喻形变的交织在一起，我们称之为"系统修辞"。每当一个新隐喻压倒其他辞格而对建筑起到主导作用时，我们就概括地认为新时代到来了，而忽略掉其中的混杂，"减法的形变"就是这之后的一系列提纯的过程，因对新隐喻的强调要求驱赶其他辞格的残留，要通过各种手段去维护和得到最纯粹的"系统修辞"。

8.1.4.2　提纯的新隐喻

然而，"减法的形变"也是有限度的，当"减法"走向尽头、减无可减之时，就产生了"提纯的新隐喻"，人们往往用"崇高"或"升华"来描述它，"隐喻→形变→新的隐喻"的三段式就改写成为【隐喻→减法的形变→提纯的新隐喻】。

与"加法的形变"有众多相关理论（比如沃尔夫林的五对概念、布鲁姆的影响的焦虑、德里达的解构主义、巴赫金的狂欢诗学等）作为佐证相比较，"减法的形变"的相关研究则非常稀少，因为减法本来就是隐蔽的修辞。减法通过对"原始隐喻"的强调，赢得了"绝对意志"，也就获得了"崇高"，更多人不认为这是一种修辞，总是歌颂它的"真实性"，从而否认修辞的矫饰。但是，从系统修辞定义看来，"纯粹"的状态绝不真实，多种辞格相互掺杂、新旧修辞交织在一起、形成复杂暧昧的系统，这才是真实自然的状态。

本书试图用勒·柯布西耶、密斯与极简主义的建筑作品来描述这一过程：

8.1.4.3　勒·柯布西耶的隐喻→减法的形变→密斯的隐喻

萨伏伊别墅的"多米诺体系"（图 3-3）以及勒·柯布西耶自称的"房屋是居住的机器"，都可以看作是现代主义"隐喻"的起点，这个"隐喻"是对古典建筑"人体的隐喻"的反叛。

但是，萨伏伊别墅看起来像，但并不是一台真正的机器，它带有建筑师追求艺术欲望的自我实现：柯布西耶不顾萨伏伊一家的抗议，坚持平顶要优于尖顶，这其实就是他对于水平元素的坚持，因为水平线"隐喻"自由平面，也就带来"功能优先"的引申义，这在那个时代是开创性的。

勒·柯布西耶因第二次世界大战爆发侥幸地避免了与他的客户对簿公堂，但他"隐喻"的继承者就没有这么好的运气了，范斯沃斯住宅的使用者因新住宅剥夺了她的个人隐私，而将密斯告上了法庭。这也证明，勒·柯布西耶隐喻的引申义，或者说修辞的矫饰，被密斯放大和坚持了下来：

> 密斯，这个严谨、固执的德国人为了赋予空间以生命力，为了使它能够具有与古典建筑空间相对立的空间表现，在没有把空间形式都精练到最纯净的地步之前他坚决不止息。

范斯沃斯住宅看来似乎是一种终极的建筑形态。这幢住宅的意义是探究了水平匀质空间的极端形态，即垂直面缩至无形，由水平面确立空间轮廓。同时这个空间也在无时无刻不在试图强化自己的水平意义，这种意义无论在空间概念还是结构设计上都被明确而逻辑地清晰表达，密斯的匀质空间的建筑哲学正是作为追求这种单纯秩序空间的结果而产生的。

在人类建筑史上密斯首次创建演绎了四个垂直界面均为"透质"的空间基本形式，从此古典建筑中始终由垂直面强烈限定的传统的中心性空间发展成为被水平面的主导限定所代替，在水平面的方向上，空间被匀质地发散伸展，这种水平控制的空间被赋予了新的表现意义，也许可以称之为"水平楼板空间"。正是这个现代极点的确立，昭示着密斯为代表的现代空间演绎上的无穷可能性。[①]

图 8-9　密斯的范斯沃斯住宅

图 8-10　密斯的纽约西格拉姆大厦

图 8-11　Peter Zumthor 建筑事务所的 Bruder Klaus 教堂（德国，梅谢尼希）

密斯"少即是多"（less is more）的口号，完美揭示了减法的形变原则，范斯沃斯住宅（图 8-9）探究了"水平匀质空间"的极端形态，将勒·柯布西耶的水平元素提纯到极致，从而将"垂直面缩至无形"，"在人类建筑史上，密斯首次创建演绎了四个垂直界面均为'透质'的空间基本形式"。

对"垂直元素"的简化，最终减无可减，就转化成为"垂直的透明介质"，以"透明"取代了"水平"的修辞格。而为获得最纯粹的透明，范斯沃斯住宅之后，密斯的一系列作品都不断地在对技术节点进行精炼，使"减法的形变手法"致臻纯熟，从而收获了"提纯的新隐喻"。从此，现代主义建筑的隐喻指向也就完成了一次关键性的意义偏移，从"功能的隐喻"走向了"技术的新隐喻"，尤其是密斯通过西格拉姆大厦（图 8-10）等作品开创的玻璃幕墙高层建筑，形成现代主义"方盒子建筑"的形式化典型。

从实用角度而言，萨伏伊别墅和范斯沃斯住宅，这两个建筑史上的著名作品都有使用上的硬伤，前者因平顶而漏水、后者因透明而被使用者告上法庭，却都因形式隐喻的艺术价值而名声大噪。因此，我们回到第 1 章，在"内容 vs. 形式"这一建筑史的永恒主题中，与其说形式是对建筑内涵的"客观反映"，不如说是对建筑内涵的"主动隐喻"："反映"似乎建筑是在某种规律下的被动生成，这种规律就是先验的建筑本质；而"隐喻"则是建筑师对某种意义的主动选择，进而形成隐喻前提下的形变规律，

---

① 邹青．对柯布西耶和密斯"匀质空间"的比较研究——从萨伏伊别墅到范斯沃斯住宅 [J]．建筑师，2005，117（10）：67．

而一旦这种修辞成熟并大规模扩散时，建筑师选择的"意义"就成为建筑的本质。

当然，现在这个减法的过程并没有就此中断，从这个意义上来说，其实"极简主义"（图 8-11）和"解构主义"一样，也走向了"原始隐喻"的对立面：抛弃了功能优先，成为形式优先或意义优先的追求。"极简主义"号称将最原初的形式展示于观者面前，意图消弭作者借着作品、形式、符号等对观者自我意识的压迫感，极少化作品作为文本或符号形式出现时的暴力感，但这其实并没有脱离一种"修辞"的暴力。

8.1.4.4　褒贬义的消失

"提纯的新隐喻"和"逆反的新隐喻"一样，一旦成立，它都要走向新的"形变"，即一旦辞格减法所造成的形式逐渐被人接受从而推广开来，它的崇高性将逐渐消失，从而转换成为一个历史上的普通"隐喻"，其"崇高性"只不过出现在历史上的一个特定时期。

这种"崇高性"的消失在建筑历史中已经屡见不鲜了，对"形式追随功能"的批判、对"少即是多"的反思、对"现代主义方盒子"的腻味都在此之列，只不过与"巴洛克风格"先踩到脚底、再鲤鱼翻身的过程相反，"崇高性"则是先捧上神坛，再拉下马来。

8.1.5　隐喻形变的交织演进

我们把两个三段式结合在一起，就形成了"隐喻形变交织演进"的最小单元（图 8-12），而每个新隐喻，都可以按照这个模式继续向下衍生，绵延不绝。至此，我们用一种非常简约的符号化的方法，以"时间"为线索，串联起所有散落的"辞格"，并试图将历史中已经阐明的"形式主义的自律演化"或者"表现主义的自律演化"囊括进来，使之形成一种统一的"宏观"历史结构与演化结构。

图 8-12　"隐喻形变交织演进"的最小单元

当然，我们假设了一种理想状态下单个辞格的自律演化路径，然而实际过程中还存在着各种要素的动态统一和多条线索的齐头并进：

8.1.5.1　隐喻形变的动态统一

"隐喻"和"形变"其实都是一种持续不断的变形，只有当人们以记忆的形式回顾它，或者以历史的形式叙述它时，它才被"定格"，而当人们正在经历它时，只能以直觉来把握它的冲动与创造力。所以，即便历史选择了某种"隐喻"作为演化的起点，但这个"隐喻"还是很难用图式明确表达的，因为它始终在一种不断变形的过程之中。

按照第 5 章（图 5-5）的举例，蒙德里安的第一幅《红、黄、蓝》就是用图像表达"科学理性"的隐喻起点，然而，他并不是突然地、毫无前奏地、横空出世地冒出了这种手法，蒙德里安自己说道："我一步一步地排除着曲线，直到我的作品最后只由直线和横线构成，形成诸'十'字形，各自互相分离地隔开"。从蒙德里安的诸多早期画作中（图 8-13）可以看出，他从"自然主义、象征主义、印象主义、新印象主义和立体主义"等一系列不间断的实践中，不断使用着纯粹化的减法形变，直至《红、黄、蓝》剩下了最基本的绘画语言——直线、直角、三原色（红、黄、蓝）、非彩色（黑、白、灰）和结构的比例组织，从而得到了"提纯的新隐喻"。

因此，《红、黄、蓝》这个最后的形变之所以被"定格"为隐喻，离不开主观的人为定义：首先是蒙德里安本人的倾向，即主体的主观定义；其次是艺术史乃至本书的表述，即客体的主观定义。

所以，到底是"隐喻"还是"形变"并不绝对，它们的存在取决于人为意志，而非客观存在。从不同的角度看待同一种修辞甚至是同一个作品，"隐喻"和"形变"的定位有时会互相转化：在

图 8-13　蒙德里安的早期形变之路与《红、黄、蓝》的隐喻定格

这一种"主观意义"的演化线索中被定义为"隐喻",而在另一种"主观意义"为主导的演化中,它也许就被称之为"形变",反之亦然——这就是"隐喻与形变的辩证统一"。

8.1.5.2　逆反提纯的辩证统一

与"隐喻"和"形变"并不绝对一样,"逆反"与"提纯"也是相对过程而存在的。对任何视觉形式的"逆反"和"提纯"都取决于:主体从哪个隐喻出发? 从哪个角度、哪条线索去看待当前的形式? 即将形式解读的价值判断置身于哪种环境之中。因此,所谓"逆反或提纯"所带来的"崇高、优美、批判、反讽"等褒贬评价取决于环境与过程、视角的选取,并不是完全的客观。尤其,具体在同一种修辞、同一类作品、同一个对象上,其褒贬往往也是辩证统一的:在这一种"主观意义"的演化线索中,可能以"逆反"的面貌出现,而在另一种"主观意义"为主导的演化中,它也许就显示出"提纯"的特质,反之亦然。

比如,从 1917 年起蒙德里安画了大量的《红、黄、蓝》系列,可以看成是新隐喻确定后的一系列"加法的形变",他一生中完成的最后一件作品《百老汇爵士乐》(图 8-14)更是复杂化的代表,对原始隐喻作出了不小的突破和颠覆:

依然是直线,但不是冷峻严肃的黑色界线,而是活泼跳动的彩色界线,它们由小小的长短不一的彩色矩形组成,分割和控制着画面;依然是原色,但不再受到黑线的约束,它们以明亮的黄色为主,并与红、蓝间杂在一起形成缤纷彩线,彩线间又散布着红、黄、蓝

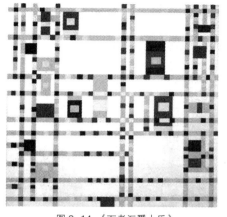

图 8-14 《百老汇爵士乐》

色块，营造出节奏变换和频率震动；看上去，这幅画比以往任何一件作品更为明快和亮丽，它既是充满节奏感的爵士乐，又仿佛夜幕下办公楼及街道上不灭灯光的纵横闪烁。

然而，如果从对"爵士乐"这种音乐类型的视觉表现角度，也就是将"爵士乐的音乐形式"作为"视觉隐喻"的意义联想开端，这幅作品就不能称之为加法的，反而是纯粹的，这就是"逆反与提纯的辩证统一"，从纯形式的角度也可以称之为"巴洛克与纯粹的辩证统一"。

8.1.5.3　多条线索的齐头并进

修辞从"隐喻、形变"的两极出发，在同一种辞格、同一类作品、同一个对象的内部来看，情况已经足够复杂了，但更复杂的是，世界由错综复杂的"系统修辞"组成，即多种辞格并存、多条线索齐头并进。

就如同"波粒二象性"一样，多条线索之间也存在相互"干涉"、"折射"和"衍射"的现象。当蒙德里安开始"加法的形变"时，他的视觉形式却成为众多其他领域的"隐喻"来源（图 8-15），比如家具设计的红蓝椅、建筑设计的乌德勒支住宅、时装设计的伊夫圣洛朗裙等，即便到现在，还是有很多设计师采用这种"辞格"，设计包括从建筑到手机桌面的多个领域，这就是多条线索并进引起的"衍射"和"干涉"现象。

图 8-15　蒙德里安风格的应用

8.1.5.4　自律演化模型

综上所述，我们建构了"隐喻形变交织演进"的自律演化模型（图 8-16）：模型以简图形式，描述了"隐喻、形变"的多种辞格将如何无限衍生、自律演化，它以箭头形式，描述了每个"隐喻、形变"的演化方向，从中我们可以推演出许多信息，比如因"提纯"以对原始隐喻的维护和回归而成立，因此图中"提纯的隐喻 A4"与它的原型"逆反的隐喻 A1"两者其实形式同质，但过程描述却相反，这往往将导致价值判断相反。

最后，模型象征性地列举了从两个原始隐喻出发的延绵路径，表达出多条线索的齐头并进、相互干涉：如果我们从"罗马风拱券的残留隐喻"和"上帝之光的新隐喻"这两个隐喻起点来描述"哥特风格"的辞格演化，就可以填充模型变为另一图（图 8-17），在这一演化之中，竖向线条、集中平面、穹顶等的"新的视觉隐喻"被慢慢衍生出来，并开始相互干涉影响，继续朝着文艺复兴的下一个时期在不断演进。

不过，图 8-17 是选取"拱券隐喻"和"光的隐喻"为起点来描述演化的特定视角，如果我们以"向

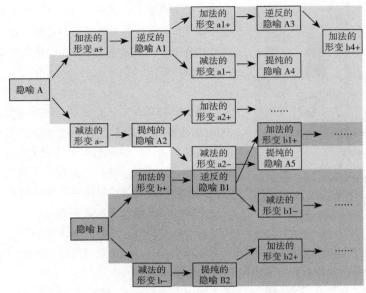

图 8-16 "隐喻形变交织演进"的自律演化模型

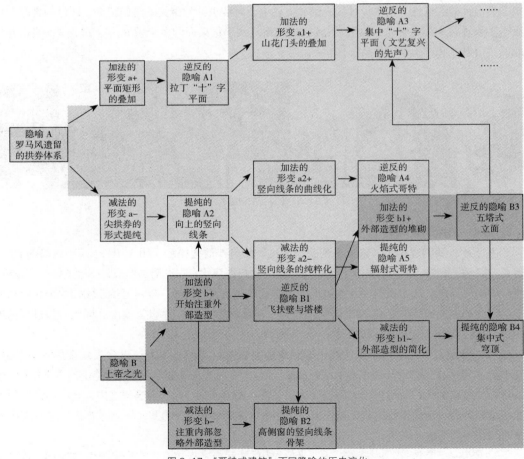

图 8-17 "哥特式建筑"不同隐喻的历史演化

上线条隐喻"为起点，或者将"拱券隐喻"继续向前延伸、将"集中'十'字平面隐喻"和"穹顶隐喻"继续向后延伸，也一样可以做出类似的不同简图，这也就是"隐喻形变交织演进"的相对性与主观性之所在。而实际上，这只是一张为便于我们理解与观看而简化的图表，现实情况中，它应该是一张相互交错的立体网络。

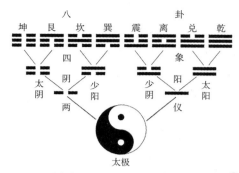

图 8–18　"太极生两仪，两仪生四象，四象生八卦"图解①

　　然而，一个更具联想性的画面是这样的：首先存在着语言的"能指—所指"对应关系，它们两者的指向和偏离运动产生了修辞的"隐喻"和"形变"，而因为"形变"对"隐喻"的不同偏离路径又产生了"加法的形变"和"减法的形变"，此后就在此基础上产生了无穷多的演化，这似乎可以使我们联想到"太极生两仪、两仪生四象、四象生八卦"（图 8–18）的"修辞的生生不息"。

8.2　宏观归集的自律演化

　　然而，以上所有"自律演化"的修辞学证明，还需对"自律"的意义有所明确。

8.2.1　微观的非自律

　　我们通常这样解读建筑形式的"自律"：从最初的既定概念出发贯彻到底的建筑设计，强调自身理念而拒绝潜在影响（比如环境，文脉），可以理解成只贯彻自身生成法则的设计手法，就比如彼得·埃森曼的"自主性"。现在，我们已经认识到这种"自律性"其实是一种"换喻的推敲变形"，不是"逻辑生成"的结果，而是建筑师下意识"同义反复"的选择。所以，这种"自律性"用"自洽性"来代替会更加贴切一些，而这种"自洽"对应"他洽"，后者是考虑到很多外在的影响因素来进行的建筑设计：批判地域主义、有机建筑等，都是"他洽"的，而早期现代主义、纳粹建筑、纪念碑式建筑，以至于现在很多算法设计的建筑，可以说是"自洽"的。

　　这也就是说，对于共时下的建筑视觉形式不存在"自律"，单个的建筑师和单独的建筑作品也不存在"自律性"，因为：作为独立的个体建筑师，其创造力并不在于某种规则，他们随心所欲地挖掘着代表自己的"隐喻"，有可能来自于历史，有可能来自于技术，有可能来自于社会的共识，也有可能来建筑师的某一次采风；他们也随心所欲地朝着自己觉得正确的"形变"方向前行，时而用加法，时而用减法，或者对这个隐喻用加法，对那个隐喻用减法，总之，存在很多随机性；而单体的创造力也不取决于时代精神，"艺术家居住在时间的某个国度，但他不一定属于身处的时代……他可以选取从前的例子和模型，从中创造出一个完整的环境，同样的，他也可以勾勒出特定的未来，既穿过现在，也穿越过去。艺术家会追求自己需要的世界。"②

　　个体的建筑师都是"自我"的，它不依靠理性的分析或演变的规则来行事，尽管有时候他也会用这些来包裹和隐藏他的直觉体验，但基本还是依靠个人的直觉来把握。

---

① 引自百度百科"太极生两仪，两仪生四象"词条。

② Henri focillon. The Life of Forms in Art. translated by Charles B·Hogan and George Kuble[M]. New york：Zone books，1989：152–153.

8.2.2 宏观的自律

本书的"自律"更强调历时性，不是指某一个建筑师的作用，也不是某一个建筑遵照某种法则自动生成，而是某一代建筑师，或者好几代建筑师在历史继承性下不自觉的一种形式发展规律，就像大卫·沃特金将一部《西方建筑史》演绎成为"古典主义风格连续重生的历史"，沃尔夫林的《艺术风格学》讲述了五对形式概念的发展运动，亨利·弗西雍在《形式的生命》中划分的四个阶段[①]。与其相对应的是"他律"，是指历史语境、意识形态、价值取向等外部因素对"自律"演化的干扰。

黑格尔把历史视为"绝对精神"的自我发展，他认为每个时代的艺术总是、应该且能够与"时代精神"一并前行；而与黑格尔不同，弗西雍的"形式自律"则试图证明："历史是三种能动力量的结合：各种传统、各种影响和各种试验"[②]，存在很多偶然。

这如果用量子理论来解读的话，就是："宏观有序"和"微观无序"。

8.2.3 修辞的自律

本书秉持的是弗西雍的历史判断，历史并不是一系列安排妥帖、和谐动人的场景，整个历史的发展过程充满了变异和冲突，所以，作为历史时间里的形式演化，它在自己内部起作用，也超越自己和影响自己，自律演化只是作为一种宏观归集的主要线索："历史不循单线发展，也不是一个简单的系列，最好把它当成相隔遥远却重叠在一起的许多片刻，虽然不同的行动模式同时发生（人们记录的往往是同一片刻），但是，它们不见得处于相同的发展阶段。……甚至一个短的历史时期，也是由大量的阶段和层面所构成。"[③]

竖向剖切自律模型，就得到了历史的各个"时刻"，对于每个"时刻"而言，都存在着大量异质元素和杂质，即有各式各样的、私人化的"隐喻"同时发生，它们处于不同的"形变"阶段："试验、成功和衰退同时存在，除了那些短暂的历史以外，历史的运动很少是统一的，因为不同的事实序列是以不同的速度运动着……历史往往是介于超前的、符合当代的、落后于时代的事物间的冲突"[④]，艺术史是被叠加在同一片刻的形式描述的集合。

在"隐喻形变交织演化"的模型中，我们只象征性地给出了两个"原始隐喻"的发展线索，真实的情况下当然不止两个，而是许多个，每个"原始隐喻"的发展长度、扩展角度、推进速度、各阶段出现的先后顺序等，都不会如同模型一般完美，"历史并不处于黑格尔所说的变化发展状态，它并不是负载着历史事件及事件的碎片以同样速度，向同一方向流淌的河流。我们称之为历史的东西其实是从复杂而多变的潮流中所产生。"[⑤]

所以，所谓自律演变的描述是如此的理性，以至于不能用来剖析川流不息、活生生的生命意识，而只是一种宏观的归集，而且这种归集是修辞性的，被它忽略而从历史书本与建筑理论中消失的建筑师与建筑作品比比皆是，被这种修辞重新整理过的历史变得理性而富有条理，枝杈被修理干净，重点被标记突出，而且以一种线性的方式匀速前进着。

---

① 法国艺术史家亨利·福西永（Henri Focillon）在《形式的生命》中，将风格的发展划分为四个阶段：实验阶段、古典阶段、巴洛克阶段和精致化阶段。

② Henri Focillon. The Art of the West in the Middle Age Vol.Ⅰ. edited and introduced by Jean Bony[M]. London：phaidon，1963：XI，X.

③ 马艳. 形式的生命——弗西雍的艺术理论研究 [D]. 北京：中央美术学院，2007：55.// 来源于 Henri Focillon. The Art of the West in the Middle Age[M].Vol.l. edited and introduced by Jean Bony. London：phaidon，1963：X，XI.

④ 弗西雍. 造形的生命 [M]. 吴玉成译. 台湾：田园城市文化事业有限公司，2003：134.

⑤ 马艳. 形式的生命——弗西雍的艺术理论研究 [D]. 北京：中央美术学院，2007：55.// 来源于 Henri Focillon. The Art of the West in the Middle Age[M].Vol.l. edited and introduced by Jean Bony. London：phaidon，1963：X，XI.

第9章 情节的交互——修辞语法的悲喜剧

9.0 修辞语法的交互

按照雅各布森的看法："隐喻"是语义性的，与"意义"相关；"换喻"是句法性的，与"语法"相关，也就是说，语义学和语法学其实与修辞学都有着错综复杂的关系。此前，辞格研究已经完成了"隐喻换喻"的框架统一，那么演化研究还可以完成"修辞语法"的语言学大统一吗？答案是肯定的，这个答案也必须从动态的演化中去寻找，因为，修辞不仅在内部进行"隐喻形变的交织演化"，同时在外部完成"修辞语法的交互演化"。

9.0.1 本质→修辞 vs. 修辞→本质

9.0.1.1 共时辞格：本质先于修辞

如果把按时间要素排列的"隐喻形变交织演进"按形式要素来排列的话，则隐约可以看见"黑格尔美学"和"拉康心理学"的模型（表9-1）：

演化模型对比表 表9-1

按照形式由简至繁排列	
修辞学：	提纯的隐喻←减法的形变←原始隐喻→加法的形变→逆反的隐喻 演化的起点
黑格尔美学：	象征型艺术←—————←古典型艺术→—————→浪漫型艺术 演化的起点
拉康心理学：	压抑的隐喻→—————→欲望的换喻→—————→欲望的换喻 演化的起点

黑格尔认为"古典型艺术"是"绝对理念"的化身，它是形式内容达到了独立完整的统一，因而形成艺术的中心，对此偏离则分别产生了"象征型艺术"[①] 和"浪漫型艺术"[②]；而雅克·拉康把换喻即本书的形变说成是"欲望"，欲望总是被移位、被延搁，但永远不会超越代表"压抑"的隐喻，因此，最初的"无意识"是最压抑状态下的纯粹，代表发展的起点，"之后"则永远在做加法，永远处于缺乏之中，所以拉康有一句名言："欲望即缺乏"。

也就是说，在"黑格尔美学"和"拉康心理学"中，无论是演化的起点在图式的中心还是边缘，它们都是绝对精神先天明确的、与时代精神相对应的、弗洛伊德无意识先验所确定的起点和原点，

---

① "象征型艺术"被黑格尔称为艺术前的艺术，"绝对理念"本身还是漫无边际、未受定性的，所以它无法从具体现象中找到合适的形式来恰当表现，"这种理念越出有限事物的形象，就形成崇高的一般性格"。

② 当"绝对理念"丧失了内在意义与外在形象的吻合，精神就离开外在世界而退回它本身，产生了"浪漫型艺术"。

是先有了先验的本质规则，之后再对此产生偏离，才出现黑格尔加法的"浪漫型艺术"、减法的"象征型艺术"或拉康"加法的欲望"。

因此，辞格篇中，意指转化的完整公式为：$\{(E^R)^M\}^m=C$（R 语法，M 隐喻，m 形变）$\}$，只不过第一个直接意指的规则层次 E^R 在辞格研究中被缺省了，即：从共时的辞格看，先有某种确定的规则作为修辞的基础，修辞是对本质的偏离与悖反。

自黑格尔后，历史上的建筑师和他们的建筑理论纷纷都倾向于宣称自己的修辞是一种"语法/原型"，代表着建筑本质的新发掘，所谓形式就是一种确定规则下的"自然生成"。这其实是西方从古至今人们潜意识中的"本质至上"，柄谷行人认为"存在着一种可称之为'对建筑的意志'的东西，它被不断地重复着，每逢危机就会再起，而其'起源'通常可以追溯到柏拉图。……而那就是作为建筑师的上帝（God as the Architect）观念……支撑着诸科学的不是数学或某种确切的基础，而是认为世界由作为建筑师的上帝所制造并支撑，世界因此在终极意义上是可知的、有秩序的这样一种信念"[①]。

这反映在建筑语言学中，往往表现为"语法"或"元语言"的科学主义标榜，比如：罗伯特·斯特恩认为"古典主义的语法、句法和词汇的永恒的生命力，揭示了建筑最根本的意义"[②]；彼得·埃森曼将自己的"逻辑隐喻"描述为"句法的生成规则"；亚历山大的《模式语言》分类归纳了城镇、邻里、住宅、花园、房间等 253 个模式，认为可以从中随心所欲地创造千变万化的建筑组合；此外，"德州骑警学派"的空间操作训练、建筑现象学对"场所精神与知觉空间"的关注等都属于此类。

因此，从狭义的共时修辞来看，建筑的"修辞体系"是建立在"纯语言体系"下的二级体系，"建筑的视觉形式"是依附于"建筑本质"下的附庸系统。

9.0.1.2　历时演化：修辞先于本质

然而，在修辞的历时演化中，修辞和本质的关系却不是这样，并不存在某种先验的"语法"或"元语言"，任何所谓的"本质"或"真理"其实要通过修辞而确立。

● 首先，现实的世界是一个复杂的"系统修辞"，每个辞格不是以一种独立的绝对形态存在，而是在多重混杂中以一种相对状态存在，即"在—世界—之中—存在"（being-in-the-world）[③]，从而与其他辞格构成一种动态平衡。拉康心理学所追溯的最初的"无意识"，其实是将这种"相对平衡"的环境剥离，就像力学用无摩擦、无阻力、无损失的环境来建立假定分析模型，只是一种借理想状态下的"绝对"来研究"相对"的方法，却不能代替物理事实。

比如，海德格尔否定了梅洛·庞蒂通过身体性来理解空间性的进路，认为"身体性并不能从根本上阐明空间性"[④]，我们用修辞的角度可以这样看：用"身体隐喻空间"只是众多"空间隐喻"其中的一种，它处于所有"空间隐喻"混杂合集的相对平衡中，但并不是绝对的唯一，一旦将"身体性的知觉空间"从这个复杂平衡的环境中剥离和强调出来，其实就走向了"偏激"，压制和否定了其他角度的空间理解。

● 其次，身处历史、社会、环境其间的每一个体，都只能够看到自己所处的位置，都从自身出

---

① 柄谷行人. 作为隐喻的建筑 [M]. 应杰译. 北京：中央编译出版社. 2011：对建筑的意志.

② 何可人. 另类现代 1900～2000——记 20 世纪传统和古典建筑设计及城市设计国际研讨会 [J]. 世界建筑，2001（3）：83.

③ 海德格尔存在主义"此在"概念的基本结构.

④ 海德格尔否定了通过身体性来理解空间性的进路，认为身体性并不能从本质上阐明空间性，空间性唯有透过"在世界中存在"（In-der-Welt-sein）这一源基性结构才能得到本质上的说明。而梅洛庞蒂则通过重新理解"身体性"，指出"身体"（肉身主体）在其"往世中去的存在"（Etre-au-monde）中的构建作用，从而说明"肉身主体"与"在世存在"在空间性的本质构建中都有着原始的和奠基性的地位。转引自：宁晓萌. 空间性与身体性——海德格尔与梅洛庞蒂在对"空间性"的生存论解说上的分歧. 首都师范大学学报（社会科学版），2006，173（6）:59，摘要.

发来理解系统的运动，从而创造了大量不同质的、只属于自己的"隐喻和形变"，而历史他律性则会对这种自然状态发生干扰与归集，它会对各类修辞进行评价，而艺术评判的高低最终将带来大量的传播、复制或消亡，经历大浪淘沙而被筛选出的"相对的隐喻和形变"，才成为"绝对的意义和语法"。

韩礼德[1]也曾将语言发展史视为一个"去隐喻化"的过程，他认为语言表达都以隐喻为开端，然后渐渐失去隐喻特征成为常规用法。但与其说每个语言的历史是一个"去隐喻"的历史，还不如说这是一个"去修辞"的历史，乌尔曼[2]把这种"去修辞"比作经济学上的"报酬递减律"，即使用越频繁，修辞性就越退化。

● 最后，修辞是如何被去化的？失败的修辞被遗忘；成功的修辞被固化。因此，大众都公认的特定本质、明确规则、固定的语法和词汇，其实都是由一种成功的修辞演变固化而来，所谓"本质"与"真理"，事实上因修辞而确立。

> 当积极修辞首次造成某种语用性变化时，属于个别的现象；而当这种用法开始被他人仿用或借用时，即进入了偶用阶段；当越来越多的人都这么用的时候，即进入常用阶段；而当一个语言社团普遍都这么用时，就意味着这种用法已经固定下来了，成为语言系统中的常规用法。[3]

9.0.1.3　隐喻→词汇 & 形变→结构

修辞是隐喻与形变的辩证统一，因此：固定的、脱离语境而不影响意义理解的"隐喻"就演变为"词汇"；稳定的、具有一定格式的"形变"则演变为"结构 / 关系"。《汉语修辞与词汇发展》中就是这样总结"红颜"一词如何从成功的修辞中固化下来：

> 以"红颜"指代"美女"的用法最早见于《汉书》中：
>
> 9）既激感而心逐兮，包红颜而弗明。（《汉书卷九七上·外戚传》）
>
> 这里运用了借代的修辞手法，"红颜"在句中特指汉武帝宠妃李夫人。在可查的唐代以前的文献资料范围以内，这样的用法目前我们仅发现此一例。由此可知，于当时而言，这样的用法当属于一种个别的现象，离开了这个语境，"红颜"本身并不具有这个意义。
>
> 到唐宋时期，不少诗词也都开始模仿这种表达方式以"红颜"指代"美女"：
>
> 10）欢息不相见，红颜今白头。（唐张南史《送郑录事赴太原》）
>
> 15）红颜移步出闺门，俭揭绣帘相认。（宋《西江月》）
>
> 从唐朝到宋代，如果仅从用例上来看，"红颜"表示"美女"义的用法已不少见；但从使用范围上看，这些用法大多只是出现在文学作品中，文学性的修辞效果还非常明显，即还属于"活"的借代。若脱离了文学语境，"红颜"还不能固定表示"美女"义。由此可见，这一时期的"红颜"用法仍属于修辞性用法，处于从修辞现象向词汇现象转化的初始阶段，此阶段我们称之为"偶用阶段"。
>
> 到元明时期，用"红颜"表示"美女"义的用法就比较常见了，例如：
>
> 16）红颜自古多薄命，莫怨东风当自嗟。（元·高明《金络索桂梧桐·咏别》）

---

① M. A. K. Halliday. An Introduction to Functional Grammar[M]. London：Edward Arnold，1985/1994.

② Ullmann S. Semantics. An Introduction to the Science of Meaning[M]. Oxford：Blackwell，1962.

③ 许红菊. 汉语修辞与词汇发展 [D]. 武汉：华中科技大学，2012：43.

17）他敛黄金尽四方，怕没红颜满洞房？（元杂剧《锦云堂暗定连环计》）

从使用范围来看，这一用法已不局限于诗词等体裁中了，杂剧、笔记、小说等比较反映日常生活口语的体裁中也开始出现这样的用法。高频率的使用带来的是修辞色彩的丧失，到这一时期以"红颜"指代"美女"的用法已没有了最开始的新奇感，逐渐演变成为一种比较普通而常见的表达方式。尤其是"红颜薄命"这一说法在当时作为流行语被广泛传播开来，这加速促进了"红颜"表示"美女"义用法的固化。这一阶段可以算作是该用法从修辞现象向词汇现象转化过程中的常用阶段。

到清代时，这种用法才真正固定下来，也就是说，"红颜"作为一个词本身具有了"美女"这一意义，不需要依赖于任何语境。例如：

24）恸哭六军俱缟素，冲冠一怒为红颜。（清吴伟业《圆圆曲》）

25）红颜遗恨，千古同磋。（清·王韬《淞隐漫录》）①

以上便是"红颜"表示"美女"意义由临时的修辞用法发展成为固定词汇的全部过程，而网络上，还有人仿拟"红颜"而造出"蓝颜"一词，表示"男性知己"的意思，从而开启了新一轮的词汇演化。

因此，从历时的修辞演化看，所谓"语法或词汇"不是修辞的基础，而是修辞的子集，是众多修辞中被固化下来的一类。比如，如果我们将"四字成语"看成一种具表达稳定度的"词汇"，那么类似"喜大普奔、累觉不爱、十动然拒、人艰不拆、不明觉厉"② 等新成语的"网络热潮"，也证明了社会接受与大众扩散就是"词汇"产生的修辞前提。

9.0.1.4 隐喻的神化→元语言 & 形变的神化→语法

然而，在众多固化的"词汇与结构"中，还存在最重要、传播最广泛、最被人们所接受的那一部分，是历史时代背景下，由技术条件、社会氛围、伦理导向、大众意识等众多他律因素对"隐喻/形变"的一种"神化"，或可称之为时代的"元语言/语法"。

所谓"元语言"又可称之为"语言的语言"，是与"对象语言"相对应的更高的一个层次，但本书已经论述，这样理解的"元语言"将陷入逻辑的死循环，导致"元元元语言"的无穷后退。所谓"元语言"，比如类似于黑格尔的"时代精神"、利奥塔的"元叙事"等，其实是被时代的印记所限定的一种"确定的实体"，实际上它们从演化中来，从而也否定了唯心主义"绝对精神"的先验存在。

约翰·萨姆森的《建筑的古典语言》（1963；1980 增补修订）以研究拉丁文的方式系统整理了西方古典建筑中的构件意义及语法，并向现代建筑延伸，含蓄地批评后者破坏了建筑语言。布鲁诺·赛维的《现代建筑语言》（1973）却对此提出反驳，赛维把现代建筑语言理解为在历史中发展出来的一系列真理性的普遍规则与方法，反而指责古典建筑不是一种语言。与这些强调语法规则性的理论相反，文丘里的《建筑的复杂性与矛盾性》（1966）

---

① 许红菊.汉语修辞与词汇发展[D].武汉：华中科技大学，2012：38-39，举例有删节。

② 【喜大普奔】："喜闻乐见、大快人心、普天同庆、奔走相告"的缩略说法。

【累觉不爱】："很累，感觉自己不会再爱了"的缩略形式。

【十动然拒】："十分感动，然后拒绝了他"的缩略形式，用来形容"屌丝"被"女神"或"男神"拒绝后的自嘲心情。

【人艰不拆】："人生已经如此艰难，有些事情就不要拆穿了"的意思。

【不明觉厉】："虽然不明白你在说什么，但是听起来感觉很厉害的样子"，表面词义用于表达"菜鸟"对专业型、技术型高手的崇拜，引申词义用于吐槽对方过于深奥不知所云，或作为伪装自己深藏不露的托辞。

注意到了具有变化性的建筑符号表达的一面，以隐喻和反讽现象为切入点，开辟了微观研究的方向。塔夫里的《建筑学的理论和历史》（1968）兼取多方特点，把建筑语言看成是一种涉及结构与符号的历史辩证批评。詹克斯的《后现代建筑语言》（1977）强调建筑表达的"双重译码"，用"后现代"一词来特指"那些意识到建筑艺术是一种语言的设计人"。①

分析以上这段话，约翰·萨姆森西方古典建筑的"构件意义及语法"、赛维的现代建筑语言"真理性的普遍规则与方法"其实就是不同时代的"建筑元语言与语法"，是带有真理神圣意味的时代化身，因此，当我们固化地理解时就会产生激烈的矛盾而互相指责对方不是建筑语言，其实这是指责对方不是真理；而塔夫里"涉及结构与符号的历史辩证批评"就是用历史联系起双方，所隐含的就是演化的观点；至于文丘里的"复杂性与矛盾性"、詹克斯的"双重译码"则是纯粹的"积极修辞"。

再看彼得·埃森曼的"卡纸板住宅"，通过切变、压缩、旋转、换位等方式将结构体系的"柱、墙、空间"当作抽象的"点、线、容量"来建立形式的转换生成，这种被埃森曼称之为"句法"的生成规则，其实不是语法，而是埃森曼自己设计的"积极修辞"，但近年来有慢慢向"消极修辞"扩散的倾向。

从以上例子我们可以看出，所谓"元语言 / 语法"、"符号 / 规则"、"消极修辞"、"积极修辞"等，其实都是一个"连续演化"的时间切片，它们的意义存在于历史的相对之中。

因此，关于"人体比例的隐喻、三分法的形变"，这在古希腊时代、文艺复兴时期被当作"元语言 / 语法"而得到尊崇，但在现代主义建筑中就只是一种普通的"修辞"，建筑师们可采用、也可不去理会，这就是对柱式的"去神化"。我们很难、也不需要对"柱式的比例系统"究竟是属于"修辞"还是"语法"作出绝对定义，而只需要灵活地运用它。再比如，古代的平仄格律也可以看作"当时的语法"，所有人都孜孜以求地钻研、练习、并遵从它，使之成为一套普遍的、稳定的、可交流的系统；而今天的"语法"早已转移为"主谓宾结构"等，平仄格律就变为冷僻的"修辞"由少数人把玩。还比如梁思成将构件、装饰和建筑单体等称为"词汇"，对应地将构件之间、构件的加工处理以及建筑单体之间的处理方法和相互关系等称为"文法"，而他的"文法"只存在于历史：是以清工部《工程做法则例》为蓝本，在此基础上将宋《营造法式》与其两部"文法"互相比较，由近及远研究中国古代建筑。

历史上，柯布西耶并不只是提出了"多米诺体系"，此后不久，他就又提出了基于墙板结构的"monol 体系"（图 9–1），并在多个项目上加以实现，在现存的 34 个成品住宅与 50 多个设计方案中，他均以这两个"原型"为基础（表 9–2）展开设计。但与"多米诺体系"在现代主义建筑史中大放异彩不同，"monol 体系"却慢慢地被人遗忘了。这就是历史所作出的选择：是多米诺而不是 monol

图 9–1　"monol 体系"图解

① 程悦. 建筑语言的困惑与元语言——从建筑的语言学到语言的建筑学 [D]. 上海：同济大学，2006：24–25.

勒·柯布西耶两种体系对比表 表 9-2

	年份	结构	代表项目	倾向
多米诺体系	1915 年	板柱结构	雪铁龙住宅，萨伏伊别墅	男性化的，展示尺规规律，即强调直立的四堵墙壁围成的建筑空间
Monol 体系	1919 年	墙板结构	圣·克劳德住宅，萨拉巴依女士住宅	女性化的，展示圆规作用，即强调由一个直角发散而出的放射性

体系成为了现代主义建筑的"元语言"。

因此，在历史的特定时期，"某些修辞"可以被神化为"本质所确定的语法规则"，而在历史的普遍时期，这一"语法"又以"修辞"的名义继续演化，两者相互交织（图 9-2）才构成了整体的形式演化史。这就将建筑的"形式本质 vs. 视觉形式"这一对概念真正地进行了辩证的理解：句法学强调"内容决定形式、深层句法决定浅层形式"，即一种"本质决定论"；狭义修辞的辞格研究解析"视觉修辞"如何偏离和悖反"建筑本质"，但并未从根本上脱离"本质决定论"；而广义修辞的演化研究却试图论述"建筑本质"确立过程中的偶然性、修辞性，即所谓建筑形式的本质（尤其是建筑理论对本质的一种确定性的描述）只是历史那一时刻的一种选择，而成功的"建筑视觉修辞"往往影响和促进了这种选择，使"语法"的成立成为一种隐蔽的"修辞行为"。

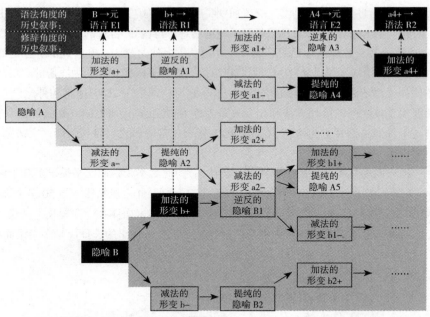

图 9-2　语法修辞的交互演化模型（虚线下为图 8-16，虚线箭头指向修辞语法的交互时刻）

老子的《道德经》开宗明义"道可道，非常道；名可名，非恒名"：前一句并不是说"道不可以被说出来"，而是说"可以说出的道，即非永恒的道"，这可以作为上一章的注解，即所有的修辞一旦被定格、固化、描述出来，就要开始演化，永远在"隐喻形变"的不断转换中；而后一句则可以作为这一章的注解，即所有的本质一旦被名义所确立，也将不可能永远代表本质。古代的"小姐"是大家闺秀的敬称，现代却早已不是这个意思，同样，在历史的发展中，所谓"建筑的本质与内涵"也是这样变化着的,就像佛家典籍以"拈花微笑"①说明"禅"是无法明确的,因为一说有执着,有分别,所有的说法只不过是为了方便表达罢了,这也是辩证法中早已说明的"静止是相对的,运动才是绝对的"。

从这种角度看待的"修辞与语法"关系,也就使得建筑学从"主体主导"走向了"客体主导",从"表达修辞"走向"接受修辞",从"本体论"走向"认识论"的彻底转向:"元语言和语法"从某种意义上指代着建筑的本质问题,而上面的论断则承认了历史上所有的"建筑本质"只是一种最被大众接受的"建筑本质",或者这样说,因其最被接受而被"历史叙事"阐述为"建筑的一种本质"。

而这反映到"修辞"和"语法"的关系性问题上,也许东方人的原始直觉是正确的,自古不重语法、只重修辞的中国人也并没有因此而耽误,反而发展出更为辉煌、诗意、优美的一系列文学体例,尤其是在艺术性上达到了高峰。这恰恰证明了从广义修辞的历时角度,"语法"并不是"修辞"的基础,而只是历史对"修辞"的归集与总结。在现代汉语引入语法后,有些学者基于中文的特殊性主张"语法学和修辞学必须结合"②,不管这个声音在中文学界、语言学界如何微弱,但至少在建筑视觉形式的研究看来,其实是非常中肯的。

9.0.2　修辞语法的辩证统一

"修辞"和"语法"的关系问题涉及一个重要的语言理论问题,即修辞学是属于"纯语言学"还是属于"大语言学"?"修辞"和"语法"两者都有其规则,都对结构(语句、篇章、图像、形式)生成的千变万化起作用,那么"修辞"和"语法"的根本区别在哪里?就本书的关注点而言,"修辞"和"语法"之中,又是谁对建筑的视觉形式起决定性的作用?

1985 年,《修辞语法学》③出版,在国内语言学界引起了强烈反响,此书提出修辞和语法"在话语表达中形成了矛盾的对立统一体",引起了语法和修辞能否结合的争论,这场争论至今仍在继续。在说明书名为什么要叫"修辞语法学"时,此书指出以下五个观点:

1. 一反"语法"在前,"修辞"在后排列顺序。这是因为语法结构的变化是根据修辞的需要,在修辞和语法这一对矛盾中,起主导作用的是修辞。

2. 从修辞角度讲语法,要把修辞与语法一开始就紧密地结合起来。这固然是为了强化它们的实用性,但更重要的是修辞和语法具有相互联系、互相转化的理论基础。

3. 主要运用辩证法把常态与变态两种对立修辞现象统一在题旨、情境中,显示其修辞价值。这是因为在日常的言语表达中确实存在着"规范"与"变通"的事实。

4. 注意了正确地运用语言,修改语病,非把修辞放在第一位不可的事实。因为修辞管得宽,语法管得窄;凡是语法管不了的,修辞都可以管。

5. 把"篇章"作为修辞语法的重要组成部分,并且在编著上大体跳出了"文章作法"的圈子。

---

① "佛祖拈花,迦叶微笑"一典出于禅宗经典《五灯会元》卷一,据载:世尊在灵山会上,拈花示众,是时众皆默然,唯迦叶尊者破颜微笑。世尊曰:"吾有正法眼藏,涅槃妙心,实相无相,微妙法门,不立文字,教外别传。"真正的如来境界或者说真如实相是超越了一切世间思维,无执着,无分别,无对立的。

② 王希杰.语法学与修辞学的区别与联系——兼评滕慧群《语法修辞关系新论》[EB/OL].新浪博客.http://blog.sina.com.cn/s/blog_50fe37d00100fabe.html.

③ 吴士文,冯凭.修辞语法学 [M].吉林:吉林教育出版社,1985.《修辞语法学》对修辞和语法关系的认识冲破了传统的定势理论,摒弃了谱系式的研究方法,以语言运用的事实为根据,提出了很有见地的看法。

本书根据以上五点并作出适当修改，也提出了建筑修辞的"修辞语法五原则"，试图阐述"修辞语法的辩证统一"：

9.0.2.1　原则一：不同时代下的决定性

"修辞"和"语法"对建筑决定性的前后关系不是固化的，而会随着时间而改变：当处于"语法"翻天覆地的变革之时，"语法"决定性在前，从古典建筑演变为现代建筑就如同唐诗、宋词、元曲、明清小说的变化；当"语法"固化、停滞不前、处于的改良阶段时，"修辞"对建筑起主导作用，语法结构会根据修辞需要而调整，好比宋词中豪放派与婉约派的区别。

塞维把现代建筑运动的本质表述为在理性规则指导下的一场彻底的语言重建："回到零点，功能原则使我们重新考虑建筑语言的语义。一切都要从头开始，动词和介词必须取消，名词，除非在内容和含义上进行过进一步的深入分析，否则不能使用。"[①] 塞维用"功能原则"重建"建筑语法"，意即他认为在这个时期"功能的语法"具有决定性，而任何对符号或语义的强调，都属于"修辞"的范围，都将使建筑向学院派和古典主义倒退。

但我们也可以清楚地看到当代建筑学的解构、后现代、图像化、视觉化倾向，意味着"修辞"已经凌驾于"语法"之上，成为当代建筑设计中的决定性力量。

9.0.2.2　原则二：概念可分、操作不可分

"修辞"和"语法"理论上可以分开研究，但在实操中无法截然分开，因为两者总是因外部原因和观察角度而相互联系、互相转化。

比如，在古典建筑时期，"柱式"的规定偏向于"语法"，是一种 order，而在现代建筑时期，"柱式"的比例关系就只是一种"修辞"而已，建筑师们不再把经典比例视为金科玉律，而出现各种变形；在现代建筑时期，艾柯认为楼梯、门等也是符号，我们如果从功能气泡图的角度来理解，楼梯、门的符号性是用"语法"来连接的，但萨伏伊别墅内的旋转楼梯、栗子山母亲住宅的大门，他们的符号性则是被"修辞"的，从而演变成一种视觉的"图像"。

9.0.2.3　原则三：对立统一的类型原则

建立之初，修辞学被认为是辩证法的对应物[②]，"后现代主义宣称一切事物都是多元的语言游戏，从某种意义上说，与古典知者派著名人物普罗泰戈拉所说的'对任何事物都可以提出反论'有异曲同工之妙"[③]，如果对每一个事物都可以提出反论，这也就从理论上说明了"修辞"包含辩证法的影子。所以，每一个特定的"修辞类型"之中，都必然会发展出正向的和反向的、严肃的和戏谑的、白描的和夸张的、崇高的和批判的两种方向，都存在正向和反向的对立统一、与常态和非常态的摇摆两极。

因此，明喻、暗喻、直喻、反喻等比喻的古典分类法，在现代修辞学中就不意味着几种修辞的类型，而属于"比喻修辞"在对立统一的两极摇摆中分化而出的辞格连续演化的切片，同样，"后现代"与"解构"也都不是独立的修辞类型，而是依附于某种类型的具体辞格。自后现代以来，从语言学角度如此看重的"解构"、"游戏"、"日常"、"反中心"、"反逻辑"等红极一时的概念，从"修辞学"的角度来看都不值得大惊小怪，只要修辞存在，这就是任何时代、任何风格、任何类型都会发展出的一种普遍现象，当前的时代与历史上曾经出现过的任何时代一样，并不因此而具有特殊性。

---

① 布鲁诺·塞维. 现代建筑语言 [M]. 席云平等译. 北京：中国建筑工业出版社. 1986：8.

② Aristotle. Rhetoric[M]. trans. W. Rhys Roberts. New York：Random House，1954：19.

③ 邓志勇. 西方"修辞学转向"理论探源 [J]. 四川外语学院学报，2009，25（4）：100.

9.0.2.4　原则四：艺术性取决于修辞

什克洛夫斯基在《作为艺术的手法》中谈到，人对于熟悉的事物趋于麻木，仅仅是机械地应付它们，艺术就是要克服这种机械性："艺术的目的是要人感觉到事物，而不是仅仅知道事物。艺术的技巧就是使对象变得陌生，使形式变得困难……艺术是体验对象的一种方式，而对象本身并不重要。"[①]

对于"语法"而言，给人的感受就是机械的、可推理的、无惊喜的，也就是非艺术的，而"修辞"致力于对"语法"的违反就是为了克服"语法"的这种缺陷，因此，建筑的艺术性来自于"修辞"而非"语法"。

9.0.2.5　原则五：视觉与修辞的对应

正因为修辞和语法"概念可分、操作不可分"，区分"建筑形式"的哪部分来自于"语法"，哪部分来自于"修辞"？即"建筑的具体形状"哪部分由"建筑本质"所规定，哪部分源于"本质的异化"？并不是修辞学的重点，也不是本书研究的重点，在一个片面的单体上去区分"修辞"和"语法"就又会陷入"一元本体论"的逻辑死循环。我们只是笼统地认为"建筑的视觉形式"主要是"修辞"的效果，我们称之为"视觉修辞"，与"建筑语法"相对应，"建筑修辞"研究的主要目标是建立一个建筑学的"修辞话语体系"。

从狭义修辞学的角度，修辞与语法是对立的；但在广义修辞学中，两者则是统一的，因此，既然"修辞"存在自律演化的线索，那么"语法"也就同样存在自律演化，而如何区分"修辞"和"语法"，其标准也从共时下的形式判断，走向了历时下的历史判断，其叙事情节成为判断的重要标准。

9.0.3　修辞语法的两种叙事

本书认为建筑史存在"修辞"和"语法"的两种"元叙事"，即从两种角度来描述的建筑演化史，然而，在大部分建筑历史的描述中，并没有清晰地把"修辞角度"和"语法角度"的两种叙事分开，这造成了理论界的混乱和方向性的丧失，也造成了对于建筑价值判断的混乱。目前，建筑理论的一个重要问题是无解的："如何再次给建筑师提供一种明确的方向感？"[②]建筑师们一会儿欢欣鼓舞，因为时代在发展，建筑在进步；但是一会儿又焦虑不安，消费主义、商业、快餐文化、金钱与资本、权力意志等对建筑艺术的侵蚀使得我们危机感重重，比如：

● 对于当代类似库哈斯、哈迪德之类"无形式"或者"图像泛滥"的建筑现象，大部分的甲方和技术至上者在欢呼雀跃，而传统主义者尤其是理论派清教徒却在诅咒批评，认为是历史的背叛与倒退。那么，这到底是算作技术进步带来的建筑学未来的发展方向，还是属于在下一次技术爆发之前建筑视觉的巴洛克化和形式堕落呢？

● 前面我们说，历史时代背景下的技术条件、社会氛围、伦理导向、大众意识等会对各种"隐喻"进行的层层筛选，经历大浪淘沙而被筛选出来的才能成为"元语言"和"语法"，那么"语法"还是不是我们以往所理解的"建筑的深层形式"呢？

● 克鲁夫特的《建筑理论史》认为，政治或社会研究在历史研究中的地位是一种背景，不能成为主体[③]；也有人说：建筑理论虽并不回避技术问题，但显然技术是一个使用和选择的问题……

---

① 什克洛夫斯基等, 方珊. 俄国形式主义文沦选 [M]. 北京：生活读书新知三联书店，1989：6.

② [美] 卡斯腾·哈里斯. 建筑的伦理功能 [M]. 申嘉，陈朝晖译. 北京：华夏出版社，2001：绪论.

③ 克鲁夫特认为，意识形态可能左右建筑学理论，在一些极端的情况下，建筑理论甚至就变成了意识形态本身，但是，"在建筑理论中，政治与意识形态因素所起的作用，仅仅能够在一些特定的历史情境中成立，或者，可能仅仅见于一些特例。人们切忌把这种情况一般化"。参见克鲁夫特《建筑理论史》"德文版序"。

不在我们的考虑之列 ①。前一个排斥历史决定论，后一个排斥技术决定论，其中谁更接近历史的真相呢？。

所有以上这些问题，在我们把建筑"从语法角度观察"和"从修辞角度描述"的两种叙事的分别梳理清楚前，将不得而知。

在国内所有关于建筑理论的总结陈词中，最接近"语法和修辞"二分法表达的，是杨健的《法则问题方法论研究——建筑理论读书笔记》，他在摘要中就明确提出修辞与理性的三对关系——隐喻和分类、类比和还原、虚构和实证（表9-3）："因其连续性、整体性、生成性和发散性，隐喻、类比和虚构组成了一个以'神话'或者诗学为表征的基本范畴，而分类、还原和实证，则因其收敛性以及与原子论、简化论的联系，组成了一个以'科学'为表征的基本范畴"②。并且，杨健以此为模型，在历史叙述中依次展开了对建筑理论的描述，从维特鲁威的《建筑十书》到路易斯·康的演讲，涉及欧美各个时期的大部分主要建筑理论。

杨健"理性与修辞"概念层次结构③　　　　　　　　　　表9-3

建筑理论研究的本质状态 **文本诠释**	建筑理论的思考功能是建立在文本之间的互动关系之上的，差异性重复成为建筑理论的常态
建筑理论研究的认识论特点 **理性与修辞**	依其目的，旨在获取法则的各种研究策略体现了人类特有的理性，因为具有提升意义的功能，可以被视为广义的修辞手段
获取法则的基本策略 **隐喻—分类** **类比—还原** **实证—虚构**	隐喻和分类是获取法则的起点；类比着重于事物的相似性，试图向外探寻法则方面的启示，还原着重于事物本身的性质，试图向内探寻建筑的恒定本原；实证是指个体性的体验、经历和领悟，虚构是指包括乌托邦在内的预先构想

然而，他用一种"积极向后"与"悲观向上"相互交织的态度④，来指代"这个尚未明朗的历史时期"：

> 极富悖论性的是，最终的结论——并非有真理或者法则这样的东西可以为我们所掌握，而是因为我们需要在建造的过程中做到心有所依，以及，并没有什么方法论上的东西可以保证思考的绝对正确性和结论的绝对永恒性——却走向了论文写作之初的反面。

不得不说，正是由于修辞的尚未引入以及叙事工具的缺失，导致了杨健的论文演变为一种"编年史"、作者自述的一种"读书笔记"，在关乎主观的历史叙事上，作者只差一步，倒在了门槛上。

朱莉娅·罗宾逊曾经提出一个两分的研究系统⑤，并用"科学"和"神话"两个词来进行描述：

---

① 杨健.论西方建筑理论史中关于法则问题的研究方法 [D]. 重庆：重庆大学，2008：9.

② 杨健.论西方建筑理论史中关于法则问题的研究方法 [D]. 重庆：重庆大学，2008：Ⅰ.

③ 杨健.论西方建筑理论史中关于法则问题的研究方法 [D]. 重庆：重庆大学，2008：Ⅰ.

④ 杨健.论西方建筑理论史中关于法则问题的研究方法 [D]. 重庆：重庆大学，2008：Ⅰ.

⑤ Julia Robinson. Architectural Research：Incorporating Myth and Science. Journal of Architectural Education 44，1990（1）：20.

建筑学中的技术、工程或行为问题一般是"科学的"，与原子论、简化论以及收敛性相联系；而艺术与人文的那一面则一般是"神话的"或"诗性的"，这部分研究更多地体现在连续、整体、联想、发散的理论之中。同样，弗西雍也辩证地谈论了"技术"不应与"手艺"相混淆这个观点，在某种程度上，手艺可以传授，技术则是无尽的发现，技术并不是手艺精湛的代名词。不过，朱莉娅和弗西雍都没有把这种两分法统一起来，但这个分类很具启发性，并促使我们在这个意义上将"修辞"同"语法"区分，但又在更为本质的层面上联系起来。

所以，关于建筑视觉形式的演化，我们要区分两种角度的历史叙事：一条就是前一章着重描述的"用修辞眼光看到的视觉演化"，而另一条则是以"从语法角度阐述的建筑历史"，这两者都是历史的叙事，因而就都具有故事的发展情节，"建筑理论与建筑历史是一对同义词"[①]，建筑的理论因此也同样具有情节。

广义修辞中，因"修辞语法"的统一，使得共时下的形式判断已不可能，只能走向历时下的历史判断，叙事情节就成为区分两者的判断标准：悲剧的就是修辞的，喜剧的才是语法的。

9.0.4　两种叙事的悲喜剧

在更广阔的视角下，我们可以把建筑历史当作一部足够长的电视连续剧：以"悲剧"呈现的历史桥段往往是"修辞的悲剧"，远的有黑格尔的"艺术之死"，近的有阿瑟·丹托的《艺术的终结》；而以"喜剧"形态展现的历史故事则一般属于"语法的喜剧"，乐观主义是其主体基调。

宏观历史与微观辞格是不同维但同构的，正因为"语法"是众多修辞中最重要、最普遍、最为人所接受的那一部分，因此展现了人与人、人与世界、人与社会之间的积极性，是一种稳定的存在而能够被社会视为信仰；而"其他的修辞"则因被语法淘汰而徒劳无功，使得史学家赋予了它们一种悲剧的情节结构，把美的东西毁灭给人看，其中的欢乐都是虚幻的快乐，世界不能被改变，但人类却必须在其中劳作。

因此：一种"喜剧"情节描述的建筑进步史往往被叙述为"语法的历史叙事"，其中的关键被定义为"建筑的本质"，比如"石梁柱体系—石拱券体系—多米诺体系"的发展进程；而一种"悲剧"情节叙述的建筑沉沦史则被看成游离于语法情节之外的"修辞叙事"，而其结果只被看成建筑的视觉形式主义，比如，"希腊化"之于"古典艺术"、"巴洛克"之于"文艺复兴"、"解构主义"之于"现代主义"；但往往"修辞"能够跟随"语法"，以一种"凤凰涅槃"的方式完成死而复生的修辞循环。

9.1　修辞的悲剧

悲剧就是将美的东西毁灭给人看，"修辞的悲剧"从自律演化的角度来看，就是所有具确定性的"隐喻"都将消亡，所有被神化的"元语言"和"语法"都将被替代而走下神坛，在这一时刻，"艺术"的意义基础被动摇，艺术家与建筑师的价值观和信仰被颠覆和摧毁，大众就认为"艺术"被终结了，但其实，这只是作为"艺术"化身的"隐喻"其存在基础被颠覆了。

在这个过程中，"加法的形变"从浪漫喜剧转向讽刺喜剧，最终将走向"自我堕落的悲剧"，"减法的形变"则是一出"英雄的悲剧"，它对时代不妥协，却徒劳无功地消亡了。

---

① [德] 克鲁夫特. 建筑理论史：从维特鲁威到现在 [M]. 王贵祥译. 北京：中国建筑工业出版社，2005.

9.1.1 艺术的终结

"修辞的悲剧"很少提及,但"艺术的终结"却历久弥新,早在一百多年前,黑格尔就提出了"艺术之死",延绵至当今的艺术界、美学界或文学界,像是"艺术的终结"①、"艺术史的终结"②、"艺术家之死"、"作者之死"、"审美经验的终结"等不绝于耳。

"艺术的终结"始于《美学讲演录》,1817 年,在一次被誉为"西方历史上关于艺术本质最全面沉思"的演讲中,黑格尔提出了一个令人目瞪口呆、振聋发聩的观点:艺术已走向终结。在黑格尔的美学建构中,"象征与崇高、古典与美、浪漫与丑"③都联系在一起,形成一个自在自为、相互联系、矛盾转化的有机整体。但是他认为,一旦艺术发展到浪漫型,再进一步则必将带来主客体的决裂,带来精神内容溢出物质形式,带来艺术本身的解体,而解体后的艺术就应由哲学来代替,艺术就此终结。

深入解读黑格尔的"艺术终结论",实质上是指"古典艺术"得以成立的"原始隐喻"——无论艺术家如何理解这种"隐喻"——是资产阶级的人文主义或是意大利地区的崇古倾向,还是后期教廷拿来代表上帝神性——"神话"本身在浪漫型艺术之后已经消失。《艺术终结之后的艺术现实》中这样评价:"黑格尔的'艺术终结论'并非提出艺术的消亡,艺术不再存在,而实质上谈论的是艺术创作中神圣性的救赎和启蒙功能,在浪漫型艺术之后已被猥亵或转化成另一类型的艺术"。也就是说,古典艺术之所以成为艺术,是趋近于宗教和神话而"赋魅"的,因此在现实中就必须维持住这个崇高的地位,而黑格尔的那个时代却不能这样,要求理性、要求科学、要求"祛魅",因而古典艺术就此走下神坛。但是,这个历史的结果却并不如黑格尔设想的"艺术让位给了哲学",而是"古典艺术"让位给了"现代艺术"。

现代主义是在近代工业革命之后兴起的一股技术乐观的思潮,虽然没有明确定义,但主要表现为:对科学和技术压倒一切的信仰和迷信,推崇技术的正面效果,认为发展是必然的。因此,"神话"又一次确立,现代主义认为,科学可以帮助我们达到哲学所不能带给我们的认知水平,人类可以建立起来一个工业化的乌托邦。但是,这个"现代艺术"的"隐喻"结局也一样:④

很快,这一段短命的乐观情绪就蒸发消逝了,人们对科学的幻想也破灭了——作为对现代主义的反叛,后现代主义就强势登场了,其结果,是社会更多陷入被"无意义"思维主宰了的文化艺术领域和全方位生活方式的泥潭——幻想和现实之间的区别变得更加模糊不清,甚至被认为根本就没有去区分的必要;语言表达和客观实际之间的一致性变得越来越不重要,甚至被厌弃;绝对和相对的界限被进一步撤销,甚至被颠倒、被嘲笑;人性和机器之间也没有区别了,也就是说人变为可完美操纵和驯良的高级机械……在人

---

① [美] 阿瑟·丹托 . 艺术的终结 [M]. 欧阳英译 . 南京:江苏人民出版社,2001.

　[美] 阿瑟·丹托 . 艺术的终结之后 [M]. 王春辰译 . 南京:江苏人民出版社,2007.

　[美] 卡斯比特 . 艺术的终结 [M]. 吴啸雷译 . 北京:北京大学出版社,2009.

② [德] 汉斯·贝尔廷 . 艺术史的终结 [M]. 常宁生等译 . 北京:中国人民大学出版社,2004.

③ 大多数艺术史以风格史的方式讲述,而黑格尔关于艺术发展的三种主要类型说,远不同于风格史。黑格尔在《美学》第二卷中提出并集中论述了艺术类型说,此卷副题——"理想发展为各种特殊类型的艺术美"。可见他说的艺术类型就是美的理想发展的由低到高的不同阶段,具体分为原始的象征型的美、古代的古典型的美、近代的浪漫型的美,这种不同的艺术类型又是不同的"美的世界观"。

④ 老漫 . 神退民进的盛宴:一个关于存在与意义的历史素描 [OL]. http://myblog.edzx.com/?viewthread-19692.

类思想史和实践史上，我们从来没有如此肆无忌惮、如此胆大妄为、如此无所顾忌、如此放肆而荒谬地偏离过理性所启示的真理。

在这种背景之下，阿瑟·丹托[①] 提出"第二次终结"，丹托建构了三个艺术史的宏大叙事：第一阶段是"模仿的时代"，从文艺复兴开始到 19 世纪末结束；第二阶段是"宣言的时代"，即现代主义到 20 世纪 60 年代之前；而"第二次终结"就是第三阶段，即后现代主义阶段，当艺术作为表现的载体越来越观念化、哲学化时，他就认为艺术史已走向了终结，并走向"多元主义时代"："宣称伟大的宏大叙事（这个宏大叙事先定义了传统艺术，然后又定义了现代艺术）不仅走向终结，而且当代艺术不会再让自身被宏大叙事再现"[②]。

9.1.2　演化链条的断裂

然而，所谓"艺术终结论"、"宏大叙事的终结"，我们如果用"隐喻形变交织演进"的演化模型来重新解读的话，就是"演化链条的断裂"：一个历史时代初期被神化为"元语言"的"原始隐喻"最终要走向破灭，它延绵长久的自律交织演化路线将难以再继续进行下去而断裂了。历史上这种宏大叙事的终结，也绝不仅止于"模仿的时代"和"宣言的时代"两种，比如随着"人权"对"神权"神话的终结，"中世纪的时代"也就此终结了。而所谓"宏大叙事"的宏大性，与历史中被选择出来的"元语言"其涵盖面、绵长性相对应，"元语言"被神化得越彻底，它的破灭就越具颠覆性。

应该说，常态下历史上各种各样的"隐喻"始终处于一种不断破灭的结局之中，但只要发展链条不断裂，其"原始隐喻"的生命就永远存在，只是不断减弱，在这个过程中，隐喻会用各种变换的面貌出现，无论是第几代的"逆反的新隐喻"还是"提纯的新隐喻"，他们的身上都保留着"原始隐喻"的生命性，这种生命力绵长、影响力巨大的"原始隐喻"就是被时代选择的"元语言"。那些被认定为"元语言"的"原始隐喻"，在不断演化中保持着绵长的进化路线，其神话性也延绵久远，一旦断裂，则代表着时代的终结，即这个时代的"艺术的终结"。

在建筑学领域，后现代艺术的特征包括：主体的消失、深度的消失、历史感的消失、距离的消失，总体而言就是"意义"的消失。也就是说，随着"现代主义建筑"的存在基础，即其"原始隐喻"合法性或崇高性的消失，我们就失去了对"意义"的价值判断，权威消失了，等级消失了，中心消失了，理性消失了，人们放弃了对终极真理的寻求，一切都是感觉、冲动和直觉，"艺术之形虽然存在，但艺术之神已然远游。"

而塔夫里之所以重写文艺复兴，其指向还是去理解现代建筑危机的根源，他在《诠释文艺复兴》的导言中指出了对其影响至深的现代思想家，也分别谈及了"中心的丧失"、"灵韵的消失"和"指涉物的痛苦"，也就是说，无论是"历史的"文艺复兴，还是"反历史的"现代主义，到其后期，都一样地陷入一种"确定性"的缺失状态之中，这源自一种牢固信仰的破灭，即"元语言"的破灭，而这种破灭与"元语言"是什么无关，与是历史主义还是反历史主义也无关，而是一种注定的破灭。

---

① 阿瑟·丹托的著作有：《艺术的终结》（欧阳英译，江苏人民出版社，2001 年版），《艺术的终结之后——当代艺术与历史的界限》（王春辰译，江苏人民出版社，2007 年），《美学的滥用——美学与艺术的概念》（王春辰译，江苏人民出版社，2007 年版）等。

② ［美］阿瑟·丹托 . 艺术的终结之后 [M]. 王春辰译 . 南京：江苏人民出版社，2007，4：序言 .

9.1.3　多元主义的常态

阿瑟·丹托认为"现在需要被一种极端的多元主义所定义"，并认为这根本性地区别了"后现代主义"与"现代主义"，但从"宏观归集的自律演化"来说，多元主义其实是一种常态。历史的常态就是多元的、复合的、杂糅的，只不过是由于历史书本和历史学家们将久远的时代修整过、梳理过，从而显得以往的时代脉络光滑、枝杈整齐。也因此，我们对于自己所处时代的复杂性和多变性总是过于放大而自恃过高，从而看不清楚当代在历史中的定位。也就是说，并不存在一个特别的、终结了所有宏大叙事的多元主义时代，而是每一个宏大叙事的后期甚至是所有的时期都是多元主义的，这种多元主义因某种"确定性的丧失"而浮出水面，也因为某种社会意识形态而被捧上神坛。

在《形式的生命》中，弗西雍用四个时期来概括风格的演变，其中有一个与其他历史学家都非常不一样的时期定义：试验时期。他认为"试验时期"是其他所有时期——古典时期、精炼时期、巴洛克时期——的先导，是风格试图界定自身的阶段，是一个艺术的探索期，艺术处于不断的"试验"之中，这种试验无疑并不总是成功、不总是有结果的，但"没有它们，历史的内容很快就会枯竭，将没有任何历史，而只有各种毫无活力的守旧形式之间的气味交流"①。

但在修辞学看来，并不存在一个特定的"试验时期"，因为建筑史的时时刻刻都是"试验时期"，作为个体的建筑师永远不断地在试验，所谓"古典时期、精炼时期、巴洛克时期"其实都是试验的结果。"修辞"的动机"陌生化"也就意味着"修辞"永远处于一种危机感之中，也正是这种危机感推动着艺术不断前行，艺术家们预言"艺术的终结"，其实就是"修辞的终结"。为了延续演化链条不至断裂，建筑师就从原来的隐喻和形变中，不断推陈出新来延续艺术的生命力，同时，演化链条越长，角度就越大，其演化的可能性就越多，而这造就了更多的多元主义。

黑格尔曾如此评价他所处的时代："我们现时代的一般情况是不利于艺术的"，然而其实，历史中除了很短暂的一段乐观时期，大部分时代都自认为是"不利于艺术的"，"艺术"的意识越抬头，这种感觉就越明显。从"修辞"的角度来看，艺术永远处于一种危险的境地，因为需要不断"陌生化"才能满足建筑师乃至艺术家的自我实现。一种固定的、被信仰的、被神化的法则，其存在是相对的，其破灭是绝对的，不是早，就是晚，总要来到，所以，敏感的建筑师们从很早开始就一直有一种"艺术终结"的危机感。

但是，"艺术的终结"并不是说不再有艺术，而是说艺术借此挣脱了"原始隐喻"的束缚，获得了一种新的可能性，从而获得了前所未有的自由。此时，试验从地下转入地上，从隐秘的个人选择变成了众多艺术家的共同选择，从被动的无意识设计变成了主动的有意识表达，多元与试验成为时代的主流。而当多元主义转化为一种新的信仰、新的隐喻来源时，也意味着当代"元语言"的修辞叙事已快要走到尽头。

1979 年，"元叙事"由法国哲学家利奥塔在《后现代状况：关于知识的报告》中首次提出，他将其看作"现代性的标志"，并把后现代定义为"对元叙事的不信任"，要以此为切入点来对现代性进行"清算"。从某种角度来说，这是片面的，对"语法"怀疑和否定就是"修辞"的常态，后现代不相信的是"语法"的元叙事，但恰恰遵循"修辞"的元叙事。

---

① Henri Focillon. The Art of the West in the Middle Age Vol.I. edited and introduced by Jean Bony. London : phaidon, 1963 : XX .

9.1.4　永恒的修辞悲剧

在《法则问题方法论研究》中，杨健问到 [①]：

> 建筑为何就成了由悲剧因素主导的领域呢？难道是哈里斯所说的主题，即对抗人类天生就有的对时间的恐惧么？悲剧对于建筑学意味着什么？是盗取天火的普罗米修斯的举动所带来的希望和付出的代价么？药物都是有毒的，理论也不能例外。我们难道不是生活在希望和希望的破灭之中的么？法则总有例外，法则总会成为教条，我们却仍要追寻法则，这难道不是建筑理论最大的悲剧么？活着还是死去，这是人在生活中必然遇到的问题；法则还是破除法则，这是人在建筑领域中必然遇到的问题。如此看来，我们的确就生活在由我们的本能所造就的悲剧之中，建筑方面的思考也不能例外——它没有办法成为绝对的东西，或者，并没有一种方法论方面的东西可以确保思考的绝对正确性和绝对永恒性。

尼采在处女作《悲剧的诞生》中提出了"悲剧因素的恒常结构"，认为人类本能中同时存在着"阿波罗式"理性的一面与"狄奥尼索斯式"破坏的一面：前者意欲按照正确宜人的形式塑造世界，造就了完美世界的幻觉；而后者则意欲打碎前面塑造的完美世界。对于建筑来说，也一样永远存在这样的两个方面：用语言学来讲就是语法的一面和修辞的一面，勒·柯布西耶一生中前后对立的两个阶段，就是这两个倾向之间的对抗。从修辞的演化动机来看，每当一个新隐喻和形变的法则被确立，随之而来的就是对法则的偏离，修辞意味着需要对"忠于法则的形式"进行偏离和悖反，所以，修辞的悲剧是永恒的，存在主义则用"向死而生"来描述这一状态。

古典艺术的比例理论无疑是阿波罗式的，狄奥尼索斯的冲动非常明显地体现在所有的手法主义建筑中，它们一直暗藏在完美世界的后面。与此相类似的是 20 世纪以来的各种现代主义建筑理论：在那些大喊大叫的建筑师中，包括勒·柯布西耶，又有几个是老老实实的功能主义者、反视觉主义者或他们自我宣称理论的践行者呢？

现代主义从最初的"功能"发展到"空间"、"技术、结构与材料（建构学说）"、"意义（历史主义或表现主义）"，又引入了"事件与计划"、"地域性"等附加，都是为了延长修辞的演化链条不致断裂，所以必须不断引入新的隐喻和形变，但又必须不断偏离和悖反刚刚建立的法则，这就是悲剧的修辞之路，其外在表现就是背离本质的视觉化之路。

不过，"后现代"是下一个时代的正式开启吗？那也还不是，"后"意味着这还只是一个"逆反的新隐喻"，所有的反叛并不意味着"隐喻"的死亡，而是发展，它还在"原始隐喻"的演化链条上，以反驳作为立足点，这就如同"解构主义"的立足点依然是"结构主义"一样。爱的反面不是恨，而是淡漠，只有当众多试验中，"新隐喻"不仅批判，而是彻底抛弃了原来、漠视了曾经，才代表新时代的到来，只有批判而没有建立、只有毁灭而没有建造，时代就还没有终结，只是频死。"后现代"什么时候被遗忘，才意味着新的时代到来了。

9.2　语法的喜剧

所以，"艺术的终结"并不如人们想象的那样忧伤和悲观，而应充满了乐观与期待，因为，这是"一

[①] 杨健. 论西方建筑理论史中关于法则问题的研究方法 [D]. 重庆：重庆大学，2008：12.

个绝对的美学熵状态","也是一个绝对自由的时期","正像陀思妥耶夫斯基说上帝死了,便没有什么不可以一样,在艺术终结之后,加在艺术头上的各种'紧箍咒'解除了,也没有什么不可以",此时,新语法的酝酿正在充分地发酵中。

与修辞的悲剧相比,语法则是喜剧的,它代表着艺术家又找到了新的"元语言"起点,开始新的修辞链条,正因为这个新的"隐喻"不依赖于任何一种原有的"隐喻",因而显得如此的具有延展性,而看起来生命力旺盛。

9.2.1 社会选择的建筑本质

还是回到本章开篇的那些问题,我们如何区分"延展的新隐喻"和"元语言的新隐喻"? 或者确切地说,如何从众多的试验中判断这个就是未来的元语言和语法? 对于图像泛滥的建筑现象,这到底是算作技术进步所带来的发展方向,还是属于在下一次技术爆发之前的堕落?

在第2章,我们简单地这样描述:"修辞"属于艺术,"语法"属于科学,但其实这句话还不确切:"科学/技术"在历史长河中始终在发展,而并不像书中所描述的那样好似一种突变,历史中时时刻刻都有新技术、新材料、新节点在发生,我们根本就难以在当下辨析什么才是关键性的建筑技术或建筑科学,尤其当代的"科学/技术"更是从语法中解放了设计师从而使其更加修辞;而至于"艺术"本身的定义就很模糊,用"艺术"来定义"修辞"也就愈加模糊。

所以,它们之间的区别走向了历史判断:"悲剧的就是修辞的,喜剧的才是语法的"。而在此基础上,我们还可以更为精确地描述:"修辞"的目的是把建筑"奢侈品化",相对应的结果就是建筑的获得变得更为困难,作者的劳动凝结在作品中提升了建筑的价值,同时建筑的价值提升也依赖于作者的修辞技巧;"语法"的目的则是把建筑"普及化",相对应的结果就是建筑的获得变得更为容易,作者的劳动凝结在作品中促使了建筑的普及,同时建筑的价格下降也依赖语法的技术。如果以马克思主义"进步观"来说,那就是:所有能促进"物质极大丰富"的修辞方式,才有可能成为"元语言/语法";不能促进的,那就只是一种普通的"隐喻/形变",是原始隐喻演化链条的衍生,是精神世界和感官刺激的满足。

1964年,阿瑟·丹托以一堆在画廊展出的普通盒子发问:什么是艺术的本质? 为什么艺术与日常生活、艺术与非艺术之间的界限模糊以至消失? 然而,我们会发现,艺术这样的发展过程一点也不鲜见:词是由文人在民间创作的基础上才引进教坊和诗坛,元曲则原本来自"蕃曲、胡乐",被称为"街市小令"或"村坊小调"。如果那个时候的中国也有一位阿瑟·丹托,他也一定会问,为什么街市小令变成了高雅诗文? 什么是语言艺术的本质? 为什么艺术与日常生活、艺术与非艺术之间的界限模糊以至消失?

中国的语言文学从唐诗、宋词、元曲、明清小说,再到近代的白话文,从繁体字走向简体字,它们的进化就是如此,从格律森严、走向格律松弛,最后到无所谓格律,每一个阶段都能让更多的大众去参与、学习、使用、阅读这种语言方式,是文化的一种普及。所以,"语法"的每一次进化都是精英文化向大众文化的一种妥协,但精英又马上从中提炼出新的修辞方式,将其艺术化。

建筑的发展也一样如此:古代建筑被看作稀有之物被权贵、教廷所拥有;而文艺复兴则是新兴资产阶级开始参与到"建筑艺术"这种事情中来,代表他们的品位与价值观,体现出对世俗生活的描绘,人文主义"以人为中心"而不是"以神为中心",从某种解读而言,是肯定世俗的价值与尊严,文艺复兴建筑不仅聚焦于"教堂"这一类建筑之上,而是扩展到了各式各样的公共建筑上;到了现代主义时期,不仅是资产阶级,而是中产阶级也参与到"建筑艺术"这件事情中来,建筑作为一种物品，它的获取渠道又一次被扩大，建筑史中的代表作品从公共建筑走向了住宅、别墅等私人建筑，勒·柯布西耶还对城市规划提出许多设想，他一反当时的思潮，主张全新的高密度城市规划，其实就是要扩大能够拥有城市的人群。

所以，时代的语法首先要通过社会的而不是建筑的手段，寻找和确立"当前建筑的本质"，塔夫里曾讽刺，建筑不能在小范围内自娱自乐，而要介入社会，就是这个意思。所谓"建筑实践越是脱离社会的总体需求，就越容易成为一篇仅为暴发户阶层所全神贯注的、过于美化的演讲"，这就是从"语法时代"走向了"修辞时代"。但我们要认识到，这种修辞不可避免，因为社会的时机也许还没到来，它不以建筑师的意志为转移，所有划时代的建筑师可能只不过是正好"站在风口上的猪"①。

以这种标准来看待库哈斯、哈迪德等"图像泛滥"的建筑现象时，它们就只是一种新鲜的"修辞"，是一种现代主义建筑的巴洛克化，因为这类设计的关键取决于"明星建筑师"的技巧，而我们要付出更多的代价来获得。不过，此间诸如"3D 虚拟"、"参数化设计"、"BIM 设计"等设计手段的出现，至少帮助了人们能够更容易地获得建筑的虚拟图像、加快设计过程、减小设计难度，其中孕育着新的"语法"，但却并不意味着"语法"就随之而到来。要如何理解这一点，我们可以把"建筑 3D 虚拟"和"电子音乐"相比较来看待：

广义而言，只要是使用了电子设备（电子合成器、效果器、电脑音乐软件等）的音乐，都称为电子音乐。电脑解放了音乐②，也解放了音乐的创造者，使得人们创造音乐的方式变得简单。由此可见，电子音乐的产生是音乐生产和创造模式的根本性改变，现在的音乐玩家自己一个人在家就可以创作出各式各样、丰富多彩的音乐，并毫无门槛地通过互联网与他人分享，也因此"网络歌手"和"网络歌曲"充斥，音乐被普及了、无门槛了、廉价而易得了，"电子风格"成为新时代的音乐语法。

但是，"建筑 3D 虚拟"与"电子音乐"的根本不同在于，它并不是建造上的革命，而只是设计上的革命，3D 虚拟只是降低了设计过程的普及门槛，大众要获得它依然要通过复杂的建造过程，并付出大量时间与金钱。建筑要更容易地获得，更需要的是与设计革命相配套的建造方式上的革命，比如建筑装配化、建筑工业化、甚至是建筑的 3D 打印。2013 年，各式各样关于 3D 打印在建筑上的疯狂设想开始出现（图 9-3），并有实际案例开始实行，也许，只有当 3D 打印和 3D 虚拟真正的协同合一时，才能说建筑设计领域的新语法酝酿成熟了。

图 9-3　世界首座 3D 打印建筑的设计——莫比乌斯屋③

① 只要站在风口上，猪也可以飞起来。当代 IT 业名言，即：你做什么的选择与时机大于你如何做。
② 电子音乐不需要对乐器的依赖，也不仅仅是世界上存在的这几十种乐器的声音，它还可以采样大自然、机器以及世界上的任何声音，编辑成一段带有音阶的音乐，使之产生裂变和各种变形处理、局部分轨、局部拼贴、各类蒙太奇编辑和合成。
③ 荷兰阿姆斯特丹建筑大学的建筑师 Janjaap Ruijssenaars 设计了全球第一座 3D 打印建筑物 "Landscape House"，特别模拟了奇特的莫比乌斯环。Ruijssenaars 和数学家、艺术家 Rinus Roelofs 共同设计了这个项目，将会利用 3D 打印机逐块打印出来，每一块的尺寸都达到了 6×9 米，然后拼接成一个整体建筑，预计需要耗时一年半。3D 打印机则是由意大利发明家 Enrico Dini 设计出来的 "D-Shape"，可以使用砂砾层、无机黏结剂打印出一幢两层小楼，且只用它打印整体结构，外部则使用钢纤维混凝土来填充。

9.2.2　简洁明确的元语言

文学的元语言本来就是相对固定的"字"或"词"，在历史中的演化并不大，是可以上溯追源的；然而，与文学修辞不同，建筑视觉形式领域的元语言非常的不稳定，是一种只可意会、难以固化、处于不断变化中的"形式"，很难明确地上溯追源。

但是，如果我们承认罗兰·巴特的"历史不断更新其元语言"，那么建筑视觉形式的"元语言"就被缩小范围框定为：在特定历史条件下，与当时被选择的"建筑本质"相匹配的，被社会需求所神化的一种"隐喻"。意即，建筑的"元语言"与其他形式是以"历史演化的关系"连接在一起，而不是我们常常所认为的，以"视觉相似的现象本质"或"意义类比的纯粹意识"连接在一起。这就有别于"图像学"中企图包罗万象的所谓"元图像"。

因此，这种"元语言"不仅要从形式本身来说是一种合适的"隐喻变形"，还应体现出以下两点：首先，它要能大规模复制和推广；其次，它要有不断演化的可能性。因此，所有时代的"元语言"都是简洁而明确的。

有人把1923年勒·柯布西耶的《走向新建筑》比作1562年维尼奥拉的《建筑五柱式的规范》，而这两者都拥有以上两个特质：首先，与维尼奥拉极端实践主义的立场相同，柯布西耶也给出了广泛适用（不论是对创作对象还是创作者）且极具操作性的方法，从建筑学的眼光看来，"建筑新五点"和"五种柱式"都是便于大规模推广与复制的操作手册，没什么太大难度，如此的醍醐灌顶而给了建筑师们一种不需要太辛苦就可以习得的设计原则，它们之间，这种普及性和适用性是一致的；其次，"柱式"所暗含的"比例系统"，"多米诺体系"得到的"国际式方盒子"，两者都拥有无限的可能性与发展性，而历史也证明了其绵延漫长的演化史。

9.2.3　从修辞中来的语法

现在，似乎建筑师的圈子正分化成两个阵营："艺术家阵营"和"职业工作者阵营"，这代表着"修辞"与"语法"两种价值观的不融洽，能够兼顾的少之又少，但其实，建筑形式的"修辞"和"语法"是不可分的，"语法"首先是一种确定的修辞，是在众多修辞中被时代所选出的一种，它来源于大众的需求，但却离不开精英的总结和提炼，只不过随着时间的流逝，过于普及，而将慢慢丧失其"修辞性"和"艺术性"。

比如，仅仅是乐器的进步、音乐的普及并不足以涵盖"电子音乐"，作为一种新兴的音乐风格，电子乐走向一种工业时代、电子时代的隐喻，用无机质的、高频的、节奏的、冰冷的、无情感的、迷幻的、拼贴剪切的、变声处理的修辞，取代了以往农业时代田园牧歌式的、旋律的、流畅的、温暖的、人情化的音乐类型。在这种"听觉修辞"的确立下，电子风格也就不能仅仅等同于用电子设备制作的音乐了，音乐精英们在大众文化的普及基础上，积极开发电子的音乐形式，例如2013年横扫格莱美奖的Daft Punk（蠢朋克乐队）的音乐、中国歌手尚雯婕创造的音乐等，没有这些，"电子音乐"将不能称之为一种风格，不能确立一种无可言喻的地位，也就不能定义新时代的到来。

而奠定勒·柯布西耶建筑史地位的，更是离不开他对于建筑视觉形式的修辞推敲："我在几何中寻找，我疯狂般地寻找着各种色彩以及立方体、球体、圆柱体和金字塔形……使光与影充分的融合"。与之相反的是1917年的杜尚，他将买来的小便池起名《泉》来展出，用自己的艺术实践宣布了"艺术之死"，但这并不代表新艺术的开端。达达主义的《泉》只有破坏，但没有建立，也就不能称之为"语法",而勒·柯布西耶不仅确立了新语法,同时在此之上建立了新修辞,在这个意义上,才能真正地终结古典。

贡布里希将艺术的创造、风格的确立、法则的成型比拟成发明飞机,重力的难题是客观存在的,因此这个过程非常艰难,并非一蹴而就,需要不断地探索克服:"正是由于空间中的重力作用,导致未受训练的人创作的艺术不能达到再现性艺术的高度"。我们再向深层思考就会发现,这种艺术的艰难主要体现在"形变"过程之中,这是一种技巧,需要在不断推敲中精进。

因此,语法的成熟,或者说,一种代表新时代的艺术形式的成熟,是"隐喻美学"和"秩序美学"达到了完美的统一,这也就是黑格尔认为的古典型艺术"内容与形式的完美统一"。但是,当代许多关于修辞与艺术的理论却不是这样:一部分学者建议还要继续缩减"狭义修辞学",从"比喻"缩小到只有"隐喻",呈现出"修辞学→狭义修辞学→辞格→比喻→隐喻"的路线图;加达默尔认为只有"诗是真正让我们安居的东西";很多人也毫不讳言地说"只有隐喻才是艺术的栖息之地";这全部隐含着"只有隐喻才是真正的修辞"之意。

但是我们要说,灵光一闪的"隐喻"只是完成了艺术创造价值的前一半,而后一半则是克服重力的"形变"过程:没有精英用他天才般的手法将"隐喻"打磨至经典的话,神话就不能确立,修辞就无法扩散;没有艰苦卓绝的"形变法则"的建立,只有反抗和虚无,就不能代表未来的方向,艺术的成熟必须是两者的同时成熟、完美统一,而不是偏废。

9.2.4　短暂的语法喜剧

综上三节说述,建筑的"语法"是这样确立的:首先,在社会大众的需求下,要有一种能够被时代广泛承认的建筑本质;其次,这种本质需要被一种简洁明确的"视觉隐喻"所体现;最终,这种建筑本质的"视觉隐喻"需要寻找到一种经过艰难、复杂、反复打磨的"形变法则"。

这就是第 6 章"视觉修辞三段论"的顺序:广义修辞(意义)→表现修辞(隐喻)→秩序修辞(形变),我们可以通过表 9-4 清晰地看到三个时代的建筑语法是如何通过这三个阶段逐步确立的:

三个时代建筑语法的确立过程　　　　　　　　　　　　　　表 9-4

	广义修辞→ 寻找建筑的意义本质→	表现修辞→ 寻找隐喻意义→	秩序修辞 建立形变法则
西方文艺复兴	人本主义、身体	柱式隐喻的数学比例	三分法的各种切分操作
现代主义建筑	使用的机器	多米诺隐喻的结构	线、面和体块的各种操作
3D 打印建筑	舱体、4 维与 5 维价值	曲线隐喻的预制装配	基于曲线曲面的各种变形

9.2.4.1　文艺复兴建筑的语法

文艺复兴时期由于"人本主义"建筑本质的确立,建筑师们又重新将古典时代"身体的意义"找出来,从此,"柱式"作为"比例体系的数学隐喻"(图 9-4),其地位慢慢被确立。

然而,"比例"并不意味着一定就带来"柱式",中国古典建筑中"比例"也无所不在,"比例体系"也一样在控制着整个建筑,但是带来的却是"斗栱",因此,"柱式"只是一种"比例修辞"的形式选择,而不是必然。

在"柱式的隐喻"被广泛接受和确认后,比例至上的理论就统治了设计师的思想,建筑师们热衷于寻找自然和人体的数学奥秘,进而在高、宽、厚、长的数学关系中寻找建筑美的奥妙,产生了大量"基本几何形、黄金分割、卷蜗曲线、算术比"等形变操作理论，"三分法"是其中的一种，而以"三分法"为基础又可以产生"节奏、格律、冲突、嵌入"等多种手法。

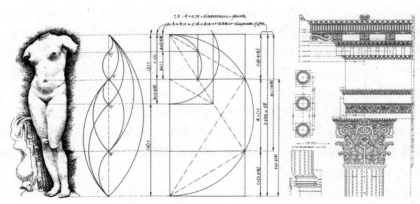

图9-4 "身体"与"柱式"的比例系统

但是"人本主义的建筑本质"、"柱式的隐喻"、"三分法的形变"都仅仅在历史的很小一段时间中被所有建筑师严格地遵循，之后的大部分时间，建筑师们都在巧妙地"越界"，创造着新的"修辞"：

首先改变是最容易变化的"形变操作"："三分法"首先被设计师玩出诸多花样，而黄金分割比自从女人穿上高跟鞋、模特追求9头身且人人以瘦为美之后，比黄金分割更瘦长的比例就变得更吃香了。

之后"柱式"也被动摇了：随着文艺复兴建筑体量的增大，简单将"柱式"等比例放大已经不再可能，建筑必须从"柱廊体系"走向"窗墙体系"，"帕拉迪奥母题"之类的新形式被建筑师创造出来，"柱式"也慢慢被时代所抛弃。

最后，"人文主义建筑"这一建筑本质也被悄悄替换，甚至来到了它的对立面："身体的隐喻"逐渐变成了"集中平面对上帝的隐喻"，建筑师们在如何将"柱式"与"集中性平面"相结合的立面处理中不断探索，并走向更远的修辞。

9.2.4.2　现代主义建筑的短暂语法

同样，所谓"居住的机器"意味着"实用、科学、进步"的现代建筑本质，柯布西耶选择了"多米诺体系"作为"结构的隐喻"，又创造了"基准线、表面和体块"等各种形变操作。

而本书的第1章其实就从"功能vs.形式"这一对概念出发，描述现代建筑的"语法"是如何慢慢演化并异化，建立了它漫长的"修辞链条"。

9.2.4.3　3D打印建筑的语法设想

现在，如果我们假设建筑3D打印的需求真的来临，那么可以设想一番，它的"语法"将如何建立？会带来怎样的艺术形式？

首先，3D打印的建筑本质需要被重新定义，它不再是文艺复兴时期的"人本主义"价值观，也不再是现代主义以来"科学主义"的价值观，而是强调建筑作为一种商品、一种产品可以被快速建造的价值观，其中，建筑的第4维度——时间维度（不是空间的而是建造时间的维度）和第5维度——造价维度将被强化。

　　当这个本质被重新定义之后，就要开始寻找它的"视觉隐喻"，这个隐喻的开端也许不会出现在大型公共建筑上，而可能出现在住宅、别墅尤其是可复制推广的一些居住建筑中（图 9-5 ），其关键在于不同于一般建筑的"圆弧倒角"："彗星"一代客机就因为机窗是方形的，曾两次爆裂造成惨剧，因尖角受力时最容易被"突破"，而圆弧角应力稳定，所以现在所有的飞机、高铁、轮船和潜艇其窗户都是圆角的。因此，预制化、装配化、一次成型化的物品全部离不开"圆弧倒角"，预制产品的视觉联想就在这小小的弧线上，我们将其预设为这个时代建筑本质的视觉隐喻。

　　视觉隐喻的"元语言"一旦被确立，就要以此为基础建立一整套的形变法则，用线条、形体、色彩、比例等来建构"圆弧倒角、曲线、曲面"的秩序美学（图 9-6 ），这是可定义、可复制、可衍生的一系列原则，以此来追寻不依赖于意义联想的、纯形式的"弧线或弧面"的美学方式，并发展出各式各样的具体辞格。

图 9-5　用 3D 打印房屋的模拟图[①]

图 9-6　3D 打印作品的秩序美学特征

　　不过，以上的一切假设都建立在"人类需要大规模快速建设，从而促进 3D 建筑打印、建筑工业化、建筑装配化真正走向实用"的基础之上，与之相匹配，还需要一系列建筑材料、建筑结构的革命。现代主义的到来就与第二次大战后世界对于大量性建筑的快速需求分不开，人类在这种需求之下，才找到了现代主义的视觉表达并将其神化。这就像塔夫里所分析的，战后资本主义的美国急需寻找到一个审美的躯壳，以之为标准在城市中贪婪蔓延，所以此时，密斯孤傲的美学就顺利地进入了大众的视野。

　　我们可以试着将下图的直角舱体（图 9-7 ）想象成整体 3D 打印的、四角圆的、内部家具配件全固化的居住舱，假设当建筑的产权不与地权捆绑在一起，而是可以随着人类的活动搬来搬去，可以如同衣服、汽车、手机一样，有当年最新款的更换时，也许这才能够称之为：通过"语法"，人类获得了建筑的普及。

　　然而，如果这种需求没有到来，建筑的量已经饱和，3D 打印只是一种实验技术而没有社会需求来刺激推广的话，"建筑的曲线／曲面"就无法被神化、崇高化、理性化，那么类似扎哈·哈迪德作品（图 9-8 ）的建筑视觉形式，就只是一种现代主义秩序下的"巴洛克"修辞。

　　即便 3D 打印的"语法"成立，它也还是会走向修辞的越界，走向陌生化，走向精英主义，建筑师将试图在重要而昂贵的大型公共建筑上，建立更复杂、更炫目或者更纯粹、更偏执的演化，"圆弧倒角"自然就走向了加法与减法的形变演化链条，并从中发展出一系列的"意义转移"，随之而

[①]　美国南加州大学教授、制造工程研究项目主管霍什奈维斯说，用 3D 打印机在 20 个小时以内，就可以打印出一栋占地 2500 平方英尺（约 232 平方米）的房子。

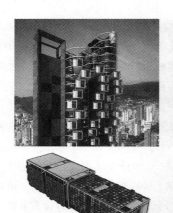

图9-7　舱体建筑想象图①（将图中的
直角舱体想象为圆弧角的一体成型）

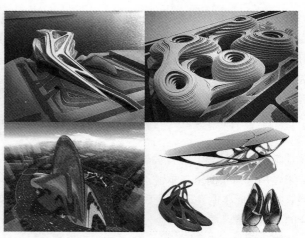

图9-8　扎哈·哈迪德设计的建筑、家具、鞋与香水瓶

来的，就是突破前面的"建筑本质"，即突破建筑作为一种商品、一种产品可被快速建造的价值，而走向视觉化。从这个角度来说，哈迪德一系列流线型设计的"意义"将被重新发掘，并确立它的历史地位，它摇身一变将成为新秩序下的"修辞"，但是，它依然还是"修辞"。

因此，语法的喜剧是短暂的，在它产生之前需要长时间的酝酿，在它产生之后也将迅速失去效力。时代的造就可遇不可求，而技术乐观主义又总是促使着人类期待普世公式的存在，希望可以从中获得一劳永逸的解决方案，然而这种期望也总是会破灭，随时会转换成永恒的修辞悲剧。

9.3　不断扩展的艺术维度

"永恒的修辞悲剧"和"短暂的语法喜剧"在历史中交互前进，每一次"语法"的发展都带来了"修辞"范围的扩大，其结果就是"艺术"这个术语维度的扩大，带来"艺术"的自由与进化。

许多人谈论"艺术之死"、"艺术的终结"，但实际上，艺术的范畴却一直在扩大：今天我们视为艺术的东西，在远古其实都不被看作"艺术"；而今天我们不认为是艺术的东西，在久远的未来也许就会变成"艺术"。技术带给人类更大的自由，但是也带给人类更复杂的修辞空间，意味着需要思考的维度越来越多，修辞也越来越复杂。

以下，我们将列举三种不同方向的维度发展，并通过它们来理解"修辞的升维"和"艺术的扩展"：

9.3.1　从近距走向远距

最简单、最能够被理解的"修辞维度"变化，就是李格尔已经论述过的"艺术意志"，他将古埃及到他所处时代的艺术区分为"三个层次"：触觉方式→触·视觉方式→视觉方式，简单来说就是从"近距离观看"到"远距离观看"不同维度下"视觉修辞"的演化：

第一阶段的"近距离观看"被李格尔定义为"触觉的"，以此为基础的"视觉修辞"在古埃及雕刻、

---

① 灵感来自于20世纪50年代日本的舱体建筑，首先是一种便携式装置设计的建筑单元，之后将这些单元组成数百个摩天大楼，大楼的每层可以接收6个独立单位，在塔的两边各有一个垂直电梯和消防逃生系统。

绘画尤其是建筑中表现最为清晰：视觉形式避免表现空间关系，尽量将空间转化为平面，竭力回避透视和阴影所揭示出的深度，因为这会破坏触觉的表面性。

第二阶段被李格尔定义为"触视觉相综合的"，以此为基础的"视觉修辞"主要表现在古希腊建筑中（其实还包括文艺复兴等时期的建筑）："空间"概念被引入，透视和阴影等手法在视觉表现中逐渐呈现，但这种表现是有限的，为了不影响触觉的表面，阴影只是半阴影，此时的建筑开始有了小纵深的凸起与凹进，但还是以面为基础来思考依附于表皮的深度。

第三阶段的"远距离观看"被李格尔定义为"视觉的"，抛弃了对触觉的直接刺激，只通过视觉来感觉客体的物质存在：因此视觉形式有了完整的三维性质和空间表现，巴洛克时期、现代主义建筑都强烈地表现出此种特点，反倒是李格尔认为的第三阶段代表——罗马帝国晚期艺术，相对来说其空间并不是无限深远的，平面依然被强调。

我们如果按照李格尔的概念向当代建筑进发，可以认为现在已经逐渐演变为"超常远距离观看"的第四阶段"视觉修辞"了，这个"超常"是指真实环境下人眼达不到的远距离，即"上帝视角"的普及化：

首先，3D 模拟技术的普及使得一个建筑方案想要中标，最重要的形式感就是"超常的远距离观看"的。投标必不可少的"鸟瞰图"其实是根本不可能有人真实观看的角度；而即便是平点透视，为了消除边缘变形，它的 3D 虚拟摄影机一般都放在百米开外，除非建筑在一片荒郊野外，基本也没有人能够从此角度真实地观察将来的建成效果。因此，在 3D 模拟真正转变为 3D 虚拟现实[①]之前，甲方与专家都只能"超常的远距离观看"方案，所以在这种知觉条件下的视觉形式，就演变为当代建筑师们下意识的追求，许多原先的"触觉"修辞因此被忽视了。

其次，由于摄影技术的发明，已经不需要亲自去到建筑现场，在杂志、网页、书籍上的虚拟观看就可以览遍天下建筑，对建筑的评价也不用依靠现场，而是有了很多中介手段，建筑影像的获得也使与之相配套的建筑评价能够更广泛传播。摄影师们千辛万苦地寻找最佳视角以及移轴镜头[②]的普遍使用，使得建筑的观看逐渐演变为体现建筑的全貌，而这之下，建筑的尺度感是失真的、细节是缺失的，就算是建筑细节、建筑材料、触觉的呈现也取决于摄影师的角度选取、后期精修等，也失去了真实的现场感。

最后，当代建筑所表现的客体具有了四维性质的空间表现，此时的空间与时间、自由运动、无限延伸等密切联系起来，在建筑中完整的面的因素（平面、立面或者剖面）已经被消解，取而代之的是空间本身被强调。

9.3.2　从文字走向视觉

法国哲学家雷吉斯·德布雷（Regis Debray）根据媒体把人类社会分成三个阶段进行：书写（writing）时代（又有人称之为"口传时代"）、印刷（print）时代和视听（audio-visual）时代；与这三个时代对应的"意象"分别是偶像（the idol）、艺术（the art）和视觉（the visual）；根据这个理论，第一时代是语言统治（logosphere），第二是书写统治（graphosphere），第三是视像时代（videosphere）；偶像是地方性的（源于希腊），艺术是西方的（源于意大利），视觉是全球性的（源

---

① 3D 虚拟现实是利用电脑模拟产生一个三维空间的虚拟世界，让使用者如同身历其境一般，可以及时、没有限制地观察三度空间内的事物，如果这项技术的软硬件都能达到使用的要求并被普及，将取代目前只是用 3D 来做平面效果图模拟，但其感受需要比现在的动画还要更加逼真。
② 移轴镜头主要是用来修正普通广角镜拍建筑时所产生的透视畸变。

于美国）；与这三个时期对应的是神学（theology）、美学（aesthetics）和经济学（economy）。[①]

我们要特别注意的是，其实在书写时代和印刷时代也有音乐和绘画，只是因为技术的发展，直到现代社会才使得图像的获取变得普及，所谓"视觉时代"或"世界图像"，并不是图像才出现，而是图像才开始主导。

应该说，这确实从传媒角度对历史作出了高度凝练的概括，描述了人类从语音走向文字、从文字走向视觉的过程，而这三个不同阶段，每向前进一步，都意味着其修辞的可能性"成指数增加"，也就是说，可以用更少的形式蕴含更丰富的意义：

比如，《时代》周刊以封面创意而著称，随便选取一个与中国相关的封面（图9-9）就可以看出其中隐藏的、丰富的、难以用语言道明的复杂意涵。这就是视觉修辞的魅力所在，相对于要用许多文字才能够叙述的诸如意识形态、不动声色的价值判断、隐匿的褒贬，用"视觉形式"表达则不需要动用太多的形式元素。

而"象形文字"与"表音文字"相比，维度也增加了一级，相应来说，表音文字适合"口传时代"，而象形文字则适合"印刷时代"：此时，"口传时代"的音韵辞格还被保持着，但"印刷时代"又发展出各种关于单字的辞格[②]，从而产生了辞格的叠加。为什么中文有许多同音字却不影响理解，那就是因为发音不是中文的唯一维度，中文其字形走向了半图像化，甚至在音调上还有四声，这三部分叠加在一起，所能表达的意义不是相加也不是相乘，而是以指数关系增加，所能发展出的修辞那就更为变幻而复杂：

$$[(偏旁^{部首})^{发音}]^{四声} = 象形文字$$

$$[(象形文字^{格律})^{平仄音韵}]^{字形对应}\cdots = 诗词体例$$

所以，相比英文，中文只需很少的文字就可表达同样的意义，联合国文件的众多版本中中文最薄，其意义的丰富性不言而喻。但相对而言，维度上升带来修辞可能的增加、艺术形式的扩大，同时也就带来意义精确性的降低（图9-10），至今，"图形搜索"还是计算机网络的难题之一，中文相比英文意义的含混性也大大增加。

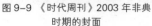

图9-9 《时代周刊》2003年非典时期的封面

图9-10 视觉修辞的不精确性（些微改变就能够带来完全相反的含义）

---

① [斯]阿莱斯·艾尔雅维茨.图像时代[M].胡菊兰，张云鹏译.吉林：吉林人民出版社，2003：7.
② 比如字数的对应（四字成语、五言诗、七绝句、词牌格等），字形偏旁部首的对应（对联的对仗）等。

维度越增加，确定的语法就越难以起作用，修辞因而成为主导，这就是"英文更重语法，中文更重修辞"的原因，也因此，对于纯图像、纯视觉的绘画艺术来说，"图像转向"的实质要从"修辞转向"中去寻找，"语法化、本质化"并不是适合的图像研究方式。

"艺术"需要升维，而"实用"则需要降维，丢弃音韵对仗、明确语法、不再追求格律等就是中文的一种主动降维行为，目的是使语言更精确，而这一定是以艺术性的损耗为代价。相对来说，数学语言、物理语言的修辞维度就更少，但是，物理世界却不是降维的，升维建构了复杂的物理世界，而我们用降维来清晰地描述它。

与文学、绘画、音乐、雕塑等艺术形式相较而言，建筑因其"实用性"语法相对清晰，但恰恰如此，我们用"建筑"作为载体来看待艺术的修辞，以语法为相对坐标，也许会比从文学、绘画、音乐和雕塑本身出发看得更为清晰。

9.3.3 从一维走向四维

"修辞的维度"和"辞格的类型"一样，也是多角度、多方位、多层次的，但是，观察"建筑修辞"最重要的角度，就是基于空间维度的"修辞维度"：

阿尔伯蒂的理论中，"线构"（lineamenti）与"材料"（materia）相对应，潘诺夫斯基把前者翻译成"形式"，而将后者解释为自然产物，也就是他认为阿尔伯蒂的"建筑修辞"建立在"一维线性"的基础之上；

鲍扎教育体系的"立面渲染"（图 9-11）则代表着"建筑修辞"的训练维度从一维走向了二维，从线走向了面，尽管当时已经出现李格尔定义的"远距离观看"，引入了空间概念，但基础的训练方法依然讲求平立面可控的比例、尺度、三段式等，然后基于"面"来发展相对简单的光影、凹凸、进退等空间；

图 9-11 鲍扎教育体系下的巴黎美术学院渲染作业 vs. 中国古典建筑渲染作业

而海杜克则把建筑的修辞训练从二维平面扩展到了三维立体："九宫格"（nine square）实际上是一种教学工具，中国将其转译为《空间操作》引入，目的是以九宫格作为建筑设计的模型与基础，让学生学会在此模型内"解决建筑问题"（图 9-12）。而这从修辞学来看，就是一种在规定条件下的"系统修辞"训练，这让它区别于包豪斯功能主义的建筑学教育。

"九宫格体系"保证了极其开放的可能性：基于各种"元素"（点、线、面、体、柱、梁、板、网格、空间等）来进行"秩序操作"（中心与边缘的关系、空间的挤压与扩张、正交与扭转的操作等），属于"形变"的演化。而这一体系叠加了平面、空间、功能、结构（但排除了立面）等各种维度，

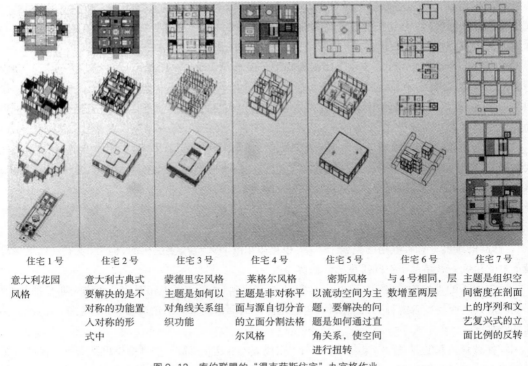

住宅 1 号	住宅 2 号	住宅 3 号	住宅 4 号	住宅 5 号	住宅 6 号	住宅 7 号
意大利花园风格	意大利古典式要解决的是不对称的功能置入对称的形式中	蒙德里安风格主题是如何以对角线关系组织功能	莱格尔风格主题是非对称平面与源自切分音的立面分割法格尔风格	密斯风格以流动空间为主题，要解决的问题是如何通过直角关系，使空间进行扭转	与4号相同，层数增至两层	主题是组织空间密度在剖面上的序列和文艺复兴式的立面比例的反转

图 9-12　库伯联盟的"得克萨斯住宅"九宫格作业

尤其是空间维度的真正引入，使得最重要的成果表达走向了三维轴测。

从以上"一维"、"二维"到"三维"，我们可以清晰地看出修辞维度的扩展过程，而且，每一次建筑理论都试图把这种"修辞"描述为"语法"或"本质"：比如，阿尔伯蒂将线构（lineamenti）描述为"将那些限定和围合着建筑物表面的线条和夹角彼此交接、彼此吻合的正确无误的方式"；而海杜克认为"九宫格"使建筑学的基本问题获得了抽象化的还原，通过它，建筑学获得了有别于其他造型艺术的"语法"和"词汇表"。而我们认为，"九宫格"的建构基础确实是"语法的"，比如对功能结构的关注、对形状的忽视，但这种训练的方法却是"修辞的"，是各种可能性的尝试与组合，正因为语法的维度扩展了，依附于它的修辞维度自然也就走向了复杂与多维：

[（语法生成的形式$^{-维辞格}$**）**^{二维辞格}**]**^{三维辞格}** = 最终形式**

在"九宫格"中，"时间维度"并不是一种建筑必要的、决定性的语法，它只是建筑空间修辞的变量之一而已，而"四维修辞"将以何种方式真正到来？这取决于主导性的"四维语法"如何建立，3D 打印时代只是一种想象中的"四维语法"，但也还有其他的可能，比如"建筑的商品性"。

有人这样批评艺术的商品性："艺术成了一种商品交换而非满足人的精神需要，艺术创作中作家的灵感和活生生的生命被商品这铁腕所扼杀。"但对这批评的解读，从另一个角度来说，是否也意味着未来建筑修辞的维度将以一种新的、我们意想不到的形式出现，而原有的维度被弱化甚至被抛弃：建筑将不再是矗立在大地上 50 年到 100 年的作品，而成为被短暂消费的商品，而其中的智能化、信息化成为"作为商品的建筑"的主要评判方式，也就成为主要的隐喻来源。

互联网思想家凯文·凯利在《失控》一书中预言：网络终极的形式可能是一种人工智能的形式，这种形式足够复杂，有足够多的层级，能够产生自我思考的能力。那么，这种科技的发展是否最终将反映在"修辞"的艺术层面，带来新时代下"4 维艺术"的维度扩展？我们想象一下，消费时代的艺术也许将从"古典时代"对人类身体的模仿（比例系统的视觉模仿），发展成为"互联网时代"对人类智能的模仿（交互系统和大数据处理的知觉模仿）。这个秘密我们可以在苹果手机中找到端倪：史蒂夫·乔布斯用他天才的创意重新定义了体验型商品的艺术，苹果的最终优势就来源于此。

在人文和科技的十字路口，很多人会迷失方向，而乔布斯是能够平衡二者的大师，苹果手机率先建立了一种关于"人工智能（AI）"的语法标准，包括触控屏幕、语音识别、智能界面等，而手机外观及 UI 设计[①]，就成为这个时代 AI 的视觉隐喻，并且乔布斯用艰苦卓绝的努力建立了一整套关于"AI 隐喻"的美学法则，将互联网时代的产品生产上升为这个时代的艺术准则。乔布斯的后来者、崇拜者和模仿者，均沿着他所开创的道路在继续探索。

现在，苹果的模式在向各种产品蔓延，而这种重视应用化、软件化、界面化的设计模式是否会延伸至建筑的领域呢？答案也许是肯定的，2014 年万科与小米合作设计房子，小米董事长雷军对万科总裁郁亮提问："你们盖的房子价格能不能跌一半？"其实如果真的能够做到，这将视为建筑新语法的另一种可能。互联网思维对建筑设计的冲击也许将改换建筑设计的整体思维，所重视的是将居住的房子看成人工智能和大数据的终端，其终端界面和操作系统成为设计的重点和主流，建筑在挣脱"视觉性"走向"体验性"的征途上再进一步。现在，所谓"智能家居系统"在 IT 界已竞争得如火如荼，并开始看到实用化、普及化的曙光。

建筑形式在这种倾向下将发展为两个层面：第一个层面是基于智能交互系统的"建筑本质"，通过研究人与建筑的交互原理，将建筑看作一个机器或舱体，建立操作流程和信息架构，其目的是让其更加好用，规划出最便捷的路径，引导用户使用和控制建筑及其内部的各种家具与电器，并让整个使用之旅充满趣味性；而第二个层面则是建筑的视觉修辞，从建筑将来的 UI 界面、使用图标、内部节点一直到建筑的外观，都将摆脱不了向"第一个层面"视觉隐喻式的靠近。通俗来讲，这正好对应了当今社会的网络热门话语"这是一个看脸的时代"，连 Google 收购家居软件 APP[②]、手机汽车的产品设计、个人能力的评价都摆脱不了这一感慨，建筑最终也一样，一定摆脱不了从"四维语法"走向"四维修辞"的视觉探索。

从古典走向现代，只是代表了从手工业走向了工业时代，人类建立了"工业文化的艺术"，然而人类从工业时代走向互联网时代，需要建立的是"商品文化的艺术"或者是"体验时代的艺术"。现在，人类"艺术"的维度随着"语法"维度正在不断扩展中，新的艺术形式可能已经来临，但何时扩展至建筑领域，还未可知。

时代对于"语法"的选择都是一种可能与偶然，不到历史总结，我们并不先知。

---

① UI 即 User Interface（用户界面）的简称，UI 设计是指对软件的人机交互、操作逻辑、界面美观的整体设计。在飞速发展的电子产品中，界面设计工作一点点的被重视起来，软件界面设计就像工业产品中的工业造型设计一样，是产品的重要卖点，一个电子产品拥有美观的界面会给人带来舒适的视觉享受，拉近人与商品的距离，是一种艺术。
② google 对某智能家居软件 APP 的收购，主要是因为这款 APP 的界面足够漂亮。

第 10 章 影响的他律——形式演化的价值判断

10.0 他律影响自律

虽然第 8 章论证了一种"隐喻形变交织演进"的自律演化，然而，历史并不完美地按照想象中的模型前进，"自律"之外还存在诸多的"他律"影响：沃尔夫林把"自律性"比喻为一块滚下山坡的石头，"按照山坡的坡度、地面的软硬程度等会呈现相当不同的运动"，而这个"山坡的坡度、地面的软硬程度等"就是历史语境、社会环境、意识形态、价值取向等外部因素对"自律演化"的一种影响与干扰。

10.0.1 影响分析的情境

10.0.1.1 从互文性借鉴

研究"他律性"，就是研究外部因素的影响，因此以"影响"为核心要素的互文性理论将为我们所借鉴：

所谓"互文"就是两个具体文本间（transtexuality）的比较，而"互文性对话"则将这种比较从"两两文本"之间扩展至"多重领域"，从孤立的、单纯的、封闭的形式分析切入，最终扩展到整个历史传统和文化影响的视域之内，通过各种要素的相互比较，揭示众多"影响因子"的作用。其中，"文本间性"通过文本间的比较揭示系统诗学；"主体间性"通过主体间的比较揭示理论诗学；"文化间性"通过文化间的比较揭示历史诗学或地域诗学。20 世纪以来，许多文艺批评家都在这三个层面中同时表达，比如巴赫金的文化诗学就"主要由三个有机部分组成"[1]：系统诗学[2]、理论诗学[3]、历史诗学[4]。

对于单个的建筑作品，我们可以简单套用以上"互文性对话"的三个层面，通过各种要素的相互比较，将建筑作品（作为一种显性的存在）、建筑师与建筑理论（作为一种知性的存在）和文化背景（作为一种隐性的存在）三者很好地结合在一起，构建成为建筑的"修辞批评"体系：

"文本间性"可通过建筑作品间的形式比较，揭示文本与文本之间的影响。本书的第 12 章就在比较佛罗伦萨育婴院和萨伏伊别墅两个作品，但这一比较不仅是形式主义与结构主义的窠臼，还希望分析建筑通过记忆、重复、修正等向其他建筑产生的扩散性影响，而这一影响与其说是线性的、

---

① 曾军. 在审美与技术之间——巴赫金对形式主义"纯技术（语言）"方法的批评 [J]. 华中师范大学学报（人文社会科学版），40（2）: 60.

② 巴赫金的"系统诗学"是对诗学的若干概念进行的剖析，代表作是《文学创作中的内容、材料和形式问题》，其中，巴赫金对形式主义"纯技术"方法的批评也同样可以移植到建筑学对"技术决定论"或"材料决定论"的反思中。

③ 巴赫金建立在"系统诗学"基础之上的"理论诗学"主要指未定稿的《语言创作美学》、《马克思主义与语言哲学》等，都是一种理论的建构和演绎。

④ 巴赫金的从"理论诗学"出发，他在批判继承的基础上形成了"历史诗学"，著作包括《拉伯雷研究》、《陀思妥耶夫斯基诗学问题》等，使巴赫金享誉世界的复调理论、狂欢化理论以及对形式主义、精神分析的批评等构成了其历史诗学的坚实基座，从中隐含隐喻形变交织演化的路线图。

单向的，不如说是网状的、互相的，因为"系统诗学"意味着多重的修辞、多样的来源、与多向的影响。也就是说，"文本间性"需要建立一个比较之网，将历史筛选过的绝对意义推回到背景、文脉和语境的相对关系之中，从中理解建筑形式产生的根源。

"主体间性"从作品间的比较，进入建筑师之间的比较，尤其关注建筑理论的前后影响关系，揭示主体与主体之间的影响。"主体间性"将建筑理论的阐释与创造，视为建筑师双向的互动与辩论过程，从而推动理论诗学走向更为开阔的境界：既包括理论的接受与传承；也包括类似于"影响的焦虑"这一类阐述，将建筑师之间相互批评、否定、校正、调节的批判功能也涵盖入内。

"文化间性"则从作品、作者的两两比较，进入文化背景间的比较，揭示文化与文化之间的影响，主要包括"时间维度"和"空间维度"两个层面：前者偏重于历史的维度，从历时角度抽离出"跨越时间、不同时代"的文化对建筑创作产生的影响；后者则更偏重于现实的维度，从共时角度分析"跨越空间、不同民族、不同地域"的文化对建筑创作产生的影响。

由此可见，互文的所谓"某某间性"，就是"某某两者之间的相互影响"，是在一种预设的"情境假设"中对作品作多重影响因子的分析：具体的"某一情境"赋予了"作品"这一影响，而从"另一情境"出发，则又可能赋予了"作品"不同的另一影响。

10.0.1.2　向普适的情境扩展

然而，当我们并不是针对"微观个别建筑"进行修辞批评，而是希望对"历史影响的普遍他律"做出分析时，就需要在此基础上将"互文比较的要素"推广至更宏观、更具普遍代表性、更广泛的层面。为此，我们建立了建筑视觉形式的"四重影响间性"，这就是我们挑选出来预设的"某种普适的情境"：

"形式间性"由互文性理论的"文本间性"衍生而来，但两者的区别在于："文本间性"是单个作品之间的形式比较；然而，既然存在"隐喻形变交织演进"的自律演化模型，那么所有建筑视觉形式之间的前后比较，就逃不脱"隐喻→加法的形变→逆反的新隐喻"和"隐喻→减法的形变→提纯的新隐喻"这两条演化路径的前后关系，"形式间性"讨论的就是在这一普遍过程中，前形式与后形式之间"演化的每一节点"所能产生的"价值判断"；

"主客体间性"则代替了互文性理论的"主体间性"论述：由于"自律演化"已将"主体的修辞动机"考虑了进来，因此"形式间性"就已经涵盖了普遍过程中的"主体间性"；但广义修辞不能仅从"创造主体"出发，还要从"接受客体"出发，"主客体间性"就从两者的相对关系讨论对"价值判断"尤其是对"演化动机"所产生的规律性影响；

同样，"历史间性"与"地域间性"则由互文性理论的"文化间性"衍生出来，所针对的也不是单个作品的背景问题，而是希望将"历史背景"与"地域背景"扩展至建筑视野的普遍层面。在此意义上，"文艺复兴时期"和"现代主义时期"对"历史态度"的相互比较、"地域性"和"全球化"的结构性矛盾，都可以用修辞的方法重新予以观察。

10.0.2　影响产生的根源

如果"建筑视觉形式"的演变只是它自律演化的结果，那么，艺术史上便不应存在所谓"崇高、批判、堕落、退化"甚至"死亡和终结"等字眼，也更没有前一章关于语法的确立过程，各个时代的艺术均是艺术史演化中的一个阶段，发展过程中的一个环节。这种理想状态，罗兰·巴特在他的第一部作品中用"写作的零度"来定义，所谓"零度"就是无倾向。

而罗兰·巴特之所以写《写作的零度》，主要是探讨文学的意识形态，因为真正的"零度"并不存在，就像世界上并不存在"绝对孤独、无所关联的'自我'"。建筑也一样，从温克尔曼提出的"艺术发展的产生、发展与衰落"，到黑格尔的"时代精神"，再到约翰·拉斯金的"正直和诚实的设计"，建筑就被披上了"价值判断"的印记，被赋予了伦理和道德的功能，从而影响建筑师。所有的历史学家都不可能摆脱意识形态的价值判断来进行著述和评价，所有的建筑师个体也不可能超然于历史、社会、知识、现在、过去、意义等问题的立场之外，世界上不存在和意识形态无关的、超历史的、具有普遍意义的所谓风格或者理论，即便是宣称"纯形式"的设计方法也是一样如此。

彼得·科林斯说："现代建筑理论中最独特的特征之一是它所关系到的道德方面。建筑设计的道德基础为何曾经迷住现代的宣传家们，过去是不知道的。为何这种变化一定要出现在 18 世纪中叶还不十分清楚……这些问题是那些比较幸运的先辈们所不考虑的；因为他们对历史无知，对传统过于放心，他们不知道还存在着根本性的问题，因此他们有造化不知道还要作出什么道德上的决定。"[①] 这暗示着，所有"他律性"的干扰和影响，基本都产生于现代史学出现之后。在《作为人文学科的艺术史》一文中，潘诺夫斯基也将不受艺术史影响的"欣赏主义者"称之为"纯真的观看者"。

因此，"他律性"之所以能够对"自律性"产生影响的根源就在于，在历时性下的某个具体时刻，外部因素会对自律过程中某一特定的点作出"价值判断"，试图界定好与坏、褒与贬。正是由于各种史观——即价值判断——的形成，对于建筑产生了用形式判断价值的诱因，从而反过来影响到建筑师的设计倾向，也就影响了建筑视觉形式的演化。

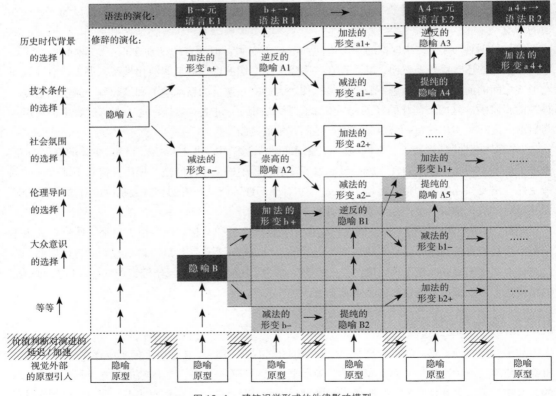

图 10-1　建筑视觉形式的他律影响模型

---

① [英]彼得·柯林斯.现代建筑设计思想的演变[M].英若聪译.北京：中国建筑工业出版社，2005：29.

如图 10-1 所示,在"广义修辞他律演化"模型的核心区是多条线索齐头并进的自律演化(虚线框内为图 8-16"隐喻形变自律演化模型",底色框内为图 9-2"修辞语法交互演化模型"),这就等同于沃尔夫林的"视觉也有自己的历史",风格的发展是"内在的使然,外部条件只能延缓或促进这个过程;它们不能作为其原因"[①];而核心区的外围(底色范围外),则是本章要描述的与"形式自律"相对应的"历史他律",从哲学上来说就是"主观如何影响客观",主要包括以下三个方面:

● **原型的引入**

意义的联想是"隐喻"的主题来源,其原型一般来源于演化链条以外,比如当社会普遍呼唤"诚实与谎言"这样的道德标准时,反过来就影响了建筑师"隐喻原型"的选择方向,它也许就将与"结构或材料"等建筑的物质基础紧密相关。上图中,最下一排的"隐喻原型"一旦被选取,它就被引入原来的演化链条之中,成了新的隐喻。

● **方向与速度的影响**

社会的价值判断会对自律演化的不同方向有延迟或加速作用:从"真实的时间"的把握,并不意味着"自律演化模型"是均匀连续的序列,而会出现错位、倒错、天才出现所导致的提前等等状况,以多种"原始隐喻"为基点的自律演化路线交叠在一起,有的快、有的慢,有的跳跃向前、有的出现倒退,风格的交替不存在清楚的轮廓线。上图中,倒数第二排阴影中的箭头将对模型核心区的演化方向产生不同的加成作用。

● **语法的选取**

上图左侧,历史时代背景下的技术条件、社会氛围、伦理导向、大众意识等,会对建筑师自我认定的各种"隐喻和形变"进行层层筛选,经历大浪淘沙而被筛选出来获得专业或大众认同的,才能够成为"元语言"和"语法"而取得主导地位,完成虚线箭头指向的修辞语法交互行为。比如,当"伏尔泰的文章对不可知论提出了批评,神话被无情地揭穿了,还有他认为历来创作中的那些盲从、传奇和轻信的无稽之谈,全都被他找出来加以轻蔑……在此以前,建筑学生不会想到李维对罗马本身起源的解释有什么问题,更不会想到维特鲁威对罗马柱式起源所作的神话般的解释有什么问题"[②],可是一旦对罗马神话大加嘲笑以后,不用多久,建筑学中关于"柱式"的神话也就慢慢消失了。所以,并不存在什么先验的"元语言"和"语法"被建筑师找到,只有天才的创意所创造出来的"隐喻"和"形变"被大众接受而认定为"元语言"和"语法",当这种认定的社会环境不存在了,其法定性也就消失了,也许它还可以成为一种规则,但也就只是一种修辞。

10.0.3　影响指向的对象

当我们希望建立一种"情境的预设",将对象放入其中两两比较,试图找出其"他律"影响"自律"的原因与规律,即描述某种褒义或者贬义的价值判断时,还有一个关键性的问题需要厘清:影响指向的对象究竟是谁?而产生价值判断的对象又是谁?

大多数美学判断、道德判断和价值判断的词汇被我们习惯性地立足于形式、人物或事物本身,我们就像说"这是红的,那是绿的"一样来描述"这是美的,那是丑的"、"这是批判的,那是崇高的",然而,这其实是一种绝对主义的观点,它将事物从环境中分离出来并孤立判断。

然而,修辞是相对主义的,修辞学中所有的词汇,比如"隐喻、形变"、"崇高、批判"、"修辞、

---

① [美] 克尔·安·霍丽. 帕诺夫斯基和美术史基础 [M]. 易英译. 长沙:湖南美术出版社,1982. 28.

② [英] 彼得·柯林斯. 现代建筑设计思想的演变 [M]. 英若聪译. 北京:中国建筑工业出版社,2005. 20.

语法"、"悲剧、喜剧"都是对立统一、相互转化的。因此，在"广义修辞"的研究中，"价值判断"判断的其实是"形式的变化过程"而不是"形式本身"，是具体的某一情境赋予了"形式演化"以或褒或贬的含义，从而影响了这一演化的进程。

因此，这就是为什么"一个坏人，只要做了一件好事，他的一切坏事不但不被惩罚，反而因这件好事，赢得了很多的表扬；而一个好人，只要做了一件坏事，他的所有好事不但不被承认，反而因这件坏事，得到的惩罚远比坏人还多"，因为，世人的道德判断其实是给了一种状态的变化趋势，而不是状态本身，难怪看起来很不公平。

而这就彻底从互动演化的角度看待了历史，历史不再是由一个个机械式的"原子"所串联，而是一环套一环、步步相接、连绵不绝的过程，是波动的，而不是粒子的。

10.0.4 影响的意识形态

10.0.4.1 价值判断的固化

在怀特看来，历史叙事的三个维度、每个维度的四种模式（三组四位一体）之间具有一种"选择的亲和性"，即"情节化"、"论证"和"意识形态蕴涵"的每一层面都各有四种主要模式，这样就有 $4^3=64$ 种组合，但这 12 个变量之间并不是充分自由组合的，而是由"天然亲和性"形成几个固定的组合：比如"喜剧情节"、"有机论证"和"保守主义意识形态"三者就是一种相对固定的模式组合。

同样，我们会发现，某一特定的"价值判断概念词汇"，比如"优美、崇高、批判、堕落、退化、模仿、创新、地域性、文脉主义"等，它与"特定情境"、"特定演化"也是具有"天然亲和性"的，也就是一种相互对应的固定化，当然，有时这种"概念词汇"也往往会随着一些条件的改变，出现"贬褒义"的矛盾翻转，而找出这种相互之间的对应关系与翻转条件，就成为这一章的关键。

因此，分析"影响"的目的，就是将那些"价值判断"与生成环境的对应性剖析出来，从而回答"主观价值"与"客观形式"的联系所在。

10.0.4.2 价值判断的神化

在所有"他律性"对"自律性"的影响中，其最高等级就是建立某时代下建筑学的"神话"。这个概念借鉴了罗兰·巴特的《神话学》：神话是一种交流体系、一种概念或一种想象，它是一种意指形式、一种扩展的隐喻、一种修辞方式[①]，所谓"神话"即"人造的真理"。

19 世纪末，尼采向所有名为"真理"的概念发起挑战，他认为，诸如"科学认知"及其辩护者们所依赖的那些"自以为是的概念"不过是一种社会性的安排而已，并非我们的确瞥见了最终的真实，而是科学家和哲学家们用一个远非客观和中性的"语言"构筑了一个自己愿意相信、某种角度能够自圆其说、因而可以说服别人的世界。但"语言"绝不是客观和中性的，它永远是有偏向性的、带有价值倾向的、有目的性的，简而言之，是"修辞"的。

在历时性下的某一具体时刻，自律演化过程中某一特定时间点的"价值判断"被塑造成"神话"，这就起到了意识形态自然化的功能，换言之，在这个时态下，其价值观、态度和信念显得完全是自然的、正常的、不证自明的、永恒的、显然的常识，从而就成为客观的、真实的"建筑本质"，成为一种"意识形态"。所谓"意识形态神话"，就是借助"修辞"将历史的意外描述为必然，将文化之物转变为自然真理，以此来获得最广泛、最成功、最令人信服的"认同"。

---

① 罗兰·巴特．神话修辞术 / 批评与真实 [M]．屠友祥，温晋仪译．上海：上海人民出版社，2009：27.

塔夫里用马克思主义的方法剖析了建筑现代运动，得出的中心思想是："建筑，自启蒙时代以来，已经成为资本主义的意识形态工具，因此我们已经不再可能指望它抱有任何'革命性的'目的"[①]；罗兰·巴特的神话学剖析了"当时的资产阶级利用自己手中掌握强大的社会力量，根据自己的利益要求，构建起了一个个现代神话"[②]；而海登·怀特在《元史学》中也将"意识形态意蕴模式"分为无政府主义、保守主义、激进主义和自由主义四种模式；可以看出，以往这些研究都更为注重"政治意识形态"，从政治的大社会背景为出发点来解析其他人文学科的"意识形态倾向"。

然而本书将更注重"学科意识形态"，即建筑学内部某一特定时代下的价值观的真理化、崇高化、神化，所牵涉的"概念"主要都在学科内部，以专业术语的形式存在，与政治不直接相关，是建筑师潜意识下的"学科正确"，它只是会间接而曲折地受到政治的大环境影响。而这些被神化的"建筑学概念"，如"功能、空间、结构、材料、技术"等，以一种不假思索的、确定性的、不容辩驳的"褒义或贬义"暗示所有的建筑师和建筑理论："以此立场判断为标准"来思考学科问题。

塔夫里的理论中心之所以从前期的"意识形态批判"走向后期的"历史批判"，其实是因为他发现"历史因素"就像政治意识形态一样，都是一种广义修辞的要素，必须对它们去神秘化，"按照罗萨的话说，那就是，对意识形态（以及所有政治母体）进行批判，无情地破坏了古往今来的自我幻想和自我神秘化的一切结构"[③]，包括历史。

而所有历史上的"元语言"和"语法"，都可以看作是每一个时代都必须系统性建立的建筑学"神话"，它们就是被神化的"隐喻"和"形变"，它们的神化是建筑学内部意识形态自然化的结果，从修辞效果来说，只要使用它们，建筑师毫不费力就能得到大多数人的"认同"。而每个时代的那些判断词汇，它所代表的价值观是如何被一种确定的"褒贬"所框定，这都值得我们去探讨。

因此，整个"影响间性"的剖析也是一个建筑学"破除神话"的过程："形式间性"破除了"崇高"的崇高性、"批判"的批判性，认为"优美美学"与堕落有相通之处，"崇高美学"与专制有联系；"主客体间性"破除了建筑艺术这件事情本身的崇高性，认为大众艺术是一种直白的煽情，小众艺术则是一种巧妙的伪装；"历史间性"则是对历史价值的回顾与整理，破除掉历史上对于"历史神话"的拔高和贬低，同时破除"隐喻"的神圣性、强调"形变"秩序美学的不可或缺；而最后的"文化间性"则是对"地域性神话"的破解。

10.1 形式间性——"崇高"与"优美"的审美判断

所谓影响的"形式间性"，是指"隐喻形变交织演进"过程中，对视觉形式"前一个状态"演化到"后一个状态"的审美判断，是对一个普遍演化过程节点的价值判断取向，它隐秘而又无所不在地影响着建筑师与史学家。

下表中，我们把"加法"与"减法"分开，将常用的"审美判断词汇"与"自律演化"的分解过程一一对应，试图建立这一过程中"情节模式"、"审美概念"以及"政治/社会意识形态"的"天然亲和性图谱"（表 10-1），"形式间性"分析就是要解释这种亲和性产生的原因。

---

① 卡拉·奇瓦莲.曼弗雷多·塔夫里：从意识形态批判到微观史学 [J]. 胡恒译. 马克思主义美学研究，2008（02）：285.

② 晏斌. 论罗兰·巴尔特关于现代神话的符号解读 [J]. 中共成都市委党校学报，2005，13（4）：80.

③ 胡恒. 一个马克思主义者的威尼斯梦幻曲——曼弗雷多·塔夫里与《建筑与乌托邦：设计与资本主义发展》. 马克思主义美学研究. 12 卷. 2008：329.

"形式间性"价值判断词汇表　　　　　　　　　　　　　　　　　表 10–1

情节模式		审美概念	加法的自律演化过程	减法的自律演化过程	审美概念	情节模式
俚俗的喜剧	浪漫喜剧	感性 装饰 丰富 **优美** 繁荣	隐喻 ↓ 加法的形变 ↓ 逆反的新隐喻	隐喻 ↓ 减法的形变 ↓ 提纯的新隐喻	理性 抽象 简约 **风骨** 升华 纯粹 **崇高** 压抑 枯燥	英雄的悲剧
	讽刺喜剧	巴洛克 **批判** 堕落 丑陋				
政治／社会意识形态		享乐主义			禁欲主义	
		自由主义			保守主义、专制主义	

10.1.1　优美→批判 vs. 风骨→崇高

　　"隐喻形变交织演进"的自律演化，是以"隐喻"为起点，用复杂或简化的"形变"不断获得陌生化，形成"加法的形变"和"减法的形变"过程。而在这一过程中，随着自律演化的不断进行，与之相伴的"审美概念"构成了图谱中由上至下一行"词汇序列"（深色底序列）：艺术家用"感性"开启加法之旅，用"理性"开启减法之旅，前者通过"丰富和装饰"达到"优美"，后者通过"简约与抽象"达到"崇高"；而一旦走过了平衡的区间，"优美"就具有滑向"堕落"和"背叛"的危险倾向，而"崇高"离"枯燥"和"压抑"也不远了。所以，这是一系列的相对演化过程，而非绝对状态，这其中，"优美"与"崇高"也是一系列"形变"中微妙的平衡状态，是一个连续不断过程中的相对位置，而不是绝对概念。

　　"优美"与"崇高"作为一种暧昧复杂、难以捉摸的美学概念，来源于 18 世纪英国美学家博克的《论崇高与美两种观念的根源》，而后，康德继承了这两个"概念"却赋予之以新的"意义"，在《论优美感和崇高感》里将两者以"对立统一体系"共同论述，其理论在《审美判断力批判》里进一步成熟。

　　然而，无论是博克、康德，还是其他的美学研究者，要不就局限在一种具体的情境中，对两者作感性的总结，比如"优美"是曲圆小滑的形体、舒缓轻柔的节奏、柔和协调的色彩，"崇高"是巨大的体积、惊人的速度、辉煌的光彩、磅礴的气势、强烈的对比、刚劲的力量等；要不就概念描述非常模糊，难以把握，比如"优美"是主客体相对统一的和谐平衡状态，"崇高美"是主客体的矛盾激发中体现着的美，等等。

　　康德对优美和崇高存在以下比较：一、优美只涉及对象的形式，而崇高不仅涉及对象的形式，还涉及对象的无形式（即"无限制、无限大等"）；二、美感是单纯的快感，崇高感却是由痛感转化成的快感；三、美在于对象，崇高却在于主体的内容与心灵。

　　其实以上论述，我们都可以用形式演化的过程来一一解读：一、"加法的形变"是对原有隐喻的打破、重组、复杂化，所以在这个过程中，新鲜有趣的"视觉形式"优先于"新隐喻的意义"而先出现；而"减法的形变"则以维护原有隐喻为先，"旧隐喻的意义"因此优先于"新的视觉形式"，并要减去多余直至减无可减成为"无形式"。二、正因为"加法的形变"先追逐形式，因此是直接产生视觉快感，而"减法的形变"先维护意义，就只能是一种间接产生的感官刺激，以对欲望的压抑和克制产生形式"艰深化"之感，"崇高的情感是一种仅仅间接产生的愉快……与其说包含积极的愉快，毋宁说包含着惊叹或敬重，就是说，它应该称之为消极的愉快"[1]。三、"减法的形变"建立在维护"原始隐喻"的基础之上，"加法的形变"则刚好相反，它总有打破和推翻"原始隐喻"的冲动，因此"减法形变"得到的"崇高"就总与"意义"、"法则"、"伟大"等联系在一起，让人产生升华之感。

因此，加法并不拘泥于"原始隐喻"的定义框架，自由而活泼地给予设计师灵感，在形式上随心所欲地作出改变，用直接的"陌生化"给予观者刺激；而减法却不是这样，设计师严格恪守着"原始隐喻"的定义，在此框架中把理性的精神发挥到最大，得到的形式也许是枯燥的，但是放大了"原始隐喻"的"意义移情"，因而产生了压倒性的效果。所以，形式加法的平衡区间获得"优美"的审美判断，舒畅了人的心理感受，而"崇高"则处于形式减法的微妙平衡点上，先压抑人的心理，使观赏者从压抑中突然获得放松。

第 8 章中，我们用"隐喻形变交织演进"的模型阐述了"隐喻形变的动态统一"、"批判崇高的辩证统一"、"多条线索的齐头并进"，这也就很好地解释了康德的"优美与崇高的统一"，即康德认为的：崇高与优美是并列的而不是对立的，两者相互体现。

所以，包括"优美"、"崇高"在内所有审美判断，与修辞学的其他定义一样，都是一种相对存在，取决于演化过程的情境之中。具体而言，要谈什么是特定的"优美形式"或"崇高形式"，就离不开它们的"原始隐喻"是什么？正在作加法还是减法？我们观看形式的角度又以哪一种"意义"为线索？等一系列前提。这也就是说，审美判断取决于接受者对形式演化的观察角度与过程理解，而不完全取决于纯形式本身，审美判断是一个历史判断而非形式判断。比如以"柱式"为起点，"法国古典主义"就是"崇高的"，它强化了"柱式"的比例与序列，减去了其他繁杂；而"巴洛克"则是"优美的"，因其试图打破对"柱式"的立面依赖，所以也很快就滑向了"华丽的堕落"。

而用这种角度诠释的审美判断，还可以将东西方的不同美学范畴连接起来，因为这是一种普遍性的过程描述，这一过程的起点是开放的，只将演化过程用了统一的符号框架来描述，而其中的定义与名称则是可变的：可以是西方式的"崇高与批判"；也可以是无倾向的"加法与减法、复杂与纯粹、逆反与提纯"；也可以是中国古典美学的其他名称。比如，"风骨"作为中国古典重要的美学范畴之一[2]，原本是很难与西方美学相融合：

> 自魏晋以来，"风骨"范畴被广泛地运用于各个门类的艺术中，既见之于文学理论批评，又见之于书、画美学理论批评……所以历代论者，无论是书、画美学家还是诗文批评家，都有浑言三者以显其同的。

汪涌豪《风骨的意味》溯源"风骨"来自"骨肉君臣"的相人之术，我们可以理解为："骨"影射意义隐喻的内核；"肉"指视觉形式的外在；"风"取"风也，教也，风以动之，教以化之"之意，是从接受者角度谈"骨肉君臣"的形式间影响。这样，我们就把"风骨"的审美判断，与"隐喻形变交织演进"的视觉演化所得到的一种微妙平衡联系起来。

---

[1]　[德]康德.判断力批判[M].邓晓芒译.北京：人民出版社，2002：83.

[2]　汪涌豪.风骨的意味（《中国美学范畴丛书》之六）[M].南昌：百花洲文艺出版社，2001：6.

汪涌豪认为"崇高"具有压倒性，而"风骨"则不具备。因此，两者在减法的形变链条上，存在前后位置的差异："崇高"是一种"走得更远的视觉形式减法"，强调意义的存在，表现为驱赶杂质的提纯；"风骨"则更偏向于"视觉形式的控制"，对新奇、杂质、变异等新元素与原有元素的平衡更重视，"隐喻意义"的那种压倒性的排他相对就没那么重。

在书法中，我们就可以看到这种"风骨美学"的"控制与平衡"：毛笔因锋毫柔韧，遂除平移之外，附加有绞、转、提、按等手势，所以"书法的风骨"则主要体现在这些"附加运动的控制"上，即要有，但不需多；而所有"书画的风骨"又都将此引申为一种"气力的控制"，即要稳，但不许蛮：

> 囟笔正直，铺毫纸上，墨必聚在中线，这样点画自然有力，书风也多能劲挺。而侧笔以体妍为主，不长取劲，自然无助于书风的劲挺。书风不能劲挺，"风骨"也就无从生成。宋人作书多变晋唐人法，好以侧妍取势，欹斜生姿，引来如赵孟坚、项穆等人从用笔无力、书乏"风骨"角度的批评，即与此有关。当然，对直笔正锋讲究太过，也会产生一定的弊端，如前述"干枯而露骨"便是一例，这在古人看来自然也是要避免的。[①]

所以，从美学判断的精密描述而言，"风骨"才与"优美"对应、"崇高"应和"批判"对位：因为，只有新的隐喻产生，新的意义才由此而引申，并凌驾于形式感，这也就意味着从"风骨"走向了"崇高"、从"优美"走向了"批判"，这都意味着审美从"形变的平衡"慢慢走向了"隐喻的偏激"。

> 大致说来，书法美学理论中的"风骨"范畴，指称的是一种与纤圆、疏巧和浮弱无涉的书法风貌。进言之，指一种通过用笔、结体并且主要是用笔的讲求，使书法显示出笔力强健端直峻整的力度美；并且这种力如孙过庭揭出的那样，不是"质直"、"刚狠"、"矜敛"、"脱易"、"躁勇"和"迟重"，而是"遒正"、"雄强"、"劲健"和"清峻"。因此，只要不推向极端，它便没有前一类偏激追求造成的剽迫寒钝。

因此，关乎中国古典美学在修辞演化链条上的描述，可由"加法的形变"和"减法的形变"改称为"纵情的形变"和"控制的形变"，相较于西方强调偏激与极端的"隐喻美学"，中国古典美学更追求趋向平衡的"中庸"，更追求不偏不倚的"形变美学"，或称"秩序美学"。

10.1.2 繁荣 & 堕落 vs. 升华 & 压抑

然而，一旦美学的追求走向了极端，往往就能从类似的"审美判断"中得到截然相反的褒贬含义：在审美的历史上，"优美"就是"优美"，它处于相对平衡的区间，因而大众就只单纯用看待形式的眼光来看待"优美"；然而一旦走过了平衡的区间，"加法的形变"就产生了"繁荣与华丽"、"堕落与丑陋"的不同价值，"减法的形变"则往往产生了"崇高与升华"、"压抑与枯燥"的两极评论。

最早是朗吉弩斯的《论崇高》中把崇高归属于修辞学范畴，提出了崇高的五种来源："庄严伟大的思想、强烈而激动的情感、运用藻饰的技术、高雅的措辞、整个结构的堂皇"，这其中其实只有第一个"庄严伟大的思想"才是"崇高"的根源，其他都只是表象，从表现修辞的意义移情解释，"庄严伟大的思想"就是对原始隐喻"旧意义"的强调与拔高。

---

① 汪涌豪.风骨的意味（《中国美学范畴丛书》之六）[M].南昌：百花洲文艺出版社，2001：62.

按照移情美学观点，崇高与主体的精神力量相通，是某种明晰而又简单的视觉形式，它把自我投射到观者中去，具有强有力的力量感。崇高毫无例外地是对力量的一种感觉，是意志力量的扩张，是"原有隐喻"逐渐排斥掉杂质，是一系列"减法"所带来的"意义"的绝对统治，类似于康德说的："假使我们对某物不仅称为大，而全部地、绝对地，在任何角度（超越一切比较）称为大，这就是崇高"。

但是，前一节已经分析过，"崇高"所谓主客体的矛盾激发，也就是作者关注其"隐喻意义的表达"要优先于"视觉形式"本身，是"意义美"压倒了"形式美"（图 10-2），因而，当观者站在了不同的观察角度时，就得出了不同的结论：从"意义美"的角度，崇高是意义的"升华"；而从"形式美"的角度，崇高往往就是"枯燥与压抑"的。

同样，"加法的形变"其程度总是有限度的，当建筑师穷尽花样、出尽百宝，光靠复杂已经不能带给观者以形式上的冲击之时，"复杂化"也要走向偏激。但减法的因子比加法少，加法可以无限加，减法却不能无限减，因此"加法的形变"比"减法的形变"链条长得多、变化快得多，一旦走过了平衡的形式区间，减法的路径很短暂，因而相对单纯，而"优美"向后，则出现了两种情况：

与"减法的形变"相反，"加法"是作者关注"视觉形式"超过了"原有隐喻的意义表达"，当观者站在了不同的观察角度时，也得出了不同的结论：从"意义美"的角度，巴洛克是意义的"堕落"；比如温克尔曼把"希腊化时期"指向古典风格的衰落，而从"形式美"的角度，巴洛克往往就是"华丽"的。

然而再向后演化，"加法的形变"则走向了最初隐喻的尽头，产生新的隐喻——"反讽"，此时就又变成了关注"新隐喻的意义表达"要超过"视觉形式"本身，因而，当观者站在了不同的观察角度时，也有两种结论：从"意义美"的角度是意义的"批判"；而从"形式美"的角度，则往往成为"刻意讽刺而丑陋"的。而正因为"意义美"压倒了"形式美"（图 10-2 上右），历史上才可能出现如此多"丑陋而不自知"的情况，此时我们就可以理解：文艺复兴时期"巴洛克"刚刚出现之时为何是"形状怪异的珍珠"，意即古怪与变形？而在现代主义中，丑陋、怪异与混乱等是如何走上美学的圣坛的？

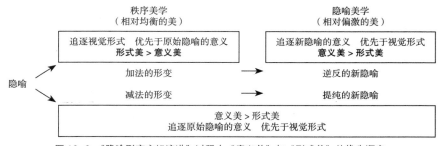

图 10-2　"隐喻形变交织演进"过程中"意义美"与"形式美"的优先顺序

10.1.3　自由主义 vs. 保守主义

当视觉演化趋向偏激时，"批判"与"堕落"、"崇高"与"压抑"从形式而言只相差毫厘，但褒贬却宛如参商，关于这一点我们固然可以从纯形式演化的角度、从是"意义美"压倒"形式美"还是相反来论述，但这还不完全，因为"意义美"这一要素更加复杂，它本身就自带"褒贬"。

其秘密也许就在描述审美判断的"政治意识形态语境"中：当历史学家站在"自由主义"立

场来叙事时，就给予某些形式"褒义的批判"或"贬义的压抑"评价，而当历史学家身处"保守主义"和"禁欲主义"的意识形态立场时，却把同样差不多的形式称为"贬义的堕落"或"褒义的崇高"。

这其实很好理解，"加法"总有打破和推翻"原始隐喻"的冲动，而"减法"则刚好相反，它是建立在维护"原始隐喻"的基础之上的，前者与"自由"一脉相承，后者与"保守"相通，站在不同政治意识形态的立场上，对于合乎它们逻辑的视觉形式演化就是支持的，反之则是贬低的。

艺术史开创者温克尔曼隐藏的价值判断影响了他之后的一大批人，他把艺术的"衰落"与经济社会发展的"繁荣"相联系，含有对"个人主义"和"享乐主义"的批评，也就是对"自由主义"的批评。

然而，现代主义之后，尤其是 1968 年法国五月风暴之后，西方的社会意识形态发生了深刻的变化，美国左派学者沃勒斯坦说，新兴资产阶级夺取政治权力发生在 1789 年的法国大革命，而夺取文化权力则要到一百多年以后的 1968 年，那一年标志着"自由主义"占到了社会主导地位。1968 年法国的知识界有句话叫"结构不上街"，这也就是在批评保守稳定的"结构主义"与革命躁动的社会格格不入；相反，西方知识界一些人认为的现代性已经终结，要转向后现代，最著名的就是利奥塔提出来的知识范型的转变，所谓现代性的宏大叙事的结束：人类社会作为一个整体追求自由和思想解放、追求全人类的乌托邦的时代结束了，取而代之的是个人化的、反精英的、非线性的历史。

社会的"自由主义"转向，从建筑的视觉形式上来说，也表现为"解构主义"的巴洛克化，但是此时，我们对他的评价不再是"堕落"，而以"批判性"取代。但是，刨除掉意识形态的包装和"隐喻神话"的光环，"解构主义"建筑的视觉形式与"希腊化艺术"、"巴洛克风格"又有什么本质区别呢？在温克尔曼看来"宏大叙事的终结"导致"衰落"，是一种可怕的贬义状态；而在"后现代"看来"宏大叙事的终结"导致"多元"，是一种生机勃勃的褒义状态。

当然，现今政治的意识形态上，"自由主义"与"保守主义"也像"批判"与"崇高"一样，发展成为了非常复杂、一言难尽的两种形态，既对立又统一，"保守主义"与"自由主义"表面上的摩擦往往掩盖了它们之间内部的密切联系。事实上，当今世界上几乎所有的意识形态都与自由主义有着密切的关系，应该说，"自由"就是"语法"的方向，这意味着人越来越从物质匮乏中解放出来，政治上的"自由主义"从此引申而来，却又有所不同。所以，本节的描述只能算是"基础性"的，广义的和狭义的，东方的与西方的"自由主义"与"保守主义"极其复杂，甚至内涵相反，它们之间的故事也可以用"政治判断的修辞与演化"写下一大本书，涉及对资本主义、对个人权利、对土地私有制等的态度偏差①，有多种多样的组合形式，这里不作赘述。

自温克尔曼、康德直至黑格尔的传统延续，"崇高"一直作为美学价值链的顶端高高在上，博克认为崇高与美是对立的、互相排斥的，并把崇高置于优美之上，从这里我们可以看出这种价值排序的根源，"优美"与"堕落"的隐约联系，"优美"与"丑陋"的毫厘区别影响了博克的价值判断，前批判期的康德显然也受到了影响，也倾向于认为优美终究是要以崇高为依归。

但是，今天的"崇高"已然不再吃香，"解构崇高"才是流行。它与"专制主义"的影射直接挂钩，一种"意义强调"、"庄严感"与"纪念性"的视觉形式常常把"崇高"与维护统治阶级意志联系起来而遭到批评，把它与戒除世俗欢愉的"禁欲主义"联系起来，走向了"享乐主义"甚至是"人文主义"的反对面，相反，当代美学的话语范式中，"批判性"成为大家追捧的主流。而当形式丧失了"崇

---

① 比如：弗兰姆普敦把自己的著作直接称为《现代建筑——一部批判的历史》，他对于资本主义文明从根本上是持怀疑和批判态度的，秉持保守主义左派的立场；对于土地私有制，对于 20 世纪的汽车文明以及在此基础上的城市化，弗兰姆普敦都表现出很直接的怀疑和拒斥。

高性"的意义之后，往往也就只剩下了"枯燥"，这点从"国际式"、"方盒子"的命运中就可以看出来。自由主义狂欢诗学的巴赫金对待启蒙主义的态度就是批评的，他批评启蒙主义者那种抽象的纯理性主义、反历史主义，热衷于抽象的普遍主义倾向："使世界失去特色，是启蒙主义者的倾向，世界上现实的东西要比看起来少得多，现实靠残余、偏见、错觉、幻想、理想等被夸大其词。这种狭隘的、纯粹静止的现实概念决定了他们对文学作品的认识和评价，并使他们试图对文学作品加以净化和缩减"①。

需要指出的是，并不是说社会意识形态的基调决定了视觉形式的演化方向，事实上，视觉形式的自律演化永远自动自发，社会意识形态的基调只决定了演化的"价值判断"，决定了从褒义或者贬义的角度解释视觉形式的话语权，从而提前了或者拖后了某些方向的发展，决定了哪些是被历史所修剪的枝杈，哪些是被历史所标记的重点。而且，由于"批判性"和"崇高性"的丧失，先被踩到脚底、再鲤鱼翻身，或者先被捧上神坛、再拉下马来的翻转剧，常常在历史中上演，所以，越是时间接近的建筑现象，我们越难以给出恰当的价值判断。

10.1.4　俚俗的喜剧 vs. 英雄的悲剧

从历史叙事的情节来说，所有的"悲剧的"都是"修辞的"，因为所有具确定性的"隐喻"都将消亡，所有被神化的"元语言"和"语法"都将被替代而走下神坛，从这一点看，人的生存也是一种"修辞"，因为人只有"向死而生"。

但是，具体到短暂的"加法的形变过程"和"减法的形变过程"而言，前者是一出"俚俗的喜剧"，而后者则是一出"英雄的悲剧"。早期的康德认为："悲剧不同于喜剧，主要在于前者触动了崇高感，后者则触动了优美感"②，这就是对这个命题的完美注解。

在历史叙事中，浪漫剧是一种带有成功色彩的喜剧，善良战胜了邪恶、美德战胜了罪孽、光明战胜了黑暗，"加法的形变"走在"优美"的区间之前，都应该算是浪漫的喜剧；而这之后则算是讽刺的喜剧了，恰好与浪漫剧相反，带有幽默滑稽色彩，邪恶衬托了善良、罪孽对比了美德、黑暗压倒了光明，滑稽作为审美现象，它的内容依据是丑，它所产生的审美快感，实际上来源于丑对美的嘲笑与颠覆。

自亚里士多德《诗学》贬低喜剧、抬高悲剧以来，大部分美学理论也一直秉持这一立场，然而，巴赫金的"狂欢诗学"却说"喜剧高于悲剧"。他这样解释狂欢节笑的双重性："它是正反同体的笑，是狂喜的，又是冷嘲热讽的笑，既肯定又否定，既埋葬又再生的笑"③，而这正好描述了"加法的形变"对于前期浪漫和后期讽刺的包容，而这出喜剧是"狂欢"式的、人民性的、俚俗的。巴赫金将喜剧精神在人类历史发展中的作用提高到了空前的高度，他认为这"摆脱了那些例如'永恒的'、'不可变动的'、'绝对的'、'不可改变的'阴郁范畴的压迫，它所代表的是自由、民主、开放和未完成，是对创造力和生命力的解放，是对束缚这些创造力的僵死的陈规陋习、传统观念的嘲弄"④，这就印证了"喜剧"与"自由主义"的相关性。

"减法的形变"则是一出悲剧，其中的欢乐都是虚伪和虚幻的快乐，世界不能被改变，但人类却必须在其中劳作。有太多的美学家、哲学家、艺术史学家证明了"崇高"与"悲剧"的相关性：早期的康德、后来的黑格尔以及直接将崇高与悲剧联系起来的别林斯基和车尔尼雪夫斯基，都明确地肯定了悲剧性的崇高内涵。与前面"俚俗的喜剧"不同，"减法的形变"是英雄主义和禁欲主义的，

---

① 巴赫金. 拉伯雷研究 [M]. 李兆林，夏忠宪等译. 石家庄：河北教育出版社，1998：390.
② [德]康德. 论优美感和崇高感 [M]. 何兆武译. 北京：商务印书馆，2004：7.
③ 李霞. 浅论"喜剧高于悲剧"——由巴赫金狂欢节笑文化研究想到的 [J]. 连云港师范高等专科学校学报，2004，2：48.
④ 李霞. 浅论"喜剧高于悲剧"——由巴赫金狂欢节笑文化研究想到的 [J]. 连云港师范高等专科学校学报，2004，2：49.

展现的是为了维持一种虚幻的"意义"所进行的不懈努力以及为此付出的牺牲。

10.2 主客体间性——"大众"与"小众"的话语权力

在文学的"互文性"理论中，更重视的是"主体间性"，它强调建筑师、建筑理论之间相互批评、相互否定、相互校正、相互调节的相互影响，将建筑理论的理解、阐释、再创造的过程视为建筑师双向的互动与辩论过程，形成了一种动态的建筑史观。

但是，从视觉形式而言，"主体间性"与"形式间性"有一致性，在自律性演化的论证中，我们已经阐述了建筑师自我实现的"欲望"是推动演化的动机，意即"主体间性"推动了"形式间性"，因此两者同构。反而是"主客体间性"则常常被人们忽视。

所谓"主客体间性"，就是指"视觉形式的主体——作者"与"客体——观者"之间互相影响的关系：主体有自己希望表达的意图和目的，但并不代表客体就原样接受了，这个相互影响的过程，往往需分出主次："以作者引导为主，还是以观者接受为主"，隐藏其中的就是两者话语权力的等级高低（表 10–2）。

"主客体间性"话语权力词汇表　　　　表 10–2

主体	客体
精英主义	人民大众
个人主义	群体意志
自上而下	自下而上
陌生化主导	同一主导
职业傲慢	市场选择

10.2.1 主体的修辞骗局

根据陌生化的原理，艺术"是把形式艰深化，从而增加感受的难度和时间的手法，因为在艺术中感受过程本身就是目的，应该使之延长。"[①]"隐喻"、"加法的形变"、"减法的形变"其实都是在增加视觉形式的难化和艰深化，增大接受者的审美接受，因此，"艺术的成功永远是一场骗局"，特殊的艺术程序"越精巧、独特，艺术的感染力也就越强烈；程序越隐蔽，骗局也就越成功，这就是艺术的成功"，从这个意义上来说，"修辞"不仅是一种"替代"，更是一种精心布局的"骗局"，是主客体之间的一种"斗智"。

在《建筑诗学》中，作者把建筑的比喻进行了等级区分（表 10–3），在这个排序中：比喻的抽象状态 > 潜在的直译 > 明显的直译；不能被他人发现的比喻 > 能被他人发现的比喻 > 直译。建筑师要放大艺术的感受过程，就要通过不断的"变形"，使观者要"通过用力地思考"才能获得"意义"，这个过程越长、越阻碍，效果越好，而一眼就可以看穿的直译（照原样呈现）当然就是最差的修辞效果。

---

① 什克洛夫斯基等. 方珊. 俄国形式主义文论选 [M]. 北京：生活·读书·新知三联书店，1989：6.

以比喻方式构建的建筑：分类与评估 [①]　　　　　　　　　　表 10-3

		直译	可察觉	不可察觉	建筑师的秘密	大量的直译	可察觉	不可察觉	建筑师的秘密	真正大量完美的运用比喻手法
博菲尔	红墙	●	●							
	卡夫卡城堡	●	●							
	瓦尔登·塞文									●
普雷多克	血库	●	●							●
	新墨西哥心脏病诊所	●	●							
黑川纪章	舱体大楼					●	●			
矶崎新	俱乐部	●	●							
	图书馆	●	●							
石井和纮	54 扇窗或东京布基伍基	●	●							
	直岛体育馆					●		●		
筱原一男	高压电线下的剧院	●	●							●
	位于 Itoshiama 的住宅									
泽尼托斯	希腊 Amalias 住宅					●		●		
	希腊 Glyfada 住宅					●	●			
夏隆	柏林爱乐音乐厅					●				
皮耶蒂莱	第玻里（Dipoli）					●				
	卡勒瓦教堂	●				●		●	●	
阿斯普隆德	斯德哥尔摩大众图书馆	●				●				
伍重	鲍斯韦教堂					●		●		
阿尔托	赛于奈察洛市政厅					●	●			●
	拉皮亚住宅					●				
	天窗									●
莫斯	花瓣屋					●		●		●

　　"加法的形变"是容易被观者理解和发现的一种修辞，而"减法的形变"则往往被披上"艺术真实"、"诚实"等的道德光环，修辞性非常隐蔽而经常不被认作是修辞，所以一般比较而言，"加法"和"减法"之间，人们往往认为加法的艺术性较低。比如都是对"历史图像"的重新运用，当代建筑评论普遍认为，"减法"的意大利新理性主义就比"加法"的美国文脉主义更高出一筹。

　　在"形变"和"隐喻"之间，"隐喻"的艺术性高于"换喻"则更容易理解了，无论是"反讽的新隐喻"还是"提纯的新隐喻"，每次新隐喻的产生都代表着艺术手法上的一次飞跃，代表着建筑师与艺术家寻找到了新的"隐喻"和"意义"之间的移情联系，观者需要重新用一种形式思考范

---

① [希腊] 安东尼·C·安东尼亚德斯. 建筑诗学——设计理论 [M]. 周玉鹏等译. 北京：中国建筑工业出版社，2006：54.

式才能接受主体的意图，这当然就增大了观者获得意义时的快感。

因此，如果需要为演化链条中的四种状态做艺术性高低的排序，也许就是以下公式：崇高的隐喻 > 减法的形变 > 批判的隐喻 > 加法的形变，从贬义的角度，这其实就是修辞骗局骗术的高低排序。

10.2.2　客体的接受阈值

如何设置人为的阻碍，将思考的时间拉长，这是"主体"思考的要点；但又要使得观者最终能够领悟，获得思考的快感，这就是"客体"接受的要诀。所以，从主体的角度而言，他们往往从自身出发来设计这个修辞的"骗局"，然而，不同的客体有不同的接受阈值，这就会造成不同的接收后果，也就使得不同主体的修辞效果各不相同。

建筑视觉形式的演化动机却被本书定义为"陌生化"，然而，在伯克的戏剧修辞理论中，其修辞的动机被描述为"五位一体"的"同一"理论，"陌生 vs. 同一"，光从词面意义上看，两者的方向就是截然相反的：因为，是以"创作主体"还是以"接受客体"为主导，影响了"大众艺术"与"小众艺术"修辞动机的不同取向。

最近，美国研究表明音乐品味与 SAT 成绩相关：贝多芬爱好者们是成绩最高的人群，电台司令和 Ben Folds Five（美国一支另类摇滚）也是聪明大脑的最爱，总的来说，听独立音乐的人最聪明，"那些整天听死亡金属乐的孩子常常在数学与计算机方面表现惊人"；相反，碧昂丝、嘻哈天王里尔·韦恩（滚石杂志 2008 年度最佳专辑排第三）等则处于成绩分布的最底层，爵士、福音和流行乐都在低分端，甚至古典乐都落在大众口味之后。

而关键的疑问在于：音乐品味与智商相关吗？ [①]

对于这样一种现象，"修辞"试图作出以下解释：音乐家要放大艺术的感受过程，就是要设置人为的阻碍，将思考的时间拉长，这就是艺术品味的要诀；但音乐的艺术品位必须使听者最终能够领悟，获得思考的快感，才能转化为实在的市场，而所谓思考的快感，就是用力思索后，突然间豁然开朗的感觉，这也就是说，艺术品位要与听众的接受能力相匹配。

如果说，所有听众的接受能力是一根正态分布的曲线：小众音乐匹配的就是曲线一侧的精英人群，而其他的大部分则被音乐家设置的障碍完全阻挡在了领悟的门外，变成了"听不懂"、"理解不了"，当然也就难以获得思考的快感了，然而，虽然精英人群少，但是它们把持了评论界的话语权，因此，小众音乐虽然晦涩，但被捧上神坛；相反，大众音乐尤其是烂大街的音乐，一定是匹配正态曲线最中间的那一部分，并向下扩展，也就是说，音乐家设置的难度刚刚好匹配听众的领悟力，直白流畅的旋律、大白话或者再稍稍深刻一点的歌词就可以把听者感动，因此可以获得最大众的市场，但精英们却难以忍受这样的音乐，因为对于他们而言，相当于一眼就望到了底的"直译"，从而失去了思考的快感。

从这里我们回答"音乐品味与智商相关吗"的疑问：其实并不仅仅是智商的决定因素，而是智商、音乐训练、文化背景等因素既分层了不同人群在专业圈子中的话语权，又分类了听众的接受阈值，两者共同作用，产生了所谓大众与小众音乐的分野，这其实就代表了"精英主义"与"人民大众"的不同品味：大众的口味在正态分布曲线的中间部分来回游移，相对来说更和谐与平衡；小众的品味则在正态分布曲线的端部并极力向上移动，相对来说更极端与晦涩，大众欣赏音乐时往往离不开

---

① 知乎：音乐品味与智商相关吗？ [OL]. http://www.zhihu.com/question/20915256/answer/19572256.

精英的"指导性解说"，他们也可以通过解说而得到一种"恍然大悟"的思考快感。

因此，"陌生化"也并不是所有艺术载体的天然修辞动机，以大众受众为主导的"戏剧艺术"，它们的修辞动机就被伯克定义为"五位一体"①的"同一"（Idenfificasion）理论：根据伯克的观点，当我们与他人享有某些共同特质时，便取得了与他人的"同一"，而修辞的基本动机就是消除分离、达到同一，而为达到这一目的，修辞者可以采取三种"认同策略"："同情认同"②、"对立认同"③和"虚假认同"④。

这一理论其实解释美国总统的选举更为贴合，因为选举是一场彻底追求大众效果的戏剧，完全排除了小众戏剧的生存空间：选举人通过演讲，要从出身、背景、经历等方面与他的选民争取"同一"以产生最大的共鸣，从而获得选票的支持，正因为如此，近几次的美国总统其人设也越来越向平民化的粗鲁无知靠拢，精英主义路线往往阴沟里翻船。

然而，这并不是说"同一"中就没有"陌生"，烂大街的故事也不能打动人，因此，新奇的戏剧因素也要掺和在"同一"之中向观者贩售，"戏剧艺术"的修辞也一样是三段式演化的。只不过由于"起点动机"的不同，大众艺术可能滑向一种直白的煽情，小众艺术则更倾向一种巧妙地伪装。

10.2.3　市场选择 vs. 职业傲慢

选举的修辞动机取向太纯粹，而实际上，每种艺术都是"大众与小众"的混合体，我们可以与音乐对比来看待建筑：音乐由于越来越容易获取，也就是说，越来越摆脱精英的指导而依赖于市场的作用，大众音乐相对于小众音乐而言就更强势，因为它更容易获得商业回报，大众获得大市场，小众则获得小市场和口碑；但建筑设计相对于已经进入工业时代甚至互联网时代的其他行业，还基本停留在农业手工业时代，单件定制化、获取不易、代价高昂，所以，建筑设计的大多数选择权还处于职业精英主义的指导下（这里的职业精英主义是指：受建筑学训练、专业训练、美学训练的有话语权的精英人群），在这里就产生了"市场选择"与"职业傲慢"这一对矛盾。

应该说，自从互联网兴起，在话语的表达上，专业的鸿沟正在被抹平，但是，这在建筑领域还是产生了一些"虚无"的话语权，这个话语权并没有转换为实际的设计选择权（包括住宅，人们并不是选择设计，而是选择建造），也就是没有转换为实际的市场。

所以我们这么判断：当一种"艺术"转化为市场可以获取的"商品"或"产品"的时候，大众的权力往往高于（但不是取代）小众，精英此时会转向研究大众的接受心理，比如音乐、工业设计、服装等领域；而当一种"艺术"演变为"奢侈品"时，精英就主导了艺术品位的判断，比如绘画，此时的大众就只好用"虚无"的话语权来表达他们的不满。这对矛盾我们在当今的建筑评论中可以一窥究竟，专业的建筑媒体和非专业的大众媒体之间有深刻的鸿沟，大众所起

---

① 戏剧的五个要素：行为、执行者、方法、场景和目的。
② 同情认同，强调的是产生共鸣的情感，设身处地地为别人着想就是同情认同，通过这一过程，说话者会增进对受话者的了解，投其所好地进行劝说或者赞美，从而获得受话者的好感，导致情感上的共鸣，顺利实现劝说的目的。伯克举过两个例子：一是政客亲小孩；二是他乡遇故知。
③ 对立认同，则要涉及一个对立面，是由演讲者提出来的和听众共有的对立面，即演讲者使听众相信，他们共有一个敌人，对立认同就是这样通过分裂而达成凝聚。
④ 虚假认同，是伯克同一理论中最深奥、最有影响力的一个观念，也是最富创新性和哲学意义的观念。大多可使听众在无意识中与说话者达到认同，从而被说服，因此是一种强有力的劝说。在当今繁华的商品社会中，虚假认同是普遍存在的。

的各式各样的建筑小名："大裤衩"、"秋裤楼"等，表达了他们将一切归于戏谑的不满态度，只因其没有决定权。

伯克在《欧洲近代早期的大众文化》中就指出："近代早期欧洲存在两种文化传统，一种是大传统（精英文化），一种是小传统（大众文化）。在 16 世纪时，受过良好教育的精英蔑视大众文化，但又参与大众文化，也就是说，精英拥有两种文化。但另一方面，大众却很少能参与精英文化（如文艺复兴），因此在占有和享用文化资源上，精英具有显著优势。到 1800 年之后，精英不再自发地参与大众文化，而是将大众文化视为某种独特和有趣的东西重新发现，并赞美创造大众文化的'人民'"。用两种美学乌托邦："酒神精神"与"狂欢精神"来作类比的话，这种对人民性的赞美就是巴赫金美学与尼采美学的最大分际：都是用生动具体的感性丰富来克服抽象的片面理性，用自由的无拘无束的身体来抗辩官方的片面严肃，巴赫金与尼采的最大差异在于尼采始终保持着贵族的高傲，他的视野里始终没有人民的狂欢时刻，而巴赫金则深刻认识到人民的存在，他的狂欢精神是人民全体的狂欢与解放。[①]

而当世界从工业时代迈向互联网时代之际，又一次新的大众化时刻到来了："工具打碎了父权，纸张打碎了说书者，保险打碎了孝道，电视打碎了文学的风景价值，照相机打碎了画师，互联网打碎了知识分子"[②]，在前一个时代，还只是精英把自己伪装成代表大众，而今天大众文化开始有自己的平台、自己的渠道、自己的自娱自乐，是真正的大众，已经对众多行业带来颠覆的互联网文化是否也会对建筑这个行业或者艺术美学带来冲击呢？现在还不得而知。

10.2.4　建筑师的焦虑

有人这样批判：

> 我们所处的时代是一个消费的时代，消费时代的消费文化消解了建筑设计在文化意义（包括美学上的）上的深度，我们很难从建筑设计作品中体味到其在文化意义上的深度感。每每都试图回味，但却没有值得我们回味起来的东西。对于建筑设计作品，人们已经不再从文化意义的深度上去要求它了，无论对作品进行怎样的解释，我们都会觉得苍白无力和牵强附会。这样就导致了我们对待文化的态度的改变，譬如各种风格的建筑设计随便可以出现在任何地方、任何场所。建筑设计作品变成了符号的组合（从符号学的角度），在符号的拼凑中，我们消解了设计文化原有的深度和精神内涵。建筑设计已经放弃了能动积极地创造时代和反映时代的角色，有时甚至仅仅成为图案和符号的拼凑和组合。形式的重要性得到了空前的强调，处于懵懂状态的大众在开发商、媒体和设计师的诱导之下，似乎急于走出曾经艺术屈服于技术、形式被功能淹没的时代，来掩藏自己精神上的贫瘠和空泛以及内心中的焦躁和忧郁。

以上批判当然振聋发聩，但是从"修辞"的角度看问题总是一分为二，既可以从褒义的角度理解，也可以从贬义的角度看待：这篇文章本身就是从建筑师精英主义的角度来抱怨这个市场主导的时代，中国的建筑师继承了西方建筑师"天命所归"改造社会的责任感，也就继承了一种高高在

---

① 黄世权. 两种美学乌托邦：酒神精神与狂欢精神——论尼采美学与巴赫金美学的对话关系 [EB/OL]. 豆瓣网. http：//www.douban.com/group/topic/11701985/.

② 在一个抹平的世界里，互联网埋葬了知识垄断分子 [EB/OL]. http：//www.20ju.com/content/V8496.htm.

上的优越感，当市场打破了这种优越感的时候，建筑师也就开始不满。相反，库哈斯在《S，M，L，XL》中认为无论建筑师与规划师如何努力设计，多数城市最终会变成"类属城市"，否认建筑师承担着改造社会的使命，而主张正视建筑师在迅速变化的社会现实面前无能为力的事实，因此，我们就可以看到他对于市场如鱼得水的适应性，同样，这种适应性也体现在扎哈·哈迪德身上。

而在所有建筑师的"精英心态"中，最突出的就是建筑师总是要把建筑视觉形式的"隐喻"来作为表达自己意义的载体，应该说，建筑形式之所以会走向隐喻的修辞，也就是建筑内涵的视觉化，都取决于此。相对来说，中国传统建筑工匠就从来都不存在这种意识，我们也就很难在中国古典建筑的视觉形式中去寻找意识形态对设计者的干扰，也因此就没有什么风格演化的动力，所以可以做到千百年来，至少是在视觉方面，缓慢而稳定地发展着。

在《走向建筑的意识形态批判》中，曼弗雷多·塔夫里在意识形态、城市、大工业资本背景中对知识分子的工作进行精确界定，最终目的是为了引出如何界定当下的建筑从业者的角色：①

> 然而无论如何，我们还是可以在资产阶级知识分子自命不凡的"社会"责任中辨别出这类知识分子的某种"必然性"。换言之，在资本先锋和知识先锋之间存在着某种默契，而且这一默契又是如此心照不宣，以致任何揭露其真实面目的企图都会引发众怒。
>
> 我必须直言不讳地说明，我从来都不认为当代建筑思想中有如此多的文化理论都在现代艺术的起源问题上大做文章是一种巧合。对于我们来说，作为一种彻头彻尾地关注自身利益的焦虑的表征，建筑文化对启蒙运动的兴趣与日俱增，其意义已经不限于它自己宣称的神话方式，而是有特定的内涵。通过追溯现代建筑的起源——准确地说，这一起源正是资产阶级意识形态与激进知识分子不谋而合的时期——人们才有可能将现代建筑的全部进程作为一种整体发展来认识。

塔夫里的研究包括两大问题：历史先锋派运动和大都市之间的关系；知识分子工作和资本主义发展之间的关系，即"现代建筑与先锋运动的意识形态就其实质而言是'虚假'的知识分子意识，而后，这在资本主义发展的新阶段中因不再符合资产阶级的利益而丧失了效果"②。应该说，这其实不是特例，建筑师的"精英心态"不和"资本意志"相结合，就要和"国家意志"相结合，要不就转而研究"大众心理"，这其实具有一致性，而后随着演化的必然，这种结合也会慢慢失去效果。

在塔夫里的分析里，我们可以看出他对某些现代主义"神话"的破除，这其实与当"伏尔泰无情地揭穿古罗马的神话"③一样，一旦我们剖析清楚，附着在现代主义建筑运动上的"神话"就被破除了："对建筑的反思成为一种意识形态的批判，这种意识形态由建筑自身'实现'。反思建筑，必须超越'寻找另一种选择'之类的活动……就是要系统地摧毁那些维持建筑发展的神话。"

然而，至少我们现在的建筑学依然没有摆脱将"批判"作为一种至高追求的神话，依然不能超越"寻找另一种选择"的设计动机。因为，神话的解除会让建筑师陷入焦虑，"建筑学正面临它最不愿意看到的发展，这就是，建筑师的'职业'地位正在日益边缘化，而且不容有什么新人文主

---

① [意]塔夫里.走向建筑的意识形态批判[EB/OL].实践与文本.[2008-03-12].http：//www.ptext.cn/home4.php?id=2367.

② 葛明.先锋札记——塔夫里阅读[J].时代建筑，2005，5：30.

③ [英]彼得·柯林斯.现代建筑设计思想的演变[M].英若聪译.北京：中国建筑工业出版社，2005：20.

义的迟疑，就被吞噬在社会生产计划的滚滚浪潮之中了。"[1]

10.3 历史间性——"隐喻"和"形变"的历史态度

都有含有演化的时间因素，"历史间性"与"形式间性"的不同之处在于，"形式间性"更注重紧邻时间下视觉形式的变化过程，而"历史间性"不在乎历史的时间跨度是否紧邻，而是一种对待普遍历史的态度（表 10-4）。

"历史间性"态度词汇表	表 10-4
历史	现代
模仿	创造
形变为先	隐喻为先
经典	原始
人文主义	时代精神
折中主义	现代主义
谎言	真实
人情味	冷漠

如果说所有"他律性"对"自律性"的影响，基本都产生于历史学出现之后，那么，所有"历史间性"的影响，则基本产生于文艺复兴时期"考古学"出现之后，因黑格尔提出的"时代精神"达到高峰。

10.3.1 模仿的焦虑与意义创造

现代主义以来，人类进入了"模仿的焦虑"期。所谓"模仿的焦虑"，就是从艺术创作上对模仿的彻底否定："在建筑上，有一个被广为接受的信条，即模仿不能产生创造。希腊美学家帕纳约蒂斯·米凯利斯坚决不接受关于科林斯柱头诞生的神话[2]，并且坚持认为维特鲁威误解了艺术创造的含义。"[3] 模仿被普遍认为是一个肮脏的字眼，同样糟糕的还有"折中"、"衍生"等术语。

然而，模仿并不是一开始就走到了艺术和美学的反面的，而是恰恰相反，"快乐的模仿"是古代艺术的源头。在《诗学》中，亚里士多德认为，艺术的本质是模仿，而悲剧是对于一个严肃、完整、有一定长度的行动的模仿，模仿是把艺术和技艺制作区别开来的基础，艺术就起源于人的模仿的天性。

根据修辞的定义，这个世界上的建筑设计根本就不存在 100% 的纯创造，也不存在 100% 的纯模仿，视觉辞格的发生机制不是"符号"之间的"替代"，而更多的是对"原型"的"变形"，而变

---

① [意]塔夫里. 走向建筑的意识形态批判 [A]. 社会批判理论纪事（第 2 辑）[M]. 北京：中央编译出版社，2007：103.

② 神话说，在科林斯一位年轻女孩的坟墓上，放着一个石头覆盖、荆棘环绕的篮子，一位雕塑家从这个篮子获得灵感，设计了科林斯柱头。根据维特鲁威说，一个女孩死后，她的奶妈在她的坟墓上放了一个盛满礼物的篮子，又在篮子上面盖上了一块四方的石头来遮蔽里面的东西。爵床莨苕的梗从篮子四周延伸出来，碰上遮蔽篮子的石头四角便向上呈螺旋状生长。有一天雕塑家卡利马科斯（Kallimachos）看到了这个情景，由此创造了举世闻名的科林斯柱头。

③ [希腊]安东尼·C·安东尼亚德斯. 建筑诗学——设计理论 [M]. 周玉鹏等译. 北京：中国建筑工业出版社，2006：198.

形就包含一部分模仿和另一部分创造，两者自始至终糅合在一起，不可区分。

这个世界上不存在 100% 的纯创造，因为任何事物都有原型，这很好理解；但这个世界上也不存在 100% 的纯模仿，因为"人不可能两次踏入同一条河流"，即便是摄影作品，角度、取材、曝光等的不同就体现了摄影师想要表达的不同"意义"。这也就是说，"模仿"和"创造"不是我们常规理解的两个极端，而是在某个区间之中不断移动的概念，只能对这个区间有一个大略的划分（表 10-5）：

建筑视觉形式"修辞变形"的原型来源 表 10-5

视觉形式			
建筑的视觉形式		非建筑的视觉形式	非视觉形式
邻近时间的	非邻近历史的		
建筑视觉形式对当代的模仿创造	建筑视觉形式对历史的模仿创造	对绘画、雕塑、自然、机器、生物等的模仿创造	对音乐、数学、宗教、仪式、社会等的模仿创造
形变的来源	介于隐喻形变之间	隐喻的来源	

"隐喻"是对外部原型的模仿创造，因为跨界，创造的成分更多；"形变"则是对刚发生的、临近的建筑视觉形式的模仿创造，其模仿的成分更多。然后根据不同的原型渠道，我们又可以层层剖析"隐喻"的来源：首先，是对非视觉形式的模仿创造，比如"秩序修辞"就是对数理关系的隐喻变形，这往往被认为是隐喻的最高等级，因为需要抽象的、跨越知觉体验的视觉想象力；其次，是针对非建筑视觉形式的模仿创造，风格派建筑、仿生建筑等均属此类；最后，是对久远历史的、非临近建筑视觉形式的模仿创造。

然而，在修辞的众多渠道中，对历史的模仿是比较特殊的一种，它既可以看作对历史的隐喻，又可以看作简单的形变，它直接从建筑的视觉形式出发，又回到建筑的视觉形式本身，这既给建筑师带来了方便，又造成了困扰：作为最方便快捷、不需要太多视觉形象力的创作方式，众多的"历史原型"成为长久以来建筑师最常用的一种设计来源，然而，这又往往使建筑师陷入模仿与创造之间难以拿捏的两难境地。

在某些历史时刻，"对历史的模仿"被归于了"隐喻"，是因为这种模仿所带来的引申义比普通形变大得多，以至于创造了新的"意义"。比如，自古典文明衰落以来模仿者就从未消失过，发生在加洛林王朝、奥托王朝以及意大利北部，有所谓"中世纪文艺复兴"，以区别于 14 世纪开始的意大利文艺复兴。但意大利文艺复兴运动在所有模仿者中宛如一座界石，将其前后的成员分开，他们之间根本的区别就在于前者不具备后者的历史"隐喻"情怀，具体说来，就是将古典时代视作一个与当下截然不同的、已经逝去的伟大往昔，并将这一时代中的各种文化现象视为一个具有一致性的整体来缅怀、憧憬和崇拜，不仅如此，随着绝对神权观念的覆灭与人权至上的兴起，人文主义者们试图借助其他视觉形式来创造新的价值，迫切希望以新的秩序来取代旧的现实，而这个被选定的"隐喻原型"就是古典风格。

而文丘里的后现代，其"隐喻意义"相对低一个等级，他的"历史"只修正、不开创，用以修正缺乏生气、缺乏趣味、单调和刻板的国际主义风格，因此，后现代主义、文脉主义就只是现代建筑运动修辞链条上的衍生。

因为对意义获取的巨大作用形变，隐喻被认为是艺术、诗性与修辞真正的归属之地，隐喻的重要性被无限拔高了，而形变则被简化为模仿而被鄙视与排斥，我们对历史的引用也因为潜意识认为模仿成分大于意义成分而被排斥。然而，这种"隐喻为先"的潜意识并不是历史的常态。

10.3.2 形变为先 vs. 隐喻为先

在第8章我们曾说过修辞变形的波粒二象性，即形式永远处于一种不断变形的过程之中，很难用一个确切的点来划分起点和终点，我们只是通过主体赋予的"意义"而人为定义了起点，而这个起点也就反映了我们潜意识中以何为优先。所以，我们完全可以从另一个角度来重新观察"隐喻形变交织演进"的路线图（图10-3）。

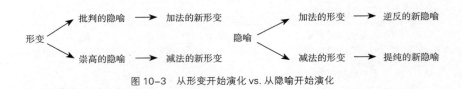

图 10-3 从形变开始演化 vs. 从隐喻开始演化

假设一位文艺复兴时代或者一位深受学院派教育影响的人来总结这个路线图，就一定会是上图的左边部分，它和右边的原有的图式其实没有本质的区别，无非是演化起点的定位不同而已，一个从形变开始的艺术之路，一个则更重视隐喻；一个以形变为先，一个以隐喻为先，是先有鸡还是先有蛋的区别。

以"形变为先"的时代对模仿报有相当大的包容甚至是尊崇。古代一个大诗人谈作诗的时候就说：作诗的第一阶段就是七宝楼台，即借鉴模仿，然后是寻找自己的路，最后才是豁然开朗，也就是说中国古代认为文学艺术之路从形变开始。而从鲍扎教学体系的核心课程"渲染"中，我们也可以看出从形变开始的建筑教育思想：渲染和构图训练被归纳为临摹、构图和设计（抄、构、设）的三段式教学法，即通过练习渲染来反复抄袭古典建筑的形式语言，最后运用到自己的设计中去。

在2008年的天涯论坛上有一个帖子，题为"窃案！李清照《一剪梅》纯属抄袭！"[①]，认为李清照《一剪梅》[②]的最后一句"此情无计可消除，才下眉头，却上心头"抄自范仲淹《御街行》中的"都来此事，眉间心上，无计相回避"，而这整首词抄自晏几道的《鹧鸪天》[③]。然而，这个刚发现的重大抄袭案例，却在回帖中被告知，此种情况在古代诗学中根本不认为是抄袭，而是一种普遍现象。古人像这种借鉴前人诗句的例子是很多的，譬如李白的《登金陵凤凰台》全是套的崔颢的《黄鹤楼》一诗，再譬如晏几道的名句"落花人独立，微雨燕双飞"就直接拿前人句子用了，这种"化用"的修辞手法常常出现，而好不好的关键在于立意、情境、辞藻等是否能比前人更出彩和传神。此外，古代中国文人最讲究的就是"出典"，即写诗词就是要看前人的诗词或者书籍里面有没有现成的典可以用，词句有出处才说明有水平、有高度。由此可见，中国古代是没有什么版权意识的，看中的

---

① 窃案！李清照《一剪梅》纯属抄袭！ [OL]. http://bbs.tianya.cn/post-funinfo-1284069-1.shtml.
② 一剪梅：红藕香残玉簟秋。轻解罗裳，独上兰舟。云中谁寄锦书来，雁字回时，月满西楼。
　　花自飘零水自流。一种相思，两处闲愁。此情无计可消除，才下眉头，却上心头。
③ 鹧鸪天：守得莲开忆旧游，约开萍叶上兰舟。来时浦口云随棹，采罢江边月满楼。
　　花不语，水空流。年年拚得为花愁。明朝万一西风劲，争向朱颜不奈秋。

不是创新，而是经典与否，而这种语境在现代中文已经不存在了。

而以"隐喻为先"则恰恰相反，现在"在美术学院里，技能不再被教授。学生一上来就被看作是艺术家，教师在那里只是帮助学生实现他们的创意。这种态度就是学生可以学习任何他或她需要的东西，为的是创作他或她想创作的东西。人人都可以使用一切东西和任何东西——如音响、影像、摄影、表演、装置。学生如果愿意的话，他们可以成为画家或雕塑家，但是主要的事情是找到哪些手段来表现他们感兴趣传达的意义。美术学院的氛围不再是一群学生站在画架前画模特或画静物，旁边有一个'大师'从一张画布走到另一张画布前提一些意见。在高级的美术学院，学生有它们自己的工作室，而教授们——也是艺术家——定期来观摩，看一看正在做什么，给出一些指导。"① 也就是说，艺术似乎变成了一个不需要技巧学习和磨炼的东西，更多地归结于艺术家的灵机一动与灵感迸发。现实也确实如此，比如当代大量的行为艺术作品，其方式与老百姓的"抖机灵"好似没什么区别，而如艾未未这样的人也可以堂而皇之地宣称自己是鸟巢的建筑师，艾未未说："艺术家是用一种方式或语言规定状态的人"，这生动地点出了隐喻时代艺术家的生存哲学。

在保罗·利科看来，亚里士多德的"隐喻"分别属于修辞学（哲学化和逻辑学化了的雄辩术）和诗学（亚里士多德主要谈论的是悲剧诗），并处于这两个领域之间的中间地带。所以，"隐喻"是一种词义的独一无二的转移过程，按照修辞学家冯塔尼耶的解释就是"用一种更具有震撼力或熟悉的观念去表达具有相同意义的另一个符号中的观念"② 。隐喻的功能是雄辩术，也就是说服功能、劝说功能、认同功能，每个建筑师，无论他持有何种建筑的信念，都会不自觉地把他所认为的"建筑是什么"投射到设计的视觉中去，因为隐喻可以不用言语、不用解说、不用验证，就把建筑师的隐含思想传达出来，直接高效、极具说服力和感染力；而从另外一个角度来说，每个建筑师也必须把他所创造的形式与他所理解的建筑实质巧妙联系在一起，否则就将不成立。而现代主义运动的过程也是这样一个不断寻找、不断更新隐喻题材的过程，弗兰姆普敦将其描述为《现代建筑：一部批判的历史》。

总之，社会对待普遍历史的态度，影响到了建筑师是否把"对历史的模仿"看作是"隐喻"，这直接影响到了一整个时代建筑形式演化路径的基调（图 10-4）："文艺复兴"与"现代运动"其实都是对历史的根本性革命，而它们之间的区别在于，前者用"更久远的历史"、而后者用"可幻想的未来"推翻和取代了邻近历史的视觉形式，重新建立了新的体系。"文艺复兴"对于特定历史的尊重，扩散到对于普遍历史的尊重，演变为对于形变修辞的尊重，最后形成了以形变为先的演化路径；而"现代主义运动"对于特定历史的抛弃，扩散到对于普遍历史的抛弃，演变为对于形变修辞的抛弃，最后形成了以隐喻为先的演化路径。这才是文艺复兴与现代运动两段时期在视觉形式演化角度上的极大不同。

时代	对待历史的态度			对待形变的态度	演化路径的重点
文艺复兴	用更久远的历史取代了邻近的历史　→	对于特定历史的尊重　→	对于普遍历史的尊重　→	对于形变修辞的尊重　→	形变为先的演化路径
现代主义	用可幻想的未来取代了邻近的历史　→	对于特定历史的抛弃　→	对于普遍历史的抛弃　→	对于形变修辞的抛弃　→	隐喻为先的演化路径

图 10-4　对待历史的态度对演化路径的影响

① 阿瑟·丹托 . 艺术的终结之后：当代艺术与历史的界限 [M]. 王春辰译 . 南京：江苏人民出版社，2007：6，中文版序言 .
② Pierre Fontanier. Les Figures du discourse. Flammarion，1977：99.

10.3.3 古典的失落与原始现代

如果我们把"隐喻"与"形变"置换为"原始"与"古典"的两类词汇，能帮助我们更好地理解上一段的结论。

"古典"一词在历史学、美学中有多重解读：一、与"历史传统"相联系，泛指古代；二、等同于"经典"，尤指古代流传下来的正统与典范；三、特指"古希腊艺术"，被西方认为是最高、最完美的典范。这三个概念范围逐渐缩小、特质逐渐明确。逆着西方建筑史的时针回溯，古典精神可谓源远流长，它首先是最狭义的"古希腊艺术"的精神核心，罗马文化又在继承古希腊理性精神的基础上进一步繁荣发展，在经历了中世纪漫漫黑夜的磨难后，近代文艺复兴艺术家们又重新拾起古典理性，并以此作为反封建反教会的思想武器，那种"高贵的单纯和静穆的伟大"深深吸引着一代代的建筑师。

然而，我们排除掉隐喻意义的附加光环，从纯形式演化的角度可以这样认为（图10-5下）："古典"是历史进化和艺术平衡中的一种微妙状态，它之前的一切都被称为"原始的"或"古拙的"，它之后的一切都被称为"极端的"或"颓废的"。如果我们以形变为起点来排列演化路线，就隐约可以看见黑格尔美学（象征型、古典型、浪漫型）的模型（图10-5上），它本来就是典型的以"形变为先"。

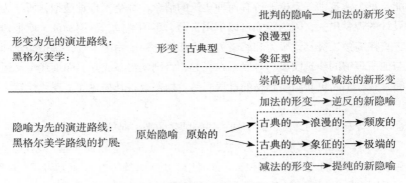

图10-5 黑格尔美学与两种演化模型的对应关系（框中为黑格尔美学）

在这个对应模型中我们可以看到，"古典"，从广义来说是一种不断形变的推演过程，是"原始"的进化与调整，我们可以更广义地来看修辞的运动过程，"古典"是两个隐喻之间的平衡状态，也就是说，修辞的演化过程始终在"平衡、和谐、得体"和"不平衡、不和谐、不得体"的秩序美学之间来回徘徊，不论是象征的也好，堕落的也好，其实都是对原始的一种回归，而"古典"作为"原始"的反对面，则需要一种不断精进的"形变技巧"。

这也就解释了为什么美国艺术史家迈耶·夏皮罗会说：沃尔夫林所定义的文艺复兴风格只适用于16世纪的艺术，但并不适合15世纪的艺术，同为文艺复兴时期，但对于沃尔夫林而言，15世纪的艺术是不成熟、不完整的，即原始的。

其实不论原始隐喻的来源为何，都可以达到古典的平衡至臻境界，这就从狭义的古典定义转入到广义的经典定义，所谓古典的美无论在西方古典建筑、中国传统建筑、还是现代主义建筑（典雅主义）中都存在，它代表了一种对美的极致追求，高雅、明晰、严谨、整饬，显示出静穆而超然的美，而浸润其中最重要的，其实不是"隐喻"，而是"形变"，即形变的原则与技巧、路线与长度。

这个结论与现代大多数诗学与美学的概念相反，现代狭义修辞学的研究范围在不断缩小，缩小到只有比喻修辞还不罢休，还要继续缩小到只有隐喻，因为修辞学家们认为只有隐喻才是修辞学的真正归属之地。然而我们却要说，这过于偏颇，恰恰是现代主义以来对隐喻的偏爱造成了古典的丢失。如果说"意义"的归属之地是"隐喻"的话，那么"古典/经典"的归属之地就是"形变"，无论我们从哪个隐喻开始，在形变的不断精进下，或者说只要形变的路线足够长，都有可能获得古典的美，获得经典、典雅、和谐的美学含义。

在维特鲁威那里，上帝被看作是世界的建筑师，而建筑师则是仅次于上帝的神，他像上帝那样建造了一个世界，这就是古典"隐喻"的开端，然而，古典不仅仅因为这个隐喻而成立。维特鲁威《建筑十书》第一书第二章"建筑的基本原则"中对建筑学的六个概念作了规定：秩序、布置、协调、比例、得体和经营，这些概念援用了修辞学中成熟的批评范畴来表述对建筑的审美评价，全部指向形变的法则，而非隐喻，而这也是"古典"能够称之为"古代经典"的主要原因。我们总是把古典理解为一种符号、一种隐喻，比如柱式、人体或者宇宙等，但是，这并不是获得古典的关键，古典的关键在于贡布里希所说的再现性艺术中的"再现"过程，在于修辞变形中的形变技巧。

菲尔·赫恩在《塑成建筑的思想》中，用大段的篇幅，喋喋不休地描述历史上的每个"柱式"是如何适应于形式美进而演化的："总而言之，这些调整如此轻微，而它们的效果如此微妙，以至于它们或许只能无意识地察觉到，但是它们给整个立面注入了一种有内在生气的质感。这个复杂而微妙的调整体系最终在岁月的流逝中继续发展。在演化的过程中，提纯去掉了所有表现有机品质的设计，使之从一套有些唐突的强健表达变成恬静均衡，然后优雅，最后达到精致的构图。"[1]那些大段的文字，并不仅仅是为了考据式地告诉我们历史上"柱式"的变化过程，重要的是告诉我们，细节的调整、比例的改变带给作品的感觉变化。在数百年漫长的神庙建筑史上，希腊人很少去发明新的柱式，而是将自己的天赋集中于不断调整修正传统图示，纠正视错觉带来的偏差，在比例与和谐方面达到一种无可挑剔的完美境地，才能到达古典阶段。这就是古希腊时代的"形变"修辞。

或者我们可以这样说，"隐喻美学"是原始主义的，形变带来的"秩序美学"是古典主义的，两者存在着美学上的对立。在历史性地考察了现代艺术产生的过程之后，贡布里希曾经详细说明了"原始性"在他的艺术史理论中的含义：处于技术初期未成熟阶段的"图式"被称为"原始的"。贡布里希遗著《对原始性的偏爱》中，他盖棺定论的认为，从 20 世纪 50 年代开始，西方艺术总体发生了原始性趣味的偏向，意即，现代主义是原始主义美学时代。

因此我们可以发现，现代主义对于"古典"的失落并不仅仅是我们所以为的对"历史"的忽视，更重要的是因为对于历史的态度所导致的对"形变"修辞的忽视，直接的结果就是建筑师群体、建筑教育体系、建筑评价系统对于"形变"技巧的无视与无能。浸润于"古典"其中最重要的，并不是原始符号的历史溯源，而是不断打磨的修辞技巧与和谐平衡的秩序美学，因此，我们大部分人都误解了历史形式中所拥有的古典精神的实质，将其简化成为"历史＝古典"的简单逻辑，过于重视"符号本身"而忽略了"修辞法则"。

10.3.4　形变的时代 vs. 隐喻的时代

阿瑟·丹托将 20 世纪 60 年代之前的艺术史划分为两部分，即"模仿的时代"和"宣言的时代"：

---

[1]　菲尔·赫恩. 塑成建筑的思想 [M]. 张宇译 . 北京：中国建筑工业出版社，2006：67.

"模仿的时代"从文艺复兴开始到 19 世纪末，丹托将之称为瓦萨里的叙事，本书则把它称之为"形变的时代"，遵从的是古典主义美学，强调一种逐渐磨炼、不断精进的形变技巧，即贡布里希描述的再现的艺术；这之后的现代主义，阿瑟·丹托将之称为"宣言的时代"，而我们则把它称之为"隐喻的时代"，格林伯格重新定义的现代主义是一种自我批判的历史，是在对传统艺术的质疑下，不断地去寻找艺术的本质是什么。现代主义有上百个流派，几乎每个流派都在探索着艺术自身的本质问题：什么是艺术？他们采取宣言的形式，都在声称自己是艺术史的延续，是下一个艺术风格的正统和决定性力量。

10.3.4.1　文艺复兴——形变的时代

文艺复兴借鉴了古希腊罗马时代，然而，我们要清醒地认识到，文艺复兴对"历史"的尊重，只是以历史的"视觉形式"作为视觉的"隐喻"开端，各种新的观念才能被投射其上，使它们被赋予更加丰富的含义。紧接着，建筑师必须重新建构一整套"形变"的方式，也就是对历史的重构以及在复兴观念基础上创造新的体系，这才是文艺复兴运动最重要的部分之一。

在《诠释文艺复兴》中塔夫里重写历史，就是要证明文艺复兴的形变法则绝非先验的约定俗成，他废除了将文艺复兴看作"对古典的回归"这一传统理解，将文艺复兴建筑描述为一种追求传统和实验之间的精确平衡，揭露由矛盾、冲突、实验、改良等建筑师的主观创造所贯穿的文艺复兴，诸如阿尔伯蒂、桑索维诺等人所形成的形变法则，并不是建立在美的普遍法则的基础上，也不是建立在古典古代时期范例的基础上，而是建立在"越界"的修辞基础上，建筑师们意识到他们正在批判性地质疑古典范例，正在创造新传统，即便存在着文艺复兴建筑师所致力的设计规范（数学的、比例的），但这些规范也只有在革新者能够颠覆它们时才具有意义，即要把这些法则理解为可以陌生化修辞演化的形变，而非一成不变的语法。这就是塔夫里所诠释的文艺复兴新的一面："对古典的修辞"。

首先，革命由伯鲁乃列斯基开始，他重新挖掘了穹顶的"隐喻"，点燃了文艺复兴革命的第一朵报春花，以从历史遗产中主观选择而又理性构成的方式创造了新的历史。塔夫里用文献学重建了此后阿尔伯蒂的理论与作品："阿尔伯蒂正在建构人为的'传统'。这一传统不是建立在古典古代的'那个'范例之上，它的做法是从可用的范例中进行选择。换句话说，阿尔伯蒂和其他人文主义者正在建立一种建筑语言的法则——该语言已经被当作自我指涉之物。它既不建立在古典古代的范例之上，也不建立在形而上学的美的概念之上"[1]。而这句话用建筑修辞的术语来表达的话，那就是文艺复兴时期只不过借用了古希腊罗马时期的"隐喻"躯壳，然后创造了发展一整套新的"形变"法则，"隐喻的继承"与"形变的创新"融合在一起才是文艺复兴时期的真相。比如，阿尔伯蒂从古典文学理论，尤其是诗学和修辞学理论中为绘画、雕塑和建筑寻求术语（美、historia、和谐、比例、匀称、装饰、谋篇等），通过这些术语他建立起了一套新的法则，既有来自古典时代的权威，又在新的语境下传递出新的价值标准。这就是文艺复兴时代的古典主义的最大特征：源自古典、超越古典，人文主义是双面的，既依附于传统，又力求于革新。

阿尔伯蒂以及以后的众多文艺复兴理论家们，如维尼奥拉、伯拉孟特、帕拉迪奥等人，完善了"新的历史"的理论体系，至此，文艺复兴建筑视觉形式的形变走向成熟，建筑走向自由演绎的新时代。作为天才手法主义大师的波洛米悄悄地走向历史的前台，代表了整个文艺复兴时期艺术的巅峰，标志着以伯鲁乃列斯基发起的建筑革命走向最终的成熟。此时，文艺复兴理论散播向整个欧洲大陆，

---

① 卡拉·奇瓦莲，曼弗雷多·塔夫里. 从意识形态批判到微观史学 [M]. 胡恒译. 马克思主义美学研究，2008（02）：290.

而革命本身不可避免地从形变步入新的隐喻——巴洛克、洛可可、浪漫主义、折中主义在手法主义后期不可避免地来临了，建筑自身陷入体系性的混乱之中，而这一切正悄悄地孕育了现代主义的到来。

10.3.4.2　形变时代的隐喻骗局与局限

我们叙述了文艺复兴作为"形变的时代"其形变法则的创造性，然而，其隐喻来源的神话性、修辞性也一样需要被我们所认识。

塔夫里的《诠释文艺复兴》一书建立在对鲁道夫·维特科夫尔的理论进行质疑的基础上，在导言的开篇就指明，维特科夫尔在《人文主义时期的建筑原理》中忽略了《木匠格拉索传奇》一书的意义，这本书讲述的是伯鲁乃列斯基在 1409 年前后为整蛊细木匠马内多·阿曼那蒂尼所精心谋划的诡计。这位建造了佛罗伦萨主教堂穹顶的伟大建筑师，通过让这位木匠相信自己是别人，而令其脱离了自己的思想。这一事件以一种非常隐秘的方式证实了，伟大而有权力的建筑师，乐意使用他们的权力去人为地改变世界观。而 15 世纪 40 年代尼古拉斯五世想把建筑造得看上去就像"上帝亲手建造"的一样，以表明"至上的、无可置疑的罗马教会权威"，阿尔伯蒂作为教皇的顾问兼建筑师，是如何将教皇的策略——巩固教皇世俗权力——与罗马城市方案联系在一起的，这也很值得研究。这些正是建筑史的实质，即通过人为地改变观念、塑造神话、创造权威而获得发展。

于是，传统所认为的那个阳光普照的文艺复兴荡然无存，塔夫里揭示出了文艺复兴的城市规划师和建筑师在强大雇主的驱使下所使用的修辞暴力，他们用通过设计所发明的另一种视野取代了中世纪世界，古希腊罗马的"隐喻"只是一个躯壳道具，是当下那个时代被挑选出来的建筑视觉形式，承载着建筑师们自我实现的欲望与野心，而这一切被包装在"人文主义"的旗帜之下，"隐喻"就此被神话成为"元语言"。所以，"塔夫里不将文艺复兴看作黄金时期，不将其看作是我们现在向往的乌托邦，他坚决反对把 15、16 世纪从历史的长河中抽离出来。他所做的是将其视作整个历史中继往开来的一个中间过程——一个'连接点'——来进行考察"[1]，这也就"将这个关于一场文化运动、一场复兴古典艺术和学术的运动的故事（文艺复兴），从现代性和西方的优越性这双重假设中解放出来。"[2]

在文艺复兴后期，当古典隐喻慢慢走下神坛，需要寻找其他的隐喻之时，由于形变时代的隐喻局限、对历史的尊崇、对权威的需要禁锢了建筑师们的想象力。在众多的隐喻来源中，建筑师们还是在历史的建筑视觉形式中打转碰壁，当时交通的便利、考古学的进展、出版事业的发达、加上摄影技术的发明，也有助于人们认识和掌握以往各个时代和各个地区的建筑遗产，于是出现了希腊、罗马、拜占庭、中世纪、文艺复兴和东方情调的建筑在许多城市中纷然杂陈的局面，历史折中主义时期就此到来。

10.3.4.3　现代主义——隐喻的时代

自从启蒙时代以来，"新的"世界体系生成，出现了一种持续进步的、含目的性的、不可逆转的发展的时间观念："现代"概念是在与中世纪、古代的区分中呈现自己的意义的，"它体现了未来已经开始的信念。这是一个为未来而生存的时代，一个向未来的'新'敞开的时代。这种进化的、进步的、不可逆转的时间观不仅为我们提供了一个看待历史与现实的方式，而且也把我们自己的生

---

① 王安莉. 塔夫里与文艺复兴研究 [D]. 南京：南京师范大学，2008：78.

② [英] 玛丽亚·露西娅·帕拉蕾丝·伯克. 新史学：自白与对话 [M]. 彭刚译. 北京：北京大学出版社，2006：164.

存与奋斗的意义统统纳入这个时间的轨道、时代的位置和未来的目标之中。"

此时，黑格尔的"艺术是时代精神的体现"就成为建筑师的一种共识，它常常作为一个基本命题进入艺术理论之中，并成为许多建筑师的一条基本原理。现代艺术家受到"时代精神"的鼓舞，希望在艺术中再现他们感受到的时代的"真实"。在科学主义取得主导之后，现代主义的先驱者以伦理和道德的名义对传统的建筑学发起诘难，在他们看来，古典主义的建筑充斥着"欺骗"和"谎言"，代表的是腐朽与堕落，他们将建筑的伦理导向视为一种道德维度上的革命，认为建筑将通过自己的语言影响社会道德系统：拉斯金的著作中充满了对"正直"和"诚实"的设计的论述，并认为建筑中的"一切实际法则都应是对道德法则的解释"①；吉迪翁在《空间、时间与建筑》一书中特别设置了"建筑学中的道德要求"一章，把 19 世纪西方社会道德领域的争论带入对 20 世纪建筑作品的评判中②；大卫·沃特金在《道德与建筑》一书中较为详细地归纳了现代主义发端以来不同建筑理论的道德内涵，引起了西方建筑理论界持续多年的激烈争论③；类似的著述还有很多，在这些著作中，将建筑的形式、功能和象征意义与社会的风气、习俗以及人们的道德观念紧密联系，伦理价值或道德判断被广泛应用于建筑评价的诸多领域，而反过来，建筑师们又雄心勃勃希望将通过自己的作品影响社会、抒发意志。在这种社会批评的影响下，建筑师们不再把"历史"作为"隐喻"的来源，而是把目光投向了新技术、新材料、新的社会现实。

然而，就像无论什么时代对"历史"的模仿都一直存在，只不过文艺复兴之后它取得了"元语言"的地位而已，技术与材料的革新在整个建筑历史中也一直在进行着，从未间断。所以，并非我们所想象的技术的"突变"带来了现代主义，这种技术决定论是在现代主义神话确立之后才开始取得绝对地位。一直到现在，技术每天都在进步，然而哪种技术就是历史上决定性的那一种，我们无从判断。所以，现代主义的建筑技术其实是作为"真实"、"进步"的隐喻发挥着作用，它一直存在，只不过是在这个时代被选择出来成为"元语言"。

贡布里希认为，黑格尔"鼓吹"的"时代精神"让艺术家身处"名利场逻辑"，现代艺术是在人们对原始性偏爱产生之后，同时受到名利场逻辑的影响之下产生的，但是，因为受到"时代精神""魔鬼的召唤"，大多数现代艺术家没有意识到自己标新立异之作是名利场逻辑的"诱惑"，而认为自己的作品就是"时代精神"的体现。这个揭露就与塔夫里对文艺复兴时期建筑师的揭露如出一辙，鞭辟入里地反映了"隐喻"被神话的意识形态驱动。

"黑格尔的美学理论吹响了现代主义的第一声号角。黑格尔已经敏感地预见到了随着历史的消逝，艺术也必将走向消亡（传统意义上的艺术）。是的，现代主义正是作为折中主义与传统美学的对立面来出现的，它主张消除一切建筑风格装饰与细部，主张'新、光、挺、薄'，主张'少就是多'，主张功能与空间就是一切。现代主义以彻底革命的态度，无情地反击了手法主义。然而令人遗憾的是：现代主义却是以新的手法主义取代了旧的手法主义，以新的神话取代了旧的神话。只不过这次神话的主角转换为对'绝对客体'的盲目崇拜，而这种'绝对客体'却是预先主观决定的所谓的功能与空间。因此现代主义实际是在'词汇构成'上革了文艺复兴的命，而在理论方法上完完全全地继承了伯鲁乃列斯基的钵盂。"④

当然，无论隐喻神话建立的方式有多么相似，"隐喻的时代"还是与"形变的时代"有本质的不同，

---

① 拉斯金·J. 建筑的七盏明灯 [M]. 张磷译 . 济南：山东画报出版社，2006.

② Sigfried G. Space. Time and Architecture：The Growth of a New Tradition. Cambridge Mass[M].Harvard University Press，1982.

③ Watkin D. Morality and Architecture[M]. London：OXFORD，1977.

④ 玄峰 . 结构主义批评经典——评《建筑学的理论和历史》[J]. 华中建筑，2001：4.

这种不同导致了贡布里希将现代主义时期的艺术品位归结于对原始性的偏爱。以下十点理由被贡布里希认为是导致现代主义原始性偏爱的主要原因[①]：

> 第一，原始艺术被赋予从古代诗歌中"盗用"的"崇高"审美范畴。第二，"历史循环论"深入西方思维必然导致人们对原始艺术的怀旧。第三，受到基督教的影响，原始艺术"感染"上了"神秘"的"精神性"。第四，形式价值超越逼真价值使原始艺术在艺术本体上取得优势。第五，浪漫主义文艺理论的"表现论"成为将原始艺术推向神话地位的理论武器。第六，西赛罗原则成为原始艺术受人"爱戴"的根本心理原因。第七，情景逻辑的作用使原始艺术借助政治激进派的声浪而具有更多的群众力量。第八，思维定式也是一个造成原始艺术成为宠儿的重要因素。第九，原始人被赋予的"真诚、单纯"品质转移到原始艺术中，使原始艺术具有了道德优势。第十，对"癫狂"通神的信仰导致原始艺术具有通神的"灵性"。

然而，与其说以上这些是原因，不如说是现代主义由于对形变的忽视导致了原始性的结果，也就是说，现代艺术家并非真正出于对原始性的偏爱，而是为了在竞争中能够得到"注视"的目光，于是在"名利场"的诱惑下很难保持"中立"，而只能投靠在某种风格的阵营中。建筑师们可以选择的"隐喻"范围越广，那么犯错误的概率就越大，因为一种隐喻需要较长的形变路线才可能成熟直至经典，但是，在现代艺术的发展中，建筑师接受与抛弃一种风格的频率过高，甚至一天就会变换几种风格，在"隐喻"与"隐喻"之间跳跃前进，不耐烦做形变的推演，这是一种极不认真的态度，这种态度也最终会"毁灭"现代主义。

10.3.4.4　隐喻时代形变训练的缺失

我们早已清楚地认识到，"形变的时代"其缺点在于创造力的缺乏和对建筑师的禁锢，但是，对"隐喻的时代"我们却很少发觉其缺点所在：建筑师反感"形变"的技巧和过程，贬低模仿，认为这会影响"隐喻"的纯粹性，每每艺术家、建筑师寻找到一个足够新鲜的隐喻之后，觉得将其"宣言"出来，艺术这就完成了，并很快厌倦了它。

美国女作家苏珊·桑塔格在她的《反对阐释》一文中，以其一贯的敏锐的感受力，批判当代艺术的阐释问题，也就是批判艺术中重视隐喻意义的阐释，而忽视形变，无视剥离意义的纯形式、纯美感的问题。她认为，传统风格的阐释是固执而充满敬意的，而现代风格的阐释却是在挖掘，可一旦挖掘就是破坏，原创性遭遇了从未有过的滥伐，导致垃圾遍地，其最终，是我们的直观感受力惨遭不幸。

在这里，我们再次提出"建筑形式"与"建筑视觉形式"的这对范畴，也就是形式与内容的关系，这已不是新鲜的话题，然而却是一个永恒的话题，因为一切事物都是形式和内容的结合体，但我们一直分开论述两者，仿佛把表面与实质分开一样。令人不安的是，我们不时把这种分开的痕迹带入建筑实践和建筑批评中，不惜余力地看重内容而忘却形式，看重建筑本质而忽略视觉形式。就在桑塔格这里，她一反现代主义传统对于内容的注重，她回到了表面，她说表面才是艺术、才是生活、才是世界，桑塔格想恢复原初的那种天真状态，希望我们看到真正的形式。

其实，我们每时每刻分明看到的就是表面，但长久以来，却被内容妨碍了，忽略和轻视了它们。但是，如桑塔格所说："内容，微乎其微"，"世界之隐秘，是可以看见的东西——形式"，建筑的视

---

① 胡晶，刘登峰 . 贡布里希对原始性趣味的价值评判 [J]. 淮南师范学院学报，2011，68（13）：56.

觉形式是难以阐释的，它就在那里，是一种客观存在，它是极具个人化的，另一个人不论怎样转换或是阐释，它只能还是它，那些意义隐喻的阐释，也只能还是那些阐释而已。

"如今，透明是艺术，也是批评中最高、最具解放性的价值。"所谓透明，是指体验事物本来面目的那种明晰，也就是建筑的视觉形式不依赖意义的阐述、一眼就可以捕获人心的、直接而真实存在的视觉打动力。"曾几何时，阐释艺术作品，想必是一个革命性、创造性的举措。现在不是这样了"，"我们的文化是一种基于过剩、基于过度生产的文化；其结果是，我们感性体验中的那种敏锐感正在逐步丧失。现代生活的所有状况——物质的丰饶、拥挤不堪纠合在一起，钝化了我们的视觉功能。"而如何恢复我们的视觉？我们的任务不是去发现建筑的本质，也不是从已经清楚明了的作品中榨取更多的内容，"我们的任务是削弱内容，从而看到作品本身"。我们需要重新建立起来隐喻时代的形变法则。

这种需求在中国的建筑教育中更为强烈，中国本土本来就缺乏形式主义美学的视觉传统，而包豪斯教育体系摧毁了鲍扎教育体系的形变训练方法，建筑被理性与感性一分为二，理性依靠包豪斯语法的训练，感性则变成了"意义、隐喻、阐述"的游戏，从而失去了它独立于意义之外的、视觉形式上的、一眼就可以被大众欣赏而无须建筑师解读的"形变美学"价值。

相对来说，海杜克的"空间九宫格"把鲍扎的方法从二维扩展到了三维，标志着对形变训练的某种回归。但是，这还远远不够，还需要扩展和设计出多种辞格的不同形变训练，而这种训练的关键在于，把它们当作一种可以反复习得的、并能不断提高的、形式主义技巧。

10.4 文化间性——"封闭"或"开放"的意义体系

"历史间性"主要分析"跨越时间的历史"对建筑创作产生的影响，而往往这一影响依旧产生于"同一主体文化"的范围之内；而"文化间性"则又向前一步，还要分析"跨越空间的、民族的、地域的文化"对建筑创作产生的影响，从而进入不同"文化体系"相互影响的研究之中。

所以，"文化间性"就是各种文化间的对话，其中最大的神话就是艺术家们声称的"平等尊重的对话"，因为，这种美好愿望式的、政治正确的、修辞式的提法，从根本上来说是违反人性本能的，各种文化的对话是无法摆脱"等级感、距离感、陌生感、优越感、熟悉程度"这些概念的，无论是"距离带来美"还是"距离带来误会"，文化间性的影响必然是一种力量的关系，在对话的互动过程中总存在力量强弱的对比。

因此，文化间性要首先明确有"强势文化"与"弱势文化"之分，文化间的相遇和接触不是"文化并列"，而是文化的侵略关系——强势文化逐渐侵蚀弱势文化，并最终将其同化——这种现象才是文化间性的常态与真相。文化间性随之带来的是文化的杂糅混合，然而，"强势吸收弱势"和"弱势吸收 / 抵抗强势"等由"主体不同"所带来的"意义不同"所产生的情况却异常复杂（表 10-6）。

<table>
<tr><td colspan="2" align="center">文化间性的意义词汇表</td><td align="right">表 10-6</td></tr>
</table>

弱势文化	强势文化
封闭系统	开放系统
地域主义	全球化
民族主义	殖民主义
原始性的隐喻美学	经典性的秩序美学

10.4.1　开放体系 vs. 封闭体系

19 世纪曾存在两种对立的发展观：一种是从"热力学第二定律"推演出的"退化系统"，它认为由于能量的耗散，宇宙趋于"热寂"，结构趋于消亡，无序度趋于极大值，整个体系随着时间的进程而走向死亡；而另一种是以"达尔文进化论"为基础的"进化系统"，它指出社会进化的结果是种类不断分化、演变和增多，结构不断复杂而有序，整个自然界和人类社会都是向着更为高级、更为有序的组织结构发展。这两种发展观分别可以用来指代第 9 章的"修辞的悲剧"和"语法的喜剧"，当然也可以用来指代"文化系统"的不同演化，也就是说存在"文化的消亡"和"文化的进化"。

之后，物理学家普利高津完美统一了以上两种发展观，从他提出的"耗散结构理论"来说：一种文明的最大挑战来自自我的封闭，一个"封闭系统"只会随着时间的进程而走向死亡（物理称之为热寂、文化可称为停滞），用第 9 章"修辞的悲剧"来解释就是始终找不到一种创新的、完全抛弃了过去的"语法"，只好一直由"修辞"主导演化，所以由"艺术的堕落"或者"艺术的专制"所导致的文化停滞现象；而系统要重生或延续，就必须转换成"耗散结构"，它首先要成为一种"开放系统"，与外界产生能量的交换。

一个社会系统、文化系统、包括建筑文化也是如此，我们重新来观察"隐喻形变交织演进"的模型，其中每一次"新隐喻"的产生，都离不开对外部原型的意义获取与隐喻挖掘，也就是说，没有这些外部因素对于修辞体系的能量输入，修辞演化的链条随时会停滞或中断。从这个意义上说，"文艺复兴运动"和"现代主义建筑运动"其实都因为"建筑系统"成功转化为"耗散结构"而持续了西方建筑文化的生命："文艺复兴"得益于"久远历史"的重新引入；而"现代主义"则得益于"全球化"的全面铺开。

同样，中国文化也从来就是在与外部的交流中成长起来的，在文化的强盛时期，中国一直具有自信和能力，所以持对外开放态度，比如"胡服骑射"或者是对"佛教艺术"的吸收与同化等。因此，对于文化"抱残守缺"并不是一种发展的态度，这是所有"文化间性"探讨的第一前提。

然而，与"封闭系统"必然走向"消亡"的结局相反，"开放系统"却并不是"文化延续"的充分条件，而只是必要条件：与现代主义建筑成功"全球化"推进同时进行的，是各种"边缘建筑文化"被覆盖而消亡的案例，典型如中国的古典建筑艺术，各种南美、非洲等地的原始建筑文化等。因此，英国历史学家汤因比在 12 卷巨著的《历史研究》中提出了"挑战与应战的历史发展观"，认为文明兴衰的基本原因是挑战和应战：一个文明，如果能够成功地应对挑战，那么它就会诞生和成长起来；反之，如果不能成功地应对挑战，那么它就会走向衰落和解体，这是所有"文化间性"探讨的第二前提。

10.4.2　文化间性的三个层次

在"第 6 章"中，我们把修辞学分解为"广义修辞、表现修辞、秩序修辞"，即"意义→隐喻→形变"三种递进的修辞层次，而在"文化间性"的相互影响之中，其实这三个层次并不像在"同一主体文化"中一样是齐步走、共同影响、产生同一效果的关系，而是往往在三个层次之间产生相互错位的影响关系。

10.4.2.1　扭曲的意义

创作过程的第一步"广义修辞"影响着"意义"的寻找、选择与表达，而正是因为这个层次受到了"文化情境"的重大影响，脱离不了"文化系统"中关于"民族、地域、阶级、宗教"等的反映，因此，"文化间性"三个层次之间的相互影响首先就表现为"文化间的意义转移"，或者我们称之为"意义扭曲",即在一个文化中顺理成章所能解读的"意义",当移植到另一个文化中时,其"原意"也就天然地被改变了。

两种文化间,比如"中国和西方"建筑形式的"意义"是如何转移的,我们用一个案例来解析:上海圣约翰大学(今华东政法大学老校园)于 1879 年开始建设,1995 年被列为上海市建筑保护单位,而它"之所以蜚声中外,不仅因为它培养了不少中国近现代史名人,也因为它率先成功将中西建筑元素糅合得圆融浑和,这种最体现海派文化特色建筑风格的校园,在上海对后来教会大学的校园建筑起到了楷模和催化的作用"[1],如韬奋楼、思颜堂、东风楼、交谊楼、斐蔚堂、大学办公处、格致室等(图 10-6),都被形容为"中西合璧"的开端。

图 10-6　上海圣约翰大学"中西合璧"的老建筑

然而,圣约翰大学作为 19 世纪末西方基督教资助建立的教会大学,本身就是充满着矛盾的历史产物,它的那些外籍关键人物也是极其复杂的:"圣约翰大学校长卜舫济[2]是一个既顽固地坚持以基督教征服中国的信仰,同时又尽毕生精力投身于中国教育事业的传教士"[3],"由于传教士的强烈宗教使命感,为便于接受,他们费尽心机采取迂回策略"[4]。

因此,从"中国文化"看来,"中西合璧"的建筑视觉形式是文化间交流的积极产物,带有一种"文化尊重"的意义;而从"西方文化"看来,具有强烈基督教使命感的教会,建筑上用卜舫济的原话形容却是采用了"外观略带华式"的策略,是西方教会进入中国的一种姿态,一种在历史的当下强者安抚弱者、主动吸引当地文化的姿态。这就是一种"文化间的意义扭曲"。

因此我们可以看出,在一个文化的封闭系统中,关注一个个琐碎的历史片断以及建筑符号背后的意义解说,是积极而有价值的。然而,在一个跨文化的开放系统中,"象征与意义的溯源"就远没有想象得那么有价值,研究者常常会被意义的假象所蒙蔽而得出完全相反的结论。这也可以理解为什么美国人文丘里在他的《建筑的复杂性与矛盾性》中,完全不像欧洲人那样,去考据图像背后的意义,反而认为建筑师大可以玩形式的游戏,所以文丘里的书"是一本极为美国化的著作"[5],如果让欧洲人在这种情境下游戏自己的文明、自己的建筑符号、自己的视觉隐喻,他们就会觉得极为别扭和不自然,但美国人就完全没有这种心理负担。

如果用非建筑的例子来说明的话,我们可以看到:中国人喜欢在平面设计、服装设计甚至各

① 程乃珊. 圣约翰大学——中国白领的摇篮 [M]. 典型住宅. 天津:百花出版社,2005,04.

② 卜舫济(Francis Lister Hawks Pott),生于美国纽约,1883 年获哥伦比亚大学文学士学位,清光绪十二年(1886 年)获纽约神学院学士学位,后来中国任圣约翰书院英文教师,光绪十四年(1888 年)任该校主任,后任圣约翰大学校长.

③ 董黎,杨文滢. 折衷主义到复古主义——近代中国教会大学建筑形态的演变 [J]. 华中建筑,2005,04.

④ 李海清. 中国建筑现代转型 [M]. 南京:东南大学出版社,2003:34.

⑤ 罗伯特·文丘里. 建筑的复杂性与矛盾性 [M]. 周卜颐译. 北京:知识产权出版社,2006:序言.

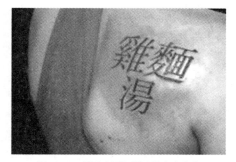

图 10-7　外国人不知所云的中文文身

种公共涂鸦中采用英文；而西方人却喜欢在各种文身、图案上采用中文。这其实是因为，直接用自己的文字都会因为"文字的意义"干扰审美，而采用不熟悉的文字就可以完全回避掉这种干扰，从而获得最纯粹的形式感，所以，并不是因为中国人有多么"崇洋媚外"，也不是因为西方人多喜爱"中国元素"，而是文化的陌生感起到了最主要的原因。当然，这样所产生的结果就是：和中国人服装上有许多啼笑皆非的英文一样，西方也存在许多贻笑大方的中文图案（图 10-7），在所有"视觉符号"的母文化看来，这都是一种"意义扭曲"的笑话。

在"意义转移"之后，建筑视觉形式的"隐喻形变修辞系统"就自动开始运转，然而，所有相互远离的"文化"之间都会出现一种因陌生而产生形变的"浓缩效应"，即文化转移后母体文化"突出的隐喻"和"模糊的形变"的两种效应。

10.4.2.2　突出的隐喻

在《三体》中，刘慈欣是这样简化"宇宙社会学"的模型的："星星都是一个个的点，宇宙中各个文明社会的复杂结构，其中的混沌和随机的因素，都被这样巨大的距离滤去了"。这也就是说，只要两个文化的距离足够远，从一个文化看另一个文化往往就会简化为一个"点"，在视觉修辞中就是"视觉隐喻"的形态定势心理，所有的变形过程、前提条件、复杂的历史环境等，都被省略和简化了，只剩下了一种"代表性、标签化"的解读。

比如，圣约翰大学的"外观略带华式"就建立在"隔洋造车"的基础上，设计在美国直接绘就，并非在中国本土设计，建筑师也从来没来过中国。所以，从中我们就可以看出，圣约翰大学的建筑就是一种对中国文化剥离了相互关系后的"标签化"设计，西方建筑师用"异域文化"的眼光随意、不求甚解地剪辑着中国古典的元素：高高翘起的发戗屋角在西方人眼里就是最具中国本土风格的建筑特征，在殖民地风格的外廊或古典三段式的立面上附加轻飘飘的中式飞檐（图 10-8），这样"建筑视觉形式"的片段即代表着西方人眼中的中国和中国建筑。如果以挑剔的美学眼光来看，这些形态无疑是不成熟和可笑的，作为"秩序美学"而

图 10-8　圣约翰大学的韬奋楼

言具有价值，但是作为"秩序美学"而言是原始的、不成熟和不严肃的，在基本的比例处理、形式关系上颇似今天的中国人设计的"西式仿古"建筑既不到位、也没美感。

10.4.2.3　模糊的形变

我们在"第 9 章"谈到，修辞学中的"元语言"与其他形式是以"历史演化的关系"连接在一起，而不是我们常常所认为的以"视觉相似的现象本质"或"意义类比的纯粹意识"连接在一起，其实"隐喻"也一样，它与其他形式是以"不断变形"的形变推敲关系联系在一起的。

而这种对"隐喻"的突出，就是把这一变形的过程、前提、边界条件全部省略，用一种简单的"现象"代表了"过程"，将"某一形态"标签化、符号化。比如中国古典建筑的"斗栱比例系统、檐口出挑尺度、屋顶弧线"等一系列造型的推敲前提，在外国设计师的眼中通通都是不存在的，只剩下一个外在的、孤立的表现形态。

而这种"孤立性"因为主体文化的"强势或者弱势",会呈现不同态度:如果从"弱势文化"看待"强势文化",这种形态的标签化就因"距离产生美"而变得"崇高化与神圣化";而如果是从"强势文化"看待"弱势文化",这种形态的标签化就表现为隐喻掠夺的"不求甚解和随意化"。

10.4.3　强势文化 vs. 弱势文化

10.4.3.1　强势文化——开放文化的隐喻掠夺

当中国学术界猛烈抨击种种"崇洋媚外"行为,鄙夷暴发户品位,对中国建筑传统艺术之不振痛心疾首时,西方开始对一种多元文化的包容主义投入大量的关注,这种现象的结果就是"地域主义"的大量论述与实践。

对于这种建筑领域内的广泛现象,安东尼·C·安东尼亚德斯引入了"舶来品"的概念来说明 ①。他认为很长时间以来,"舶来品"的观念一直强烈地吸引着艺术家们,这种新奇与刺激可以使他们达到艺术创造的新境界,认真对待"舶来品",可以帮助人们最终真正地认识自己,并为真正具有原创性的创新提供豪华的心理涅槃。他在《建筑诗学》第七章的一开头,就引用了乔治·塞菲里斯的名言:"人们通过翻译学语言;我不是指它所翻译的那门语言,而是指他自己的母语"。

为什么外籍或是海外留学的建筑师常常可以更准确和优雅地表达他国传统?安东尼认为,本地建筑师很容易患上"探索惯性病"而不自知,具有暗示作用的"传统原型"给予建筑师强烈的惰性,他们很快就发现自己对于不假思索的方案非常满足。他观察到,和平常人认为"对一种文化相处越久越了解"的思维反射不同,反而是在陌生环境取得的设计成果,要比在一个熟悉的文化背景下取得的成果多得多,因为后一种情况下取得的成果只是对已知的提炼,而前一种情况下,整个创造过程和结果都会让人耳目一新。"通过'舶来品'向设计者提供的选择性编辑过程,是一个特别有利的因素,人们在非本土文化中可能会更依赖于直觉,从而突破自身文化和修养的局限。"②

因此,对于"地域主义"的重视与实践,从某种意义上说,就是要重构一个完全不同于"西方传统原型"的陌生环境来进行创造力的刺激,其结果是促进"现代建筑"的又一次进化与提升。这可以用电影《功夫熊猫》来比拟,虽然其主角、场景、取材等都明显充斥着中国元素的痕迹,但在表面之下,它讲述了一个非常典型的好莱坞电影,深层次还是莎士比亚"英雄史诗"的老套路:"从主角浑浑噩噩过日子的情节开始,到'紧迫的事态'呼唤英雄出场,但主角却'矫情'地拒绝担当大任,这时,会有不同外表的'革命领路人'出现,他/她启发主角走向'英雄'的不归路,期间,'英雄'人物一定有虎落平阳和受悲惨折磨的情节。但关键时候出现心灵感应,接着柳暗花明又一村,最后,饱受磨难的主角复活,于是出现英雄精神升华的大结局。"③。

这就是"通过翻译学母语"的真正含义,西方建筑师积极向外看,他们没有什么设计的禁忌,创造性地赏玩着其他文明的符号,但一直遵循着自己的形变美学法则,最终是来推动和提升自身的设计思路与眼界。从外部输入能量,从而保持"开放文化"的持续性,从而获得文化的延续,这就是"隐喻掠夺"。

这种解析,就与 20 世纪 90 年代以来"批判性地域主义"所自认的目标——调和全球化与地域性——存在了根本上的不同;从修辞学的观点看来,正是由于"现代主义建筑"的修辞链条在"后

---

① [希腊] 安东尼·C·安东尼亚德斯 . 建筑诗学——设计理论 [M]. 周玉鹏等译 . 北京:中国建筑工业出版社,2006:142.

② [希腊] 安东尼·C·安东尼亚德斯 . 建筑诗学——设计理论 [M]. 周玉鹏等译 . 北京:中国建筑工业出版社,2006:147.

③ 鲍勇健 . 你是我的"奥斯卡". 新闻晨报 .2014.3.4.A23 版 .

现代"之后发展到了一个停滞的阶段,需要从外部输入能量维系"隐喻形变交织演进"的继续前行,为此,新隐喻的来源成为建筑学中重要的稀缺资源,从这个角度来看各种"地域主义"、"原始图腾"就并不是我们普遍意义上认为的"尊重地域",而是有着现实的利益驱动推动着建筑师去挖掘地域主义的原始图像并加以隐喻变形,这其实是一种"意义资源"的挖掘,因为建筑师们都希望能够找到新的、不为人知的、尚未开发的"隐喻"来源。

因此,"批判性地域主义"理论在其出现时,先是以一种抗拒后现代主义的姿态肩负起了挽救现代建筑的使命,很多人都相信,它为后现代时期的建筑发展寻找到了真正的出路,但是,现在,越来越多的人开始从后殖民的理论框架中批判这一主张,比如埃格纳的《抵抗批判的地域主义:一个后殖民的视角》等论述。

10.4.3.2 弱势文化——外部隐喻的文化迷信

与"创造性的赏玩"相反,弱势文化却往往对强势文化的"视觉隐喻"有一种信仰式的迷信,也就是过于"神圣化"地对待它所带来的"意义",以至于不可以对强势文化的建筑视觉形式"随意亵玩"。

我们可以从美国建筑的实践与理论中,来看待美国与欧洲建筑文化之间的互动以及这种互动影响所衍生的"价值判断":回看"文艺复兴的欧洲"或者"18世纪的美国",在这里新兴资产阶级的美学品位和审美偏好惊人地表现出一致,即对古典美学和宏大历史的偏爱。然而,有趣的是,欧洲"文艺复兴"以对历史的恢复被称为一个伟大的时代(虽然用广义修辞包装上了一层人文主义的外衣,但实际行动与模仿没有区别),而美国的"商业古典主义"却为建筑史所诟病,评论家忽视古典美学在高层建筑等许多领域的创造性运用,毫不留情地嘲笑美国世界博览会的折中主义风格,耻笑暴发户的模仿与抄袭。

前一章我们已经为"模仿"正名,根据修辞的定义,这个世界上的建筑设计根本就不存在100%的纯创造,也不存在100%的纯模仿,而美国的"商业古典"之所以被贬低,正因为当时的美国相对于欧洲还只是一个"弱势文化";但是到了文丘里的《建筑的复杂性与矛盾性》,美国转身成为"强势文化"时,创造性地把玩欧洲古典形式元素已经没有了"价值观"上的障碍,因此,"栗子山母亲住宅"在对称立面上的诡异变调、对古典元素的奇特变异,就都收获了极高的专业评价。

西方建筑师可以说"当你越了解一种历史风格,你越不会去重复它",但在中国,以及原生建筑文化受到西方影响而中途断裂的大部分发展中国家,人云亦云、鹦鹉学舌的照搬这句话,似乎在为自己画地为牢,大家朝着西方理论家为我们指定的方向和道路一拥而上,却从没有在最根本的前提上进行过怀疑。对西方历史风格的重复、抄袭和在此基础上的改变创新,并不是发展中国家建筑师的"原罪",因为这是西方中心论的一种表达,其价值取向是西方视角的,从对等关系来看,这种行为与现代建筑师的"地域主义"异曲同工。西方人看待自己的历史风格,在于对自身文化强烈的感情,对某段历史的感知以及用过去的风格来引喻某种诗意的幻想或某种道德观念的能力,而中国人根本没必要去执着西方古典的本来内涵,对各种舶来风格的运用就完全可以是附会的、标签化的、不够尊重和不够正确的。

10.4.4 中国建筑的文艺复兴

对于中国建筑的修辞链条,大家都知道,向"久远文化"索取力量可以使之延续,带来新兴蓬勃的生命力,但是缺乏执行方法。中国现代建筑要如何对待"古典建筑"的遗产继承问题?可以类比为中国建筑的"文艺复兴"问题?我们需要从另一个角度看清西方"文艺复兴"的真相,因为,它不仅仅是一个"历史间性"的问题,还更是一个"文化间性"的问题。

10.4.4.1　文艺复兴？还是文艺创新？

现在，有越来越多的文章在怀疑"文艺复兴时期"对"古代西欧历史"描述的真实性。美国历史学者汤普森从严谨的角度，在自己的《历史著作史》中对此作了考证和介绍，根据他的研究，西方历史上的历史著作，大多就是些残篇残本，或者就是西方基督教会的杜撰本，要么就只有圣经和荷马史诗这样的"神说"，并无真实可信度可言。甚至更有人对亚里士多德几十万字的著作产生怀疑，在羊皮纸时代这样的长篇大论到底是如何保存下来的？所以有人认为这些都是"文艺复兴时期"假托的伪作，罗素就在自己的《西方哲学史》中多次提到过古希腊、古罗马的哲学著作的不可靠性。

当然，本书不作历史考据，因此还是回到修辞的轨道上来，无论以上这一段背景描述有无证据，中国人或建筑界都存在对于"文艺复兴"的某种误解，一种被"韬晦的修辞"所蒙蔽的误解："文艺复兴"实际包含着现代人在"古代文化的躯壳"之上所进行的"创新"，而不是"亦步亦趋"的发现。从这个角度来观察，"文艺复兴"是否还是"复兴"就是一个很值得商榷的用词，到底是"古罗马希腊"通过文化运动使自己在欧洲的更大范围内"复活"，还是"欧洲文明"通过对"古老文化躯壳"的借用，成功使自己转化为耗散结构而"延续"，这就成为一个历史的哲学辩证。

而对于"中国建筑文艺复兴"的现实目标与动机，我们也必须厘清，这并不是"中国古典建筑"通过文化运动使自己在更大范围内"复活"，因为现代建筑延续于西方建筑的发展轨迹之上，它的外向性、独立立面、体块化、重视单体，都与西方古典建筑一脉相承，继而影响了现代城市的组织方式，与中国古典建筑的内向型、重视剖面、扁平化、重视群体等特征相反。因此，从规划层面来说，一种历史的完全复活已不可能。

10.4.4.2　古典秩序美学 vs. 现代隐喻美学

然而，中国现代建筑如何从"古典建筑"中汲取养分，两者之间的融合却存在着一种结构性的矛盾：中国古典是一种经典性的"秩序美学"，或称中庸的美学原则，而现代主义建筑是一种原始性的"隐喻美学"，或称极致的美学原则，两者在形式表达上取向不同（图10-9），这使得在中式古典和现代建筑之间，需要一个过渡体系。

图10-9　中国美术学院的象山校区 & 南山校区
（左边体现隐喻美学，右边体现秩序美学）

而且，我们不能患上"固定意义的陷阱"，无视已经改变的"语境"，深陷具有暗示作用的传统原型而不可自拔。越是强调历史的原真，设计就越是脱离不了乡土主义的窠臼、传统符号的教条，只能在小开间、小尺度的低矮建筑上成功尝试中国古典的风格。或许，我们需要离得再远一点，学会把自己的历史符号当作陌生的异域文化来剪辑和变形，才更能够激发建筑师的灵感与创造力。

在这个过程中，设计师体验了如何把握风格的典型特征，并渐渐能够自如地将这种特征运用到自己的设计中去，"在陌生的环境中设计，就像是创造性的诗人翻开了历史书，诗人不会像历史学家一样去读那本书，而只是从中寻找能够让诗歌创作脉搏兴奋的幻象、历史时刻或者人格而已。诗人随心所欲地保留着任何符合自己想象的东西，并把它们作为构思的素材"①。

---

① [希腊]安东尼·C·安东尼亚德斯.建筑诗学——设计理论[M].周玉鹏等译.北京：中国建筑工业出版社，2006：147.

10.4.4.3　从隐喻为重转向形变为重

我们不能仅仅从"历史间性"的角度看待"文艺复兴",而是应该从"文化间性"的角度,从这个角度而言,佛罗伦萨从古希腊罗马的借鉴与西方对地域主义的使用异曲同工。因此,对于"文艺复兴"建筑形式的深刻理解,就要把研究重点从常规的"继承了什么?"转为"抛弃了什么?"以及"重新发明了什么?""文艺复兴"时期是"形变为先"的美学体系,只不过借用了古希腊罗马时期的"隐喻"躯壳,然后继承并创造发展了一整套的"形变"法则,"隐喻的继承"与"形变的创新"融合在一起才是文艺复兴时期的真相,文艺复兴为哥特式结构穿上了经"秩序美学"推敲的古典外衣,从而获得了"神圣性"

因为,"形变法则"是稳定的、大规模的、值得推广的,而"隐喻"是小众的、不稳定的、天才式灵感一发的。因此,最初的"中国古典"的符号从隐喻走向形变,从而形成一种独特的、可以习得的、可以推广的形变法则时,我们或许才可以称之为"中国建筑文艺复兴"的到来。

建筑视觉形式的修辞与演化

应用篇 建筑的修辞叙事与修辞批评

第 11 章　从古典到现代的修辞循环

11.0　螺旋上升的修辞循环

"第 9 章：情节的交互"区分了两种角度的历史叙事："用修辞眼光看到的视觉演化"和"从语法角度阐述的建筑历史"。我们可以把这比喻为观察太阳系的不同角度（图 11-1）：当独立观察太阳时，行星、小行星、彗星等就如同复杂多样的多维系统，围绕着静止的"语法 & 元语言"在做圆周运动，我们常常用生长、繁茂、衰败来隐喻这个循环的过程；然而，从更广阔的银河视角来观察太阳时，复杂的多维系统就不仅仅在转圈，它还跟随着运动的"语法 & 元语言"不断向前，两者交叠在一起就形成"螺旋上升的修辞循环"。

图 11-1　静止观察的太阳系 vs. 动态观察的太阳系[1]

关于静态的形式循环，历史上其实早有类似的总结，瓦德玛·迪欧娜就曾对艺术史作出极具洞察力的分析，即总结了某些时代总会在另外的时空中表现出重复的形式特征，如"希腊古风 vs. 哥特古风"、"公元前 5 世纪的希腊艺术 vs.13 世纪上半叶的雕塑"、"哥特式的巴洛克状态 vs.18 世纪的洛可可艺术"等[2]。也早已有人将这种循环的过程进行分解，比如：温克尔曼"初始时期、青年时期、壮年时期、衰退时期"的艺术生命体系；沃尔夫林"早期阶段、古典阶段和巴洛克阶段"循环往复的历史规则（两者的区别在于：温克尔曼提出了风格的衰退与堕落概念，而沃尔夫林则认为巴洛克并非一种风格的堕落）；还有弗西雍"试验时期、古典时期、精炼时期、巴洛克时期"风格的演变等。

本书也预构了一个关于"视觉修辞"的历史叙事，我们将西方建筑史拆分为四根不同时代的风格演化链条，它们都有相似的开端、发展和结束，从而构成一个个独立但重复的演化故事，而所有链条又整体构成了一个螺旋上升的修辞循环，即一个有开端、有高潮、有死亡、有重生的延绵不断的悲喜剧。

---

① 四维空间的太阳系！这才是太阳系的真面目 [OL]. 天涯社区 . http : //bbs.tianya.cn/post-worldlook-870466-1.shtml.
② 马艳 . 形式的生命——弗西雍艺术理论研究 [D]. 北京 : 中央美术学院，2007 : 34.

　　在这其中（图11-2），每根独立的叙事链条都包括四个演化阶段，每个演化阶段的划分一般都由史学家根据"标志性的作品或人物"来主观划分。前两个阶段以"语法的演化"为主导：第1阶段是"演化的开端"，表现为语法的酝酿；第2阶段是"自我演化的运行"，表现为语法从多种修辞中脱颖而出的成形。它们在以往的"语法的风格史"中已经阐述得非常详细了。而后两个阶段则以"修辞的演化"为主导：第3阶段是"演化盛期的自我异化"，其实就是各种修辞对语法的悖反，表现为隐喻形变的交织演进；第4阶段则是"演化的崩塌与重构"，即原始隐喻的彻底崩塌，并与下一时代的语法酝酿相互重叠。后两个阶段才是"修辞的风格史"所特别关注的部分：

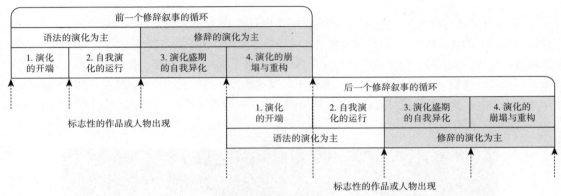

图 11-2　建筑修辞循环的四个阶段

● **演化的开端——酝酿的混沌时代**

　　在每一个被人为划分的修辞循环中，都有一个类似的开端，就是"元语言"和"语法"酝酿的过程。这个过程与前一个修辞循环的最后阶段是重合的，既是修辞演化进入尾声、多元主义抬头的时代，也是酝酿语法的时代。这是一个绝对自由的时期，正是在没有任何标准和禁锢的前提下，在前一个神话面临颠覆的状态下，各种试验都在进行的时代，从中才会有新的"元语言"和"语法"的神话脱颖而出。而当某个标志性的建筑作品或者建筑师出现时，也就意味着新时代的"语法"被确立和认可了，历史从"混沌时代"走入了"经典时代"。

● **自我演化的运行——语法的经典时代**

　　关于一个崭新时代"建筑语法"的确立，第9章已经总结过：首先，在大众的需求下，有一种能够被时代广泛承认的建筑本质，其次，这种本质需要被一种"视觉隐喻"的神话所体现；最后，这种建筑本质的"视觉隐喻"需要寻找到一种确定的"形变法则"，并且这种形变的法则及其演变，必须能够促进社会需求的满足。这两者就是演化开端"元语言"和"语法"的定型过程："元语言"保证了建筑视觉形式的神圣性，而"语法"则保证了可以简单复制、推广、演化的易得性。

　　"元语言"来自"隐喻"，"语法"来自"形变"，所以这注定走向修辞，但这个过程的早期甚至中期，是一个相对平衡、和谐、稳定的过程，弗西雍所提出的"古典时期"[①]就类似于这个时期，它不是大多数史学家所特指的古希腊古典或文艺复兴古典，而是所有风格的演化中必经的一个阶段，我们就称之为经典时期：

---

① 马艳. 形式的生命——弗西雍艺术理论研究 [D]. 北京：中央美术学院，2007：32-33.

是各部分间的完美和谐并不离题，这里延续着"试验"动荡的稳定性和安全性。可以说，它在试验的不稳定层面，提供了某种坚实性，符合了风格的普遍价值。古典主义——整个形式领域里短暂、完美、平衡的瞬间，它不是对"法则"缓慢而单调的运用，而是纯粹而富有生气的愉悦之事，正如古希腊人的"akun"一般，注意这个天平不是要看指针是否会两次倾斜，甚至出现了完全停顿的瞬间，反倒是在这犹豫不决的停滞奇迹里看到那暗示着生命的、不易察觉的细微颤动。也正因为这样，古典阶段才不同于学院派的阶段，学院派的阶段不过是一种无生命的倒影，一种无生气的映像，也正基于此，各类古典主义在对形式的处理中偶尔一致或类似，并不一定是受影响或模仿的结果。

从修辞演化的过程来看，这个时期虽然也偏离了语法的规则，但是不激进、不扭曲、不怪异，修辞演化预留的余地还很大，也能够容忍艺术家们在一个稳定的区间中寻找突破，因此，这个时期出产了属于这个时代的大部分经典建筑，在"稳定的规则"和"规则的突破"上寻找到了短暂的平衡，既保留了"原始隐喻"的神圣性，又能够带给人一种视觉形式上的"陌生化"美感。

● 演化盛期的自我异化——纯粹化、巴洛克化的两种异化

当视觉修辞经过了一段相对平衡的过程，来到发展的盛期，就演化成为"自我异化"，所谓异化是指修辞的演化往往已经与早期语法相去甚远甚至颠覆，从而产生了新的"衍生"。

这个过程与第 8 章的自律演化模型吻合，也就是说，我们可以将各种微观辞格的演化路径放大到系统修辞的宏观历史中，包括了"纯粹化"与"巴洛克化"的两种方向（图 11-3），而这正是本书需要着力描述的，"修辞的风格史"的重点所在："纯粹化"是修辞减法的结果，是无数次的调整、提炼、纯化与怀旧，是溯源回归"原始隐喻"的一系列提纯

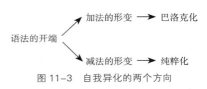

图 11-3 自我异化的两个方向

过程，其实这个过程相对较短、作品较少，但是影响很大、地位较高，受"崇高性"的影响评价也高；"巴洛克化"则是修辞加法的结果，是一种风格的精致化和繁琐化时期，也是视觉形式最自由、最不受束缚的方向，这个过程时间长、作品多、方向也杂多，但是常常得到"手法主义"、"矫饰主义"等贬义的评价。

● 演化的崩塌与重构——多元主义的转折时代

当艺术家无论如何修辞，人们都不可避免地对此感到厌倦时，就是一种修辞手法达到高度完美但也同时失去创造力的时期，"原始隐喻"的神话接近崩塌，多元主义就从地下转入地上，而在这个过程中孕育着新的隐喻，时代会选择新的语法，开启新的时代。

因为"原始隐喻"神话的崩塌，"换喻法则"效用的消失，一部分史学家会将这个时代视为堕落和衰败的时代、集体盲目和方向迷茫的时代；但是，因为"多元主义"的各种实验与潜藏着下一个时代的潜在语法，另一部分史学家会重新发掘出这个时代的进步性，这也就意味着，这个时代又与下一个修辞循环的演化开端有所重叠。

一般而言，西方传统建筑史常常被划分成古希腊罗马、中世纪、文艺复兴、现代这几个大的分期，其实每个分期都可被视为一个完整的形式演化链条，接下来，本文将简要描述以上每根链条都是如何按照"建筑修辞循环的四个阶段"——一对应发展的。

11.1 古希腊时代的演化叙事

温克尔曼第一个阐述了"艺术是一种生命体"的观点，他在《古代艺术史》Book I 中首先指出，艺术发展的三阶段分别是：首先，实用的需要刺激了艺术的产生；其次，对美的研究和深入理解促进了艺术的发展；随之而来的则是迷信的泛滥，艺术也随之衰落。[①]

温克尔曼将"美"本身理解成一种历史的类型，认为美具有其自身发展的历史。他把艺术的发展次序与通常的事件或剧本的段落相比拟，从而大胆地将希腊艺术史按风格变化划分为四个时期：远古风格时期（The More Ancient Style）、宏伟风格时期（The Grand Style）、典雅风格时期（The Beautiful Style）和模仿时期（The Style of Imitators），这是人类第一次将艺术置于社会的运动中，并提出了风格的概念，这正好与"修辞循环"的四个阶段类似（表 11-1）：

温克尔曼希腊艺术史观四种风格[②]与修辞循环过程的对应 　　　　　　表 11-1

4 种风格	1. 演化的开端	2. 自我演化的运行	3. 演化盛期的自我异化	4. 演化的崩塌与重构
	更古老的风格	宏伟的风格	美丽的风格	模仿者的风格
对应希腊艺术生命的各时期	初始时期	青年期	壮年期	衰退期
各自的特点	生硬；细腻不足，对力量的过分表达有损于美	追求整体的美；锐利但有节制，正确的科学知识用于艺术实践；仍以庄严宏大为特点	美在艺术品的方方面面得到体现；创作内容和对象开始多样化，"四种优雅"；秀美和壮美同样成为美的典范	原创的活力下降，前人成就就难以企及；折中与调和成为艺术创作的主要途径
取得的艺术成就	有生气但不完善	达到完美的最高峰	同属最完美之列	逐步走下坡路，称不上完善

"温克尔曼的历史体系从根本上讲是一种循环论……他的着眼于作品及风格分析的艺术史方法使他避免掉入到纯粹理论演绎和宏大体系建构的陷阱中。他感觉到古希腊传统在罗马时代的衰落，文艺复兴时代的再度崛起，17 世纪的低落和 18 世纪程度有限的复生。温克尔曼秉持希腊文化与艺术'黄金时代'一去不返的信念。"[③]

温克尔曼的后续影响十分深远，他对近代西方艺术史学的最重要贡献是建构了风格史的范型，由此为一种以风格延续为主线的艺术史奠定了坚实基础。然而，本书与温克尔曼"风格史"的重点有所不同，这是一段"修辞史"，正因为温克尔曼描述了一个完整的"独立修辞循环"，因此"风格史"作为"修辞史"的表象就如此地贴合。

11.1.1 演化的开端——远古风格

温克尔曼将雕刻家菲狄亚斯之前的风格划归为远古风格，这种风格最主要的特征是：轮廓较为僵硬，雄伟但不典雅，远离自然而具有理想的特点。"这种较古老风格的个性和特色，总的来说……

---

① See Winckelmann. The History of Ancient Art（I&II）. 133.

② 刘铭. 温克尔曼的艺术史观 [D]. 上海：上海师范大学，2008：40-41.

③ 张坚. 风格史：文化"普遍史"的隐喻——温克尔曼与启蒙时代的历史观念 [J]. 文艺研究，2006（5）：132.

其刻画是有生气但又生硬；充满力量但不优雅；对力量的表达过分而有损于美。"[①]

为什么会这样呢？温克尔曼认为有两个原因，其一：各民族最初的艺术作品都是献给神与英雄的，这自然会使这类艺术品的规模倾向于宏大，而容易忽视细节，希腊艺术也概莫能外；其二，此时的艺术，就如当时的司法和其他事物的发展一样，处于最脆弱的出生阶段，其风格必然会偏向生硬和严肃。

第二个原因恰好说明了"视觉形式的自律演化"，所谓"脆弱、生硬和严肃"，就是"原始隐喻"的原始性所在，正是形式发展初期的典型特征；而第一个原因则解释了什么是"视觉形式的他律演化"，温克尔曼在概括特定时代艺术风格的特征时，并非仅仅从形式本身出发，也涉及社会条件、宗教、习俗和气候因素，贡布里希说"温克尔曼把希腊风格作为一种希腊生活方式的表现"，这揭示了古希腊艺术的"远古风格"是如何被神化成为"语法"的。

11.1.2　自我演化的运行——宏伟风格

温克尔曼的宏伟风格从公元前 5 世纪初到公元前 4 世纪中叶，即从菲狄亚斯到雕刻家普拉克西特列斯之间，也有人称之为崇高风格，在这段时间里古希腊艺术获得了较大的发展和繁荣，但依然倾向于表现庄严和宏大，菲狄亚斯就是这种风格的代表人物。

一旦法则成形，修辞就开始自我演化，自律性成为主导因素。这种演化首先是对法则的继承："宏伟风格吸收了远古时期轮廓的准确性和清晰明白的优点，表现出了优美、崇高和宏伟的气势"[②]；然而更重要的是，如何在法则继承的基础上向修辞突破，用一种"去原始性"的方式修饰着形式的美："僵直、有棱角的轮廓逐渐变得柔和，这时的轮廓虽然也具有直线的特征，具有棱角，但是是建立在对优美的理解的基础之上的，菲狄亚斯、米隆、波利克列托斯等人打破远古时期的许多法则条文，靠近于自然，以优美和崇高为艺术追求的主要目的，从而达到了艺术上的完善。"

温克尔曼以眼球的刻画为例，他指出这种风格对眼球的刻画仍然沿袭有上一种风格的特点，但应称之为"Sharpness"（锐利）而非"Hardness"（生硬），因为这种"锐利"是已经是基于美的正确观念之上了[③]。这种风格的希腊艺术已经由激烈有余而变得有节制，恰当的科学知识也应用到了艺术实践中，但此时的艺术品仍不以秀美见长。

11.1.3　演化盛期的自我异化——典雅风格的三种美丽

温克尔曼的典雅风格（表 11-2）从公元前 4 世纪中叶到公元前 4 世纪末、前 3 世纪初，大约是从普拉克西特列斯到亚历山大大帝时代的留西波斯和阿匹列斯，这种风格与宏伟风格的区别就在于"优雅"，艺术达到了可观的典雅和魅力，温克尔曼还用格威多和拉斐尔绘画的比较作为类比，这种风格的代表人物就是普拉克西特列斯。

---

① Winckelmann. The History of Ancient Art（III&IV）. 124.

② 王珊. 温克尔曼艺术思想研究 [D]. 武汉：武汉理工大学，2006：30.

③ See Winckelmann. The History of Ancient Art（III&IV）. 130.

温克尔曼希腊艺术美丽风格的三种优雅[①]

表 11-2

三种优雅	庄严的优雅	可爱的优雅	谦逊的优雅
与宏伟风格时期的关系	宏伟风格的直接继承者	"庄严的优雅"的多样化，也可说与宏伟风格关系密切	另一种审美趣味
各自的特点	与神话关联，表现形式单一，仍以庄重、静态为主	与哲学的发展有关，姿态与表情的表现多样化，但不能损害整体的完美和谐	层次较前两种低，稚气、滑稽等感情因素开始成为审美对象
表现对象	神与英雄	神与英雄	儿童、稚气的青年、戏剧化的人物
达到的成就	最高度的美	最高度的美	比前两者逊色，艺术地位亦属次要

从上表中，我们可以认为"庄严的优雅"就是纯粹化的减法形变，它是宏伟风格的直接继承者；而后两种都属于复杂化的加法形变（图 11-4）：根据第 10 章的"形式间性"分析，当复杂化达到平衡的中间状态时则成为"可爱的优雅"，准确来说属于康德美学中的"优美"范畴，而继续演化下去则走向批判的反面，这就成为"谦逊的优雅"，稚气、滑稽等感情因素开始成为审美对象。

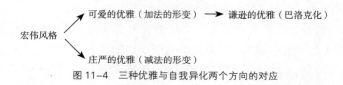

图 11-4 三种优雅与自我异化两个方向的对应

温克尔曼将崇高风格（包括宏伟风格和庄严的优雅）和典雅风格作了一个比拟："二者的关系犹如荷马笔下的英雄人物与雅典繁盛期有教养的雅典人之间的关系。前者也可以被比喻成是狄摩斯提尼的演说术，而后者则可以被比喻为西塞罗的演说术。前者以澎湃的激情震撼着我们，但没有给我们时间去思考精雕细琢的美；后者吸引我们静静地倾听，并从它自然流露出的美中受到启发"[②]，这与康德的美学分析如出一辙，也就是说，第 10 章"形式间性"中对于崇高、优美与演化过程的关系分析，一样也适用于古希腊时代的崇高风格和典雅风格。

11.1.4 演化的崩塌与重构——模仿风格

模仿风格是指亚历山大时代以来，包括罗马治下的希腊艺术的情况。温克尔曼认为古希腊艺术衰落的原因是"模仿"造成的，而从修辞演化的角度来理解，还需要寻找"模仿"产生的深层次原因。这一时期的一些艺术家仍然保持着良好的趣味，按照前期大师们的基本原则进行创作，从而出色地复制出了很多杰出的雕像，但是，时代的要求已经不同了，经典时代的作品可以满足艺术家和观者的"陌生化"欲望，但是，这个时代还需要更多的"陌生化"刺激：一部分向复杂化走向极致的艺术家们，开始醉心于局部的精雕细琢，而这在繁荣期是受到鄙夷的，因为以前的鲜明、锋利的特征被丢弃了，"宏伟风格"的语法完全被颠覆，取而代之的是具有女性色彩的各种艺术造型；然而，对于更多的艺术家们而言，古代已经将艺术推向了巅峰，以至于对美的理解不可能达到更高的高度，在早已明确的法则下，已经很难有继续"陌生化"的修辞空间了，所以，很多人只好开始走上了模仿的道路，成为各个学派的折中主义者，演化链条因停滞不前而终结。

① 刘铭. 温克尔曼的艺术史观 [D]. 上海：上海师范大学，2008：41-42.
② 王珊. 温克尔曼艺术思想研究 [D]. 武汉：武汉理工大学，2006：31.

需要注意的是，模仿时代指"罗马治下的希腊艺术"，包括希腊本土和受希腊影响的罗马艺术，温克尔曼视罗马艺术为希腊艺术的一部分，而不像埃及人的艺术和埃特拉斯坎人的艺术，温克尔曼承认它们是两种独立的古代艺术。然而，至少从建筑视觉形式的"元语言"和"语法"来说，我们需要区别古罗马与古希腊。

古希腊建筑的"元语言"建立在"梁板柱体系"的视觉原型之上，用"人体、世界的秩序、神灵"等隐喻来神话这个视觉原型，用"秩序、布置、协调、比例、得体"等形变法则来形成"语法"；然而，古罗马建筑其实已经有了"拱券体系"，但是还在沿用古希腊时期的修辞法则，还没来得及针对"拱券"进行造神运动，更没有相应语法的修正与发展，从"隐喻形变交织演进"的推理来说，这其实是"古希腊艺术"失去了一次绝佳的延伸演化链条的机会，而这个机会直到"文艺复兴时期"才又重新获得。维特鲁威推崇希腊建筑，但是不恰当地贬低罗马建筑，忽视了重要的拱券技术，从而失去了古典艺术延续生存的机会，其原因只能用"他律演化"的理论来解释了，古罗马在文化上尚没有取得权威地位，以至于从心理上无法对原来的法则发起挑战，我们只能想象如果古罗马帝国没有分崩离析、没有在历史中湮灭，那么古典艺术演化的历史是否将有所不同。

与温克尔曼相反，李格尔的《罗马晚期的工艺美术》认为，古罗马晚期的艺术作品与古代作品享有平等地位，只是形式的表达有一定的区别（古代的古典时期造型艺术拒绝空间，罗马晚期艺术中空间获得了解放），不存在繁荣与衰落之分，"每个时代的艺术都有其自身独特的预设，罗马晚期的艺术有自身的审美习惯……它是古代艺术和现代艺术之间的一个必要的过渡阶段，是古代艺术合乎逻辑的发展的结果。"[①] 李格尔从对建筑、雕塑、绘画、工艺美术等艺术形态的讨论中，勾勒了罗马晚期美学发展的轮廓，为长期以来被忽视的罗马晚期艺术平反，认为这是孕育了下一个时代的必要阶段。

11.2　中世纪的演化叙事

被古希腊罗马所忽视的"拱券体系"，它所带来的建筑视觉形式到中世纪得以发扬，第 8 章（图8-17）从微观辞格角度探讨了"哥特式建筑"不同原始隐喻的演化历程，本章则从宏观建筑风格史的进程来看新的"视觉隐喻"以及与此相匹配的新的"形变法则"是如何被神话、确立并演化的。

11.2.1　演化的开端——罗马风与古风哥特

在很长的一段时间中，像肋骨拱、尖拱这样的特征在拜占庭和罗马风建筑中早已出现，然而被广泛认同的观点是哥特建筑诞生于 12 世纪 30 年代，因为此时此刻，一种结构所形成的视觉形式开始与"上帝、光、神灵的指引"等隐喻发生关系，这就标志着修辞造神运动以及其后一系列演化的开始。

这个关系首先从室内开始发现：罗马风建筑用光明下的黑暗来隐藏实体，使其显示出神秘与超世的意境，它们用高侧窗采光使侧廊与外墙边消隐到黑暗之中，试图让教徒忘记现实社会、寻求精神空间，只关注天空中洒下的光亮；在拜占庭教堂中，同样的方法再次出现，集中式的穹顶变成了一个发光的、漂浮的华盖，明亮的感觉从天空中洒向尘世，塑造了一个非物质化的精神空间，让人们体验到进入天国的路径。

---

① 陈宁. 德意志造型美学中的古典意识问题研究 [D]. 哈尔滨：黑龙江大学，2011：143.

　　然而此时，建筑的外部视觉形式依然简单粗陋，是一种原始的生成状态。此后，正是随着对光明的"视觉隐喻"从内部转向外部，随着这种原始状态开始被修饰，新隐喻开始走向建筑视觉形式的修辞，走向去原始化。钟塔的引入无意中把对上帝的向往进行了纵向的实体化，而尖拱和飞扶壁更是通过细长的竖向结构加深了这种观念，使得教堂不再像之前那样，只在一部分具有向上的动势，而是成了一个存在这种感知的整体。从此，哥特式的"视觉形式"与"隐喻意义"结合在一起，构成了一个完整的"视觉隐喻"的开端。

11.2.2　自我演化的运行——哥特式建筑

　　第一座哥特式教堂是1143年在法国巴黎建成的圣丹尼斯教堂（图11-5），1144年，在庆祝圣丹尼斯重修完成举行的典礼上，各国的主教们吃惊地发现这种建筑形式有着不可抵挡的魅力。于是25年之后，凡有代表参加过庆典的地区都出现了哥特式教堂。

图 11-5　圣丹尼斯教堂

　　当基督教堂第一次不是依靠光线明暗的错觉，而是依靠实体存在引导人们向往高处天国之时，当建筑不再隐藏在昏暗之下，而是光明作为精神元素照亮了日常世界之后，"向上的竖向性、光、拉丁'十'字式平面"等视觉形式的"原始隐喻"就开始了自我演化的过程，一系列的"语法"就此成型，并开始不断完善，成为一系列内外统一、结构明晰的建筑法则：

　　向上线条的隐喻：骨架券和飞扶壁在技术上为光明打开了窗户，建筑脱离了罗马风时期厚重的体量感，变成了一种骨架的结构，墙体不再是被隐藏，而是被完全消解了，水平方向的线条被忽略了，所有线条似乎鄙视地心引力般地耸入云端，依靠自身的造型力量让教徒产生了向上运动的渴望，尖拱就像是从大地上生长出来一样向天空延伸，强调了向上运动的趋势。

　　光的隐喻：这种抽象的线条结构，使教堂变得透明，在内外环境的交流中让光明洒满整个教堂，哥特教堂用光明再次重现了早期基督教建筑用黑暗营造的空间想象，用另一种神化的感觉大大强化了室内的光线：太阳从朦胧闪烁的彩绘的窗花玻璃中射进来，五彩缤纷，看上去似乎是某一种来自非自然的神秘力量。

　　平面的隐喻：在摆脱了厚重的围墙之后，哥特教堂变成了一个更加秩序化的平面体系，这个体系利用逻辑将内部空间进行了扩大与综合，将中心与路径的体验统一在了一个集中式的拉丁十字式空间之中，这种新的空间感觉将内部空间划分为一系列肋形方格，以至于哥特建筑无论大还是小、是教会的或是世俗的，都是以同一种方式联系在一起，看上去都是一种类似的框架，结构的轻巧和平面的可重复性为哥特教堂提供了一种秩序化的图景。

自此，从 12 世纪末到 13 世纪中叶期间，产生了许多哥特式建筑的经典作品。然而，就像"文艺复兴"和此后的"现代主义"分别被称为"形变的时代"和"隐喻的时代"一样，其实"古希腊时期"和"中世纪时期"也一样存在着这样的前后递进关系："中世纪时期"以"隐喻为先"，在建筑的视觉形式中，并不像"古希腊时代"一样重视"秩序、布置、协调、比例、得体和经营"等形变法则的推敲，因为对于宗教的狂热和虔诚，相比较而言，视觉的"隐喻意义"是第一位的，使这个时代成为一种典型的"隐喻的时代"。因此，哥特的"经典时期"相对较短，从形式的表现来看，就是缺少视觉的节制与平衡，缺少一种因视觉微妙变化而产生的和谐，容易走向极端化、刺激化和绝对化，即容易走向"巴洛克化"或者"纯粹化"的极端，走向一种视觉的原始性。

11.2.3　演化盛期的自我异化——辐射式、火焰式与盛饰式、垂直式

"从哥特风格的发展顺序来看，从 12 世纪早期的哥特风格到 13 世纪的一种更为复杂的'辐射式'风格，接下来又经历了一种更为花哨的'火焰式'风格，……从 12 世纪简单的尖拱风格到更为精巧的'装饰'风格，最后一直延伸至 16 世纪的'垂直'风格告终"[1]，从中可以很清晰地梳理出"巴洛克化"与"纯粹化"的两条路径（图 11-6）：

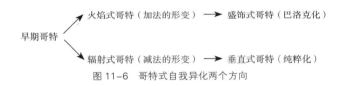

图 11-6　哥特式自我异化两个方向

11.2.3.1　辐射式哥特

辐射式也被称为"宫廷风格"，相较早期的哥特式风格，最大的不同在于将之前的装饰与线条混杂的构图，改为以冷峻、利落的线条为主的构图模式，也就用减法减去了附加的装饰性的部分，全部提纯为结构产生的线条，建筑立面变得简洁、大气。就总体形式而言，建筑在努力寻求一种向上延伸的高峻气势，建筑的高度一次又一次被突破。辐射式风格的窗棂装饰较为简洁，它的花窗格图案已经发展成为典型的三叶形（图 11-7），与高天窗融为一体，而这种转变正是辐射式风格统一的线形精神的标志之一，对于"竖直向上线条"的"原始隐喻"来说，朝着纯粹化的方向开始演化。

而典型的辐射式哥特建筑就是巴黎圣礼拜堂（图 11-8），那高耸的穹顶和垂直的连入穹顶的金属束柱，严峻而脆弱的辐射式风格，十分适合这座象征性纪念物。

11.2.3.2　火焰式哥特

哥特风格后期，建筑形式逐渐走向奢华的阶段，对于"竖直向上线条"的"原始隐喻"来说，朝着复杂化和巴洛克化的方向开始演化。这时期的建筑特点是以曲卷缠绕的线条做成花隔窗为特色，并且尽量地向上延伸，展现出无限的动势。由于这种装饰的整体形象像一团熊熊燃烧的火焰，因此将这时期的风格定名为火焰式风格，又称为辉煌式。

鲁昂大教堂（图 11-9）充分展现了火焰式风格，虽然没突破以往教堂的规模或高度，但其装

① 雷蒙，陈出云 . 以哥特风格为例浅探建筑中的形式美 [J]. 山西建筑 . 33（11）：40.

图 11-7　三叶
形窗棂

图 11-8　巴黎圣礼拜堂

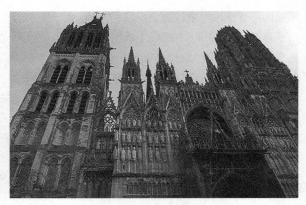

图 11-9　鲁昂大教堂

饰性却有了飞跃式的进步，工匠门将透雕、高浮雕等精细的雕刻技艺与细尖而密集的雕刻纹样相结合，这种大量堆砌装饰的做法，因为主要集中在建筑外部，尤其是主立面上，因而火焰式的教堂立面，不仅没有了哥特早期向上的生长动态，反而呈现出繁缛之感。

11.2.3.3　盛饰式哥特

在火焰式风格如火如荼地进行时，在英国也诞生了盛饰式，也称装饰风格。成熟的装饰风格大致起始于 1290 年，这种风格与"S"形曲线有特别的联系，拱顶上的骨架券编织成复杂的图案，窗花也多变化，窗子有用四圆心券的了，盛饰式以突破"四角拱顶"的"原始隐喻"在向巴洛克化的方向不断演化：

埃克塞特大教堂（图 11-10），其华丽的穹顶上看上去像一个装饰性的终端，像棕榈叶一样恣意伸展，优雅而不艳俗，华丽而不张扬，这些肋拱从一处起拱，多达 11 根。而韦尔斯大教堂（图 11-11）更为精巧，它那八边形的礼拜堂以极度的夸张展示了类似棕榈叶的主题，那些极富张力的拱券，看上去像相互交错的"S"形曲线。

图 11-10　埃克塞特大教堂

图 11-11　韦尔斯大教堂

11.2.3.4　垂直式哥特

还有一种直线性的设计和装饰体系，以垂直板和尖角头为基础，从 1330 年开始，垂直风格统治了约两个世纪。垂直式教堂立面上水平线很弱，几乎没有，垂直线很密而且突出，显得比较森冷峻急。比如圣斯蒂芬礼拜堂（图 11-12），多少有点板条笼子的感觉。

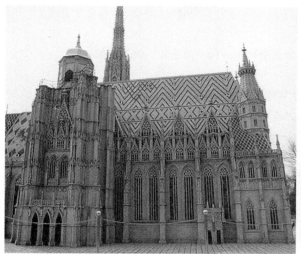

图 11-12　圣斯蒂芬礼拜堂

图 11-13　巴斯修道院的扇形拱顶（柱身的纯粹 + 拱顶的巴洛克）

　　设计师将辐射式的某些趋势发展成了早期的垂直式，因其强调建筑的垂直性而得名，它最典型的特点是大量采用长方形的花窗格镶板，使室内空间呈现出一种如透雕般的奇特景观。垂直式继承了构造透明性的特征，在花窗上更加侧重垂直方向的表现效果，花格趋于简练，但在拱顶上则追求更加精细复杂的造型，转头走向了巴洛克，几乎完全忽略了哥特拱顶最初的结构含义。在晚期的垂直式中，一种与墙体板条组合得更为和谐的穹顶类型被发明了，这就是扇形穹顶（图 11-13），代表了带有装饰性穹顶图案的垂直风格的最后阶段。

11.2.4　演化的崩塌与重构——从哥特走向文艺复兴

　　前面所描述的"辐射式"、"火焰式"、"盛饰式"和"垂直式"都表明，哥特建筑的风格在逐渐走向自我异化，丧失了它原有语法的原则[①]：

　　　　曾经是明晰地体现着理性精神的骨架券，在新的历史条件下转化到了它们自身的反面。在垂直式哥特建筑中，它们在拱顶上弯曲盘绕，交织成综错的网。图案纵然优美，工艺纵然精绝，确实是建筑遗产中弥足珍贵的片断，但是，可惜它们并非建筑本色，不仅没有结构作用，反倒成了结构的累赘。有些骨架肋甚至是从石板上雕刻出来的虚假的结构形式。

　　　　"辉煌式"的哥特教堂，垂直线条被各种装饰物缓和了，像亚眠主教堂的西立面，装饰已经堆砌过多。

　　　　"辉煌式"和垂直式的教堂，尖券比较平庸，甚至使用 4 圆心券和火焰式券，连窗棍也使用复合的曲线。于是，哥特教堂风格的一贯性被破坏了。

　　　　哥特式的雕像，本来作为建筑的装饰或者附庸，没有动态，没有体魄，完全融合在建筑构件里面，像夏特尔主教堂里那样。但是，后来渐渐活动起来，姿态表情都强了，

---

① 陈志华 . 外国建筑史（19 世纪末叶以前）（第二版）[M]. 北京：中国建筑工业出版社，1997：106.

几乎成了独立的艺术品。就雕刻来说，有了进步，但不再同建筑相协调，损害了教堂建筑艺术的统一，彩色玻璃窗也是这样。

一种新的，能够容纳更多的世俗意识的教堂建筑和相应的手法，被召唤了。

无论是意识形态上新兴资产阶级与教会神学教条的斗争，哥特教会文化与世俗文化矛盾的激化，还是建筑视觉形式对"法则"的背离，都加速了哥特建筑神话的瓦解，人们不再信仰哥特教堂中对于基督宇宙的具象化，反而同腐朽的中世纪一起被打入谷底，人们转而要去寻求新的神话体系，文艺复兴时代的语法就在这个时期中酝酿。

然而，就如同李格尔撰写《罗马晚期的工艺美术》为罗马晚期艺术平反一样，19世纪的哥特复兴运动也为哥特建筑的艺术平反：

普金把中世纪的生活作为唯一的健康生活范本，认为基督教建筑比希腊建筑更加进步，现代人因为缺乏虔诚的信仰而无法建造出单纯伟大的建筑，现代艺术趣味是走向了衰败。而英国艺术批评家约翰·拉斯金也在《建筑的七盏明灯》中表明了他的个体建筑理念："良好的气质与道德修养是造就优美建筑的神奇力量"[①]，他与普金一样，赋予哥特式建筑以崇高的道德意义，哥特式的现代复兴具有现实的针对性，目的在于"通过一种真实、健康和美好的艺术的创造而寻求改造现代工业文明日益沉沦和低俗的公众道德和精神世界"[②]。沃林格尔的《哥特形式论》与他的后期作品《意大利和德国的形式感》高度赞扬了德语世界的艺术，特别是哥特式艺术，"他重复了一个世纪前的浪漫主义者暨德意志民族主义者的论调，倾向于认为丢勒等人的艺术与其说是文艺复兴的，不如说是晚期哥特式的，它就是日耳曼民族精神的显现"[③]。

11.3 文艺复兴时期的演化叙事

11.3.1 演化的开端——复古的持续

自古罗马帝国衰亡以来，那些古典时代残存之物的命运，就不断在毁灭与幸存之间浮沉起落，千载以来，既有人将它们视为偶像崇拜的邪恶象征，也有人将其视为可以收藏效仿的范本。早在14世纪意大利文艺复兴之前，就有中世纪文艺复兴，在潘诺夫斯基的《西方艺术中的文艺复兴与历次复兴》中，就论证了文艺复兴本身，与中世纪几次复兴，特别是发生在加洛林王朝、奥托王朝以及意大利北部等12世纪复兴的区别。

所以，复古的倾向其实从未在历史舞台上消失，也不是一夕之间突然出现：中世纪收藏古籍的修道院，热爱古代珍宝的主教，用凯旋门和庆功柱装点门庭树立威信的君主，收藏古代艺术品的商人，用古典样式建造宫殿的教皇……无数的好古者将崇古风潮一次次地推向新的高峰，古典文明不仅通过这些活动得以幸存，而且形成了一股强大的文化力量，这股力量一直在酝酿之中等待成熟的时机。随着西欧资产阶级的产生、新兴市民阶级的出现，他们需要一个新的文化来挣脱神学的羁绊，此时，古典时代的文明进入了建筑师们的视野之中。

经过长时间的酝酿，革命由伯鲁乃列斯基开始，他点燃了文艺复兴革命的第一朵报春花，以从历史遗产中主观选择而又理性构成的方式创造了新的历史，这也标志着在漫长的演化中，文艺复

---

① John Ruskin. the Seven Lamps of Architecture. Dover Publications. INC, 1989：2.
② [德] 沃林格尔. 哥特形式论 [M]. 张坚，周刚译. 杭州：中国美术学院出版社，2004：引言，11.
③ 周保彬. 海因里希·沃尔夫林艺术风格理论研究 [D]. 上海师范大学，2007：199.

兴时期的"视觉隐喻"和"形变法则"被找到了。

11.3.2　自我演化的运行——文艺复兴的黄金时代

　　伯鲁乃列斯基建立了"帆拱—穹顶"的结构体系,另一大贡献在于"连续券"的结构和立面处理,总之,伯鲁乃列斯基在积极探索古罗马结构技术与哥特式建筑结构与施工工艺的结合方法。然而,真正文艺复兴理论的成型,以阿尔伯蒂的《论建筑》为发端,他提倡以柱式和比例为基础的建筑美学,将毕达哥拉斯学派推崇的比例关系扩展开来。以伯鲁乃列斯基、阿尔伯蒂为开端,"柱式、集中式、穹顶、券柱体系"等"视觉形式"与"隐喻意义"结合在一起,形成了文艺复兴时期的"原始隐喻",并将古希腊时代的"比例、和谐"等"形变法则"更新扩展,运用在新的"隐喻"之上,并开始了这个时代的修辞自律演化。

11.3.3　演化盛期的自我异化——法国古典主义与巴洛克和洛可可

　　然而,文艺复兴也一样出现修辞对于"建筑本质"的违背和偏离,维尼奥拉和帕拉第奥通常被认为是欧洲学院派古典主义建筑的肇始人,但是他们自己的创作却是五花八门,包含着各种矛盾的趋向,他们制订的严格的柱式规则,后人奉为金科玉律,于他们自己却较少束缚,他们的一些作品甚至被当作巴洛克风格的滥觞。也就是说,从他们开始,文艺复兴已经就慢慢地由经典时代转入异化时代,直到法国古典主义以及巴洛克与洛可可的出现(图11-14),已经是从"原始隐喻"走到了"纯粹的新隐喻"和"逆反的新隐喻":

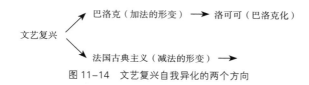

图 11-14　文艺复兴自我异化的两个方向

11.3.3.1　巴洛克与洛可可

　　为何复杂化修辞被称之为巴洛克化,就是从狭义的巴洛克定义引申出来的,特指的就是文艺复兴后期的加法修辞,所以广义的巴洛克通常指某种主导艺术发展到后期的烂熟阶段。关于巴洛克词汇的含义有两种说法:一说是来自葡萄牙语或者西班牙语,意思是不圆的珠子;有一说他来自意大利语,有奇特、古怪或推论上错误的含义,这也与加法修辞的结果——"逆反的新隐喻"不谋而合。

　　巴洛克风格在16世纪下半叶由意大利发起,17世纪在欧洲普遍盛行,是背离了文艺复兴艺术精神的一种艺术形式,以反古典主义的严肃、拘谨、偏重于理性的形式,赋予了更为激情的效果,具有浓郁的浪漫主义色彩,非常强调运动、曲线和变化。巴洛克风格虽然脱胎于文艺复兴,但却有其独特的特点,它摒弃了古典主义造型艺术上的刚劲、挺拔、肃穆、古板的遗风,追求宏伟、生动、热性、奔放的艺术效果(图11-15)。沃尔夫林在其重要著作《艺术风格学》中总结出五对范畴:线条型和涂绘型、平面型和纵深型、封闭型和开放型、多元型和统一型、清晰型和模糊型,每对概念中的前一个都体现了文艺复兴或古典风格,后一个则体现的是巴洛克风格,我们从中可以清晰地看出"形变→加法的形变→逆反的新隐喻"的加法演化过程:

首先是从线描方法到图绘方式的发展，前者通过线条来观看，后者通过块面来观看："线描的视觉……意味着眼睛沿着边界流转并且沿着边缘摸索，而在按块面观察时则注意力撤离了边缘"①，前者使对象相互隔开，而后者使对象融为一体。

第二对概念是从平面向纵深的发展，即从平面性向透视性和三度空间性发展：前者的块面的意志把造型各要素安排得每个层次都与立面平行，所有的线条都被限定和束缚在平行面（façade）上；但随着对轮廓线的轻视导致了对平面的轻视，平面的美让位给纵深的美，而这种纵深的美总是同一种运动的印象相联系。

第三对概念是从封闭的向开放的发展，指涉的是两种构图风格：封闭形式以构造的手段把图画处理成一个独立的统一体，这个统一体处处都引向自身；开放形式向自身之外扩展，展现出一种无限性。

第四对概念表现为从多样性向同一性发展：多样性和同一性的关系就是部分与整体的关系，前者表现出一种同等的关系，而后者则是从属关系。

第五对概念则是艺术形式从清晰性向模糊性的发展，这和眼睛的知觉方式相关：艺术向前发展，对眼睛难度的要求不断增加，图画的形式越来越复杂，观者对难以掌握的事物兴趣逐渐增加。在文艺复兴时期，美意味着对象清晰的呈现；而巴洛克时期，则回避极度的清晰性，逐渐代之以模糊性，人们不再把与客观事物相一致作为衡量艺术的标准，而是向人们提供了不能完全被理解的而且似乎是躲避观众的形式。

而洛可可风格则是巴洛克修辞的进一步复杂化和烦琐化，它发端于路易十四（1643—1715年）时代晚期，流行于路易十五（1715—1774年）时代，风格纤巧、精美、浮华、烦琐，又称"路易十五式"。

11.3.3.2　法国古典主义

与巴洛克化相对应的则是修辞的纯粹化，17世纪到18世纪初的法国古典主义就是文艺复兴艺术在另一个极端的表现，是在理性主义支配之下严格强调规范和严谨的纯粹化方向。古典主义建筑

图 11-15　巴洛克建筑　　　　　图 11-16　法国古典主义建筑：卢浮宫东立面

---

① [瑞士] 海因里希·沃尔夫林. 艺术风格学 [M]. 潘耀昌译. 北京：中国人民大学出版社，2004：22.

造型严谨，普遍应用古典柱式，强调中轴对称，提倡富于统一性和稳定感的横三段和纵三段的构图手段，代表作是规模巨大、造型雄伟的宫廷建筑和纪念性的广场建筑群（图 11-16）。

古典主义者认为，古罗马的建筑就包含着超乎时代、民族和其他一切具体条件之上的绝对规则，认为维特鲁威和其他意大利理论家们从对古建筑的直接测绘中得到了美的金科玉律，已经把古建筑的真谛讲完了。由于崇拜古罗马建筑，古典主义者对"柱式"推戴备至，在意大利文艺复兴晚期又进一步制定了严格的规范，把柱式建筑尊奉为"高贵的"，而鄙薄一切非柱式建筑为"卑俗的"，反对柱式同拱券结合，主张柱式只能有梁柱结构的形式。这样，古典主义建筑就又走回了最初的"原始隐喻"，用提纯的减法排除掉其他元素，走向了意义的"崇高化"。

11.3.4　演化的崩塌与重构——从学院派走向包豪斯

随着古典主义建筑风格的流行，巴黎在 1671 年设立了建筑学院，形成了崇尚古典形式的学院派。学院派建筑和教育体系一直延续到 19 世纪，它有关建筑师的职业技巧和建筑构图艺术等观念，统治西欧的建筑事业达 200 多年。

学院派体系因袭古典建筑传统，训练上鼓励可以适用于任何风格的折中主义，其重要的建筑训练方法是要求学生掌握希腊、罗马的古典柱式和欧洲中世纪、文艺复兴时期的纪念建筑。因此，我们对于古希腊时代"模仿风格"的分析也适用于学院派，正因为在原有隐喻的基础上已经不存在继续修辞的空间，用黑格尔的话就是"当艺术发展到浪漫型之后，精神内容超出物质形式，再进一步的发展必然造成主客体之间的决裂"，也就是建筑视觉形式与建筑本质的决裂，"艺术之死"的悲剧就发生了，在这个价值标准被颠覆的混沌时代中，新的语法正在酝酿。

11.4　现代主义的演化叙事

11.4.1　演化的开端——科学主义的抬头

自从启蒙时代以来，"新的"世界体系生成，出现了一种持续进步的、含目的性的、不可逆转的发展的时间观念。这种进化的、进步的、不可逆转的时间观不仅为我们提供了一个看待历史与现实的方式，而且也把我们自己的生存与奋斗的意义统统纳入这个时间的轨道、时代的位置和未来的目标之中。

此时，黑格尔的"艺术是时代精神的体现"就成为建筑师的一种共识，它常常作为一个基本命题进入艺术理论之中，并成为许多建筑师的一条基本原理。现代艺术家受到"时代精神"的鼓舞，希望在艺术中再现他们感受到的时代的"真实"。在科学主义取得主导之后，现代主义的先驱者以伦理和道德的名义对传统的建筑学发起诘难，在他们看来，古典主义的建筑充斥着"欺骗"和"谎言"，代表的是腐朽与堕落，他们将建筑的伦理导向视为一种道德维度上的革命，认为建筑将通过自己的语言影响社会道德系统。在这种社会批评的影响下，建筑师们不再把"历史"作为"隐喻"的来源，而是把目光投向了新技术、新材料、新的社会现实。在这种背景下，包豪斯的成立标志着现代主义的诞生，对世界现代设计的发展产生了深远的影响。

11.4.2　自我演化的运行——现代主义

现代主义主张摆脱传统形式的束缚，大胆创造适应于工业化社会要求的崭新建筑，具有鲜明的理性主义和激进主义的色彩。现代主义强调建筑要随时代发展；强调要研究和解决建筑的实用和经济问题；主张积极采用新材料、新结构；主张坚决摆脱过时的建筑样式的束缚，发展新的建筑美学，创造新风格。

现代主义建筑思想在 20 世纪 30 年代从西欧向世界其他地区迅速传播，并在 20 世纪中叶占据主导地位。然而，从 20 世纪 60 年代起，西方建筑界出现了怀疑和批评现代主义的后现代主义建筑思潮，这也就意味着现代主义走向了它的修辞时代，开始了自我异化的演化链条。

11.4.3　演化盛期的自我异化

与中世纪的哥特时代一样，现代主义也是属于"隐喻的时代"，所以现代主义时期的建筑师热衷于各种"隐喻意义"的阐述，各种风格的演化与哥特式的一样繁多。

正如开篇第一章所描述的那样，在建筑学"内容与形式"的永恒主题里，现代主义不断变换建筑本质的定义，也就是不断延长隐喻意义的链条，但这一本质却总是走向视觉化，这其实就是修辞化。如果再深入解析下去，第一章里所描述的每一个"建筑本质"的载体——"功能、空间、结构、意义"等，其实我们都能找到相应"巴洛克化"与"纯粹化"的两向异化：

11.4.3.1　功能隐喻的两向异化——极简主义与解构主义

现代主义第一个被神话的"原始隐喻"就是"功能"然而，"功能"的建筑神话不可避免地走向了功能主义的视觉形式，成为一种冷冰冰、无装饰、方盒子式的建筑形式，一旦这种"视觉隐喻"被确立，它就自动开始了视觉演化的链条：当朝着纯粹化的方向演化时，就成为密斯风格以及极简主义的作品（8.1.4.3 勒·柯布西耶→密斯→极简主义）；而朝着复杂化的方向演化时，就成为解构主义的风格作品（8.1.3.3 彼得·埃森曼的三个阶段），在第 8 章中，我们已经详尽地解释过这个过程，而这个过程同时也说明了现代主义的"功能"神话已经走向了修辞的悲剧。

11.4.3.2　空间隐喻的两向异化——宏大空间与蜿蜒法则

当"功能"的神话破灭之后，"建筑师需要追寻一个特定的文化目标，或是希望通过创作来改变人们的感知方式，以另一种方式来看待自身及其环境空间，空间则会成为一个恰当的角度和媒介，来改变现存的体系，产生新的实践范例甚至开始一种新的生存观念"。[1] 每个时代都有自己流行的建筑学话语，比如古典时期的几何性、比例、构成等，而当"空间"作为一种"建筑形式"的内涵一经出现，就成为统治建筑学最持久的话语权，这几乎是 20 世纪建筑学科中最大的神话。

从赛维《建筑空间论》开始，它所提到的历史案例，绝大部分是分析超脱于周围环境的单一宏大空间的平面构成，经过赖特和波特曼中庭空间的发展演变，建筑师们努力地营造更加丰富的中庭、边庭、灰空间等，延续到今天，便演变成公共设计中随处可见的空间手法，这是在"原始隐喻"纯粹化的演化方向上维护空间的纯洁性。

而被赛维所忽视的另一种如画式的空间传统，在戴维·莱瑟巴罗的《蜿蜒的法则》中被描述出来："让人体验到一种由精心策划并设计而成的、不规则的景观……跃入人们眼帘的不仅是它层层展开的美景，更有变化多样的视觉效果，包括近景的细致处理、中景的精当安排以及依稀可见的远景"。[2] 为了千方百计地在建筑中追求这样的迷宫效果，建筑师们对空间、对使用甚至对参观的路线管理都有很强烈的控制欲：安藤忠雄擅长营造园林般的迂回路线，让参观者体验在空间中迂回游览的种种意境，但是"如果他的设计思想和'空间'理念与用户相左，他首先会竭力说服用户去接受他的观点，

---

① 童明. 空间神话 [J]. 建筑师，2003，105（10）：22.
② 戴维·莱瑟巴罗. 卢永毅. 蜿蜒的法则. 建筑理论的多维视野 [M]. 北京：中国建筑工业出版社，2007：112.

如果用户拒不接受他的观点,安藤在大多数情况下都会拒绝做这个项目,而不是寻求一种妥协的解决。不少人曾经批评过他这种类似于密斯的高压专横。"① 这实质上就是在"原始隐喻"的复杂化上不断演化,最终走向了"原始隐喻"的反面。

11.4.3.3　结构隐喻的两向异化——本体建构与再现建构

18 世纪中叶,建筑与结构的学科分离开启了建筑学中的"现代性"②,由此,一种"形式"对应于"技术与材料"的新关系开始建立,新的建筑材料、结构技术、水电设备、施工方法的出现,都能使建筑形式获得它的新内涵,由佩罗所提出的"实在美"有别于"相对美"的学说,彻底瓦解了由维特鲁威所建立的古典建筑的形式传统。③ 在接下来的两个多世纪里,从结构理性主义、现代主义到和当今如火如荼的参数化设计,建筑学一直弥漫着这样一种思想:即将建筑形式的内涵归结于一种忠实于材料力学的技术美学和技术手段的结果,忠实地表达结构也成为现代主义的一种"原始隐喻"的开端。

维奥莱·勒·迪克掀起了结构理性主义的思潮,他相信建筑形式本质上就是结构形式,赛扎·戴利则用结构理性主义使现代建筑的形式与现代的科学和工业相一致,从而抵制对古代形式盲目抄袭的折中主义思潮。结构、技术、材料等与建筑的功能结合在一起,成为所谓建筑的"真实性",成为评判建筑的价值标准之一,与建筑的形式主义对抗,也就成为现代主义建筑的另一个"原始隐喻"。尤其当科技越来越成为整个时代的意识形态基础时,所有与建筑形式相关性的元素就不免被简化为清晰、易操作、科学化的结构、材料、技术与施工工艺,正如密斯所说的:"建筑必须与文明最根本的元素相联系,只有这样的联系才能触及这个新时代最内在的特质。"

从柯布西耶的多米诺体系、密斯的"清晰地建造",到张永和的"向工业建筑学习",似乎给我们这样一种印象:形式只能顺应、不可自为,建筑的形式应该由技术与材料天然地生成。这成为"结构隐喻"的纯粹化方向,许多建筑师在孜孜以求如何用结构的本体来体现现代主义建筑的视觉美感。

然而,弗兰姆普敦的《建构文化研究》告诉我们,并非如此。建构(tectonic)是"技术与材料"与"形式"这一转化过程的体现,而非任意一极的两端,更不代表设计伦理上的"建筑的真实"(这种源自启蒙运动的对建筑师是否"诚实"的审判早在 18 世纪末就已经结束了,但在国内的建筑评论中却始终阴魂不散)。"本体的建构"在弗兰姆普敦看来已是建界的滥觞,而"本体和再现的建构形式的矛盾"这种隐喻的构成逻辑关系,才是建构显著不同于结构工程的建造诗学。建筑具有本质上的建构性,所以它的一部分内在表现力与它的结构具体形式分不开,但建构不是机械的揭示结构,而是挖掘潜在的诗性表现力——某种抽象于"技术与材料"之中的秩序"形式"。也就是说,"结构"自然会走向批判的表达非本体的结构,以一种再现的想象来掩盖真正的结构,这自然是结构隐喻修辞复杂化的演化方向。

11.4.3.4　意义隐喻的两向异化——正剧历史与戏谑历史

14 世纪,建筑师借复兴古希腊罗马的历史形式,以宣扬人文主义精神,但自从现代主义提出"装饰即罪恶"之后,建筑师就不再从"历史"中去寻找意义,终结了自文艺复兴起、几个世纪以来的从历史中吸取养分的建筑学传统。

但是,越来越多的建筑师反对这种纯形式的抽象与匿名,批驳"国际风格"的无差异、反历史和反意义,而试图恢复传统的建筑形式的交流功能与意义表达,这转换成为当代建筑学上历史复兴的潮流。因为,"建筑的历史就是建筑中意义的历史。后现代建筑从历史中吸取的养分已经超越了空间组织模式和结构表现等问题,它直达建筑的核心……简言之,这是一套暗示系统,能帮助建

---

① 王建国.理念先行锐意出新——安藤忠雄建筑事务所述略 [J].新建筑,1998(4):72.

② 彼得·柯林斯.现代建筑设计思想的演变 [M].英若聪译.北京:中国建筑工业出版社,2003:ⅷ.

③ [美]肯尼斯·弗兰姆普敦.建构文化研究 [M].王骏阳译.北京:中国建筑工业出版社,2007:33.

筑师和使用者更好地交流。"① 这股潮流"其中一部分以怀旧、折中、游戏的姿态从历史中选取片断来组装新建筑，另一部分则以对历史的严肃思考试图恢复现代建筑之前的历史城市和建筑传统。"②

随着对功能主义的反思，一种缅怀和尊重过去的态度和一种以历史形式为素材的实践模式开始出现，用来治愈现代建筑的历史健忘症与视觉冷漠症，大多数建筑师试图通过对历史形式的复兴来召回在现代建筑中失落的意义与情感。

"复杂化"和"批判化"的历史意义表达，是以美国为主的、以后现代建筑为代表的折中主义，它以游戏和反讽的态度拆解和拼凑着历史形式。文丘里在《向拉斯维加斯学习》一书中，反对现代建筑把形式的创造当作一个逻辑过程而与过去人们的体验无关，也反对形式的纯粹抽象，他提倡"丑陋而平凡"的建筑，其中"建筑元素既是符号，也是具有表现性的建筑抽象。（这些元素）从风格和象征的角度再现了日常生活"，因为"它们增加了一个文学意义的层面。"③

文丘里在《建筑的复杂性与矛盾性》中倡导"传统元素"的同时，对现代建筑的简洁性、纯粹性、总体性等美学趣味进行了"温和"的批判，还旁征博引一些历史时期的建筑来佐证他对复杂性、矛盾性、含混性的视觉偏爱，并阐述了如何利用历史式样来丰富建筑的操作原则。随后，在《向拉斯维加斯学习》一书中，文丘里卷入了波普艺术的阵营，他大肆赞扬拉斯维加斯、中央大街上被广告牌、霓虹灯所掩盖的"装饰的棚屋"。这样，文丘里就构建了一种混合了历史建筑元素、商业建筑的大众形式和现代建筑碎片的折中主义理论，并给出了视觉形式上的操作原则。

"纯粹化"和"崇高化"的历史的意义表达，主要是在意大利的、以类型学为策略的欧洲新理性主义，它怀揣着寻根之梦，重新审视欧洲传统城市和建筑形式，试图从中提取深层"基因"并与当下的现实相结合而发展。

意大利新理性主义者立志为战后意大利混乱的城市局面找回秩序，其形式操作与视觉美学的核心，继承的是 19 世纪"艺术科学学派"以李格尔、沃尔夫林为代表的、着眼于视觉形式结构分析的传统，强调纯形式不受外在因素影响的自律性和独立自主性。罗西的"类比的建筑"和格拉西的"建筑的自律"都以抽象的方式提取传统建筑中的"类型"，在新理性主义的抽象和组合之后，形成了一些标志性的元素，如广场、立方体、等边三角形、圆形、直角、正交网格、三段式处理、线性柱廊，封闭的空间等，纯粹严整的几何形体、节制的历史元素以及传统材料的使用，这些使新理性主义建筑具有较清晰的识别性。

11.4.4　后现代的多元主义

随着这些修辞对于语法的背叛，人们对科学的幻想也破灭了——作为对现代主义的反叛，后现代主义强势登场，标志着多元主义的登场和混沌时期的到来，而下一个修辞循环的语法就在这个时代的酝酿之中。

从修辞循环的视角而言，其实现在这个时代与历史上的折中主义时代没有什么不同，只是因为"原始隐喻"起点的不同，两者呈现出不同的表现。

① Stern. New Directions in Modern American Architecture. Theorizing a New Agenda For Architecture[M]. NewYork : Princeton Architectural Press，1996 : 101.

② 赵榕 . 当代西方建筑形式设计策略研究 [D]. 南京：东南大学，2005：18.

③ Robert Venturi and Denise Scott Brown. Learning from Las Vegas. Theorizing a New Agenda for Architecture : an anthology of architectural history 1965–1995[M]. New York : Princeton Architectural Press，1996 : 312–313.

第 12 章　从佛罗伦萨育婴院敞廊到萨伏伊别墅

　　1976 年，科林·罗发表了重要论文《理想别墅的数学》，他从形式分析的角度比较了多对建筑：首先，他以"维吉尔之梦"的寓意引出"帕拉蒂奥的圆厅别墅"与"柯布西耶的萨伏伊别墅"之间的隐约联系；之后，他深入分析了"帕拉蒂奥的弗斯卡利别墅"与"柯布西耶的加歇别墅"；最后，科林·罗在 1973 年的补遗中又提出，"辛克尔的柏林旧博物馆"与"柯布西耶的印度昌迪加尔高等法院"之间，也可以如此比较。

　　其实，按照"互文性"理论——每一文本都是其他文本的镜子，每一文本都对其他文本进行了吸收与转化，它们相互参照、彼此牵连，形成一个潜力无限的开放网络，以此构成过去、现在、将来的巨大开放体系和符号演变过程——所以，这种比较也可以在任何两个建筑之间进行，就如同科林·罗的《理想别墅的数学》。

　　但科林·罗还只是做完了互文性建筑批评的第一步，即对单个文本间的踪迹考察，包括比例分析、几何解析、以及平立剖构成要素的句法分析等，而本书接下来想做的是从单个作品出发，建立多个关联建筑的纵横网络（图 12-1）：从横向上看，是一个建筑与另一个建筑的对比研究；从纵向上看，这两个建筑又被它各自的前文本影响并影响后文本，这被罗兰·巴特形象的比喻为"文本就意味着织物"，单个建筑其实也是身处这种网络织就的系统之中的。

　　也就是说，这不仅是两个建筑之间的比较，还要以此为基础，建立两个建筑之间的比较、两

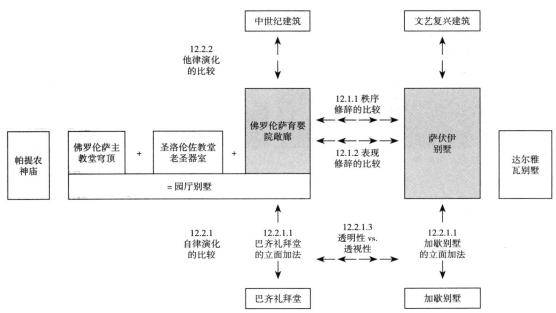

图 12-1　以佛罗伦萨育婴院敞廊和萨伏伊别墅为核心的建筑比较之网
（深色底框内为主要比较建筑，浅色底框内为引入比较的同一建筑师作品，白色底框内为其他时代其他建筑师的作品）

个建筑分别与它们前后建筑（尤其是同一个建筑师的作品）之间的比较以及这种比较之比较，总之，任意的两个建筑作品之间都可以构建一个比较网络，注重的是在这个网络中一个作品对其他作品的折射关系。相对于前一章的历史宏观描述，这一章就是从建筑历史的发展时代中截取几个微观片段来详细解析。

我们选取了 14 世纪伯鲁乃列斯基的佛罗伦萨育婴院敞廊（图 12-2），与 19 世纪柯布西耶的萨伏伊别墅（图 12-3）来建构比较网络，当然，这并不意味着两者有什么特殊性，从互文性的理论来说，任意的两个建筑作品之间都可以构建一个类似的网络用以说明不同的问题。从"视觉修辞"的角度来说，就是任何建筑都可以找到它的原型，也可以作为其他建筑的原型。在具体的章节结构上，我们首先按照第二篇"秩序修辞"与"表现修辞"比较两种狭义修辞格，其次按照第三篇"形式的自律"和"影响的他律"比较两种广义修辞的演化：

12.1 辞格的比较

佛罗伦萨育婴院（the Foundling Hospital）敞廊，文艺复兴早期经典作品，建于 1419 年，是伯鲁乃列斯基最早的非完整建筑作品（他的第一个完整作品是圣洛伦佐教堂）。建筑最著名的是其主立面：底层是长长的券廊，券廊开间宽阔，连续的券直接架在科林斯式的柱子上，每间券廊都以穹顶覆盖，下面以帆拱承接，在券间的三角形墙体部分饰有圆形陶瓷浮雕；二层是平整的墙面，开窗较小，均匀排列在连续的窗台上，每一个窗洞口都与下层的券的最高点对齐，窗洞口上端是一较小的三角形山花。

萨伏伊别墅（the Villa Savoye），现代主义早期经典作品，位于巴黎近郊，由勒·柯布西耶1928 年设计，1930 年建成。这幢白房子表面看来平淡无奇，轮廓简单，像一个白色的方盒子被细柱支起。水平长窗平阔舒展，外墙光洁，无任何装饰，但光影变化丰富。别墅虽然外形简单，但内部空间复杂，如同一个内部精巧镂空的几何体。

图 12-2 佛罗伦萨育婴院敞廊

图 12-3 萨伏伊别墅

12.1.1 秩序修辞的比较

比较"秩序修辞"，不是比较建筑表层的形状，而是比较建筑深层的秩序关系：从"形状"角度，佛罗伦萨育婴院尽管简练朴实，但依然有装饰，各种线脚围绕着建筑，与萨伏依别墅的光洁平整差别很大，繁简各不相同；但从关系或结构的角度来看，两者的立面相似之处如此显而易见，都是"一排细柱廊＋长方体"，是在当时时代背景、工艺条件、审美趣味下，用一种非常类似的原则构成了一种平衡、和谐、简洁的结构。

我们从秩序修辞的公式：秩序完形^{视觉操作}＝［狭义秩序，广义秩序］出发进行分析，认为这两个建筑，无论是秩序完形的数学隐喻还是视觉操作的物理形变，都趋向一种修辞中的原始状态，即一种简单明确的狭义秩序。

12.1.1.1　数学的原始隐喻——长方形的比例辞格

自毕达哥拉斯的"数理形式"以来，建筑师们一直在寻找数字与建筑之间的神秘关系，并将其神圣化，这其实就是秩序修辞对抽象数学形式的一种表现，而这种隐喻的"视觉化"则需要将不可见的数学形式转化为可见的几何形式。

在佛罗伦萨育婴院敞廊中（图 12-4 右）：第一层拱券的跨度与柱高相近，接近正方形；柱子所承接的拱高是跨度的一半；第二层高度与第一层柱高相等；在第二层立面上，窗高也是的二层整体高度的一半。由此可见，在这个作品中，伯鲁乃列斯基尝试运用简单的比例关系（1∶1，1∶2）来控制立面设计。

萨伏依别墅从平面开始就显示出对比例和正方形的重视，有人在分析勒·柯布西耶的思想时说："他把'几何形'不仅仅看作一个设计的工具，而是把它看做设计的全部"。他以简单的几何形体作为普遍的秩序，在《模度》一书中建立了一套比例系统，这在萨伏伊别墅的立面中得到了集中体现（图 12-4 左）：二层开间接近于正方形，一层柱廊接近于黄金比（1∶1，1∶0.618）。

图 12-4　佛罗伦萨育婴院 & 萨伏伊别墅的立面比例系统简图

可见，数学原始隐喻的视觉形式可以更精确的定义为：由两个数字控制的"长方形"，"我们可以确定的说，美学是从长方形起步的"[①]，而不是控制数字更少的"正方形"或"圆形"。因为，"原始隐喻"应该是自然形成而不是刻意追求的最简，所谓"原始性"是人类在第一直觉中自然反应，需要一种既可复杂化、又可纯粹化的可能性，即不断演化的修辞可能，而不要把"纯粹化的修辞"误认为是"语法"。

从历史的发展可以看出，长方形的"比例辞格"朝复杂化发展的第一步是引入了一个"比例中项"，从而得出黄金分割率"A∶B=B∶（A+B）=0.618"。黄金分割率的几何形式可以用正五角星（图 12-5）表达，其中 AB∶BD 和 AC∶AD 和 BC∶CD 都是黄金分割率（是一个无理数，在数学上难以计算，但在几何学上却可以简单确定)，它被希腊人奉为金科玉律，广泛的应用于建筑、音乐、雕塑等所有艺术形式之中。

这个"比例辞格"朝复杂化的方向继续发展，则是多个"比例中项"的引入，比如"斐波那契数列"：1，1，2，3，5，8，13，21，34，55……在这个数列中，每项都是前两项之和，而且当数列延续下去时，两个连续项的比值趋近于黄金比。这种复杂化的数学关系发展成为了一系列的复杂图形，比如黄金分割螺线（图 12-6）等，他与生物生长、人体比例的神秘关系（图 12-7）更加印证了它的神圣性。

---

① [希腊]安东尼·C·安东尼亚德斯. 建筑诗学——设计理论 [M]. 周玉鹏等译. 北京：中国建筑工业出版社，2006. 213.

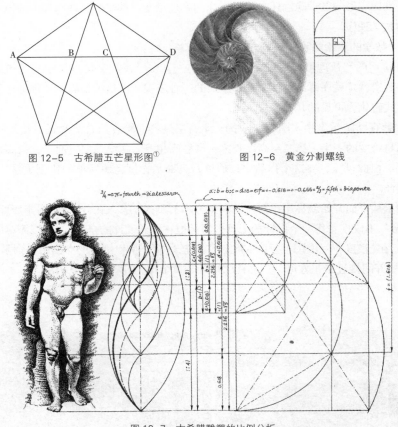

图 12-5　古希腊五芒星形图① 　　　　图 12-6　黄金分割螺线

图 12-7　古希腊雕塑的比例分析

另外一边,这个"比例辞格"朝纯粹化的方向发展,则是文艺复兴的大部分建筑师都试图证明的:"正方形"和"圆形"才是至上和永恒的。阿尔伯蒂关于教堂理想形状的观点是以颂扬圆形开篇的,意大利 15 世纪教堂的建造者渐渐厌弃传统的拉丁"十"字式而提倡集中式,认为"依照方形和圆形两类基本的几何形状来建造上帝的居所,是表达人类与上帝之间联系的最佳选择",集中式设计似乎成了检验文艺复兴时期异教信仰与世俗性的试金石。然而,比起拉丁"十"字式来说,集中式并不匹配教堂传教的功能;在立面上,纯粹的"正方形"和"圆形"其实也很难操作,需要"长方形"和"内切多边形"的各种切割和拼补处理。

由此可以看出,虽然佛罗伦萨育婴院敞廊和萨伏伊别墅都有纯粹化倾向（尤其是萨伏伊别墅的纯粹度更高）,但是建筑整体的秩序完形依然呈现出长方形的自然状态,保留着一种单纯的原始隐喻。

12.1.1.2　物理的原始形变——重复的操作辞格

所谓物理形变,实际上就是对建筑及其各个构件的一种视觉操作想象,用格式塔心理学称之为"组织率"。

表现古典物理学的"形变",可以被归结为:图形与背景、接近性和连续性、完整和闭合倾向、相似性、转换律、共同方向运动等,即点、线、面、体等几何性元素在视知觉中的形式感,这种形

---

① 这个五芒星形被毕达哥拉斯学派作为徽标.

式感不是逻辑推理的产物，而是人的心理结构与环境模式相呼应的结果。阿恩海姆在《建筑形式的动态》一书中，又进一步运用心理力的概念分析建筑形式中有关相斥、均衡、轻重、秩序等因素，提出在建筑中存在着一系列决定艺术表现及其意义的心理力场，如张缩、推拉、升降、进退等，运用它们可以达到建筑表现的目的。[①]

然而，在所有的形变中，最简单的就是一系列母题的重复，佛罗伦萨育婴院敞廊和萨伏伊别墅立面都显示出了这一"物理原始形变"的特征。

我们可以看到，在原始的视觉形式中，有些母题总是按照某种规律重复出现，这种重复被理解为对称和节奏的起源。玛克斯·德索通过考察原始人抒情诗的胚胎形式得出结论："抒情诗就在于词的重复之中。当一个原始人兴奋地说话时，情况正如今天我们说话时一样，即往往去重复他的陈述，以表示对它的强调，用这种方式去增加情绪上的影响力和说服力。同样，一个原始部族的歌往往只是一段非常浅近的话的单纯重复。整个思想的重复很容易被简化为它的开头部分和结尾部分的重复，而这种重复的部分也可以在其他形式中恢复它的内容，这样，对偶也就出现了，这种对偶渐渐弱化为韵律和节奏"。[②] 在这一段描述中，我们可以清晰地看到，从"重复"到"对偶"再到"韵律和节奏"的复杂化演化。

图 12-8　佛罗伦萨育婴院敞廊正立面

佛罗伦萨育婴院敞廊正立面（图 12-8）就是一系列等距的、同尺寸的物体在不断重复，只在立面两端有了些微变化（跨距、柱式和拱券的消失），尽管向"对偶"的方向复杂化了，但由于敞廊立面过长，人的视角根本不能同时看到两端，所以它的视觉感受还是基本的"重复"。

萨伏伊别墅正立面（图 12-9）的一层类似前者，尤其偶数开间的做法更显示其原始化的倾向，因为一般来说，组织的变化首先从中心的变奏拓展至边缘的变化（光是边缘的变化就像上面的分析一样，人眼根本感受不到），偶数开间中心只有一根柱子，难以有什么图像上的发展。但是，其二层的长条窗就与佛罗伦萨育婴院的二层非常不一样，不是"重复"，而是一个单纯的完形，显示出其纯粹化的倾向。

12.1.2　表现修辞的比较

我们从表现修辞的公式出发进行分析：（视觉原型[隐喻]）[形变] = 视觉表现，则需要追溯建筑作品之间的"原型"：它首先是先验的，即它是人脑中固有的、先天赋有的对材料进行整理的能力，"以亚里士多德而不是柏拉图的术语来说……这种原型到底是在天国还是在画家青少年时期就铭记在心中的形状？"[③] 建筑师都在下意识对自己心目中的"建筑原型"进行隐喻与形变，得出了他的方案。

①　[美]鲁道夫·阿恩海姆. 艺术与视知觉[M]. 滕守尧，朱疆源译. 四川人民出版社，1998.
②　朱立元，张德兴. 二十世纪西方美学经典文本（第一卷）[M]. 上海：复旦大学出版社，2000：702.
③　[英]E.H.贡布里希. 艺术与错觉——图画再现的心理学研究[M]. 林夕等译. 杭州：浙江摄影出版社，1987：189.

图 12-9　萨伏伊别墅正立面

12.1.2.1　建筑原型

18 世纪法国启蒙主义建筑师劳吉埃尔在其名著《论建筑》中提出"原始棚屋"这一建筑的原型概念：垂直方向的树枝使我们想起柱子；水平环绕的树杆又使我们想起柱顶檐口；相交的顶部又给我们山墙的启示。劳吉埃尔将"原始棚屋"视为建筑的基本原型，并据此认为其后发展出来的各种建筑均是这一原型在特定场景下的不同表现形式。

19 世纪 40 年代，森佩尔否定了劳吉埃尔的建筑起源说，发展出他自己的建筑四要素说：其中"墙体"、"屋顶"和"土台"分别对应建筑的基本动机，而它们的建构首先并非出于展示自身，而在于保护第四要素"炉灶"免受外界的威胁，因此"炉灶"就上升为首要元素，成为代表精神要素的内涵——也就是"屋顶"、"围合"、"土台"三者共同形成了对于"炉灶"的"视觉隐喻"。

从佛罗伦萨育婴院敞廊和萨伏伊别墅，其视觉形式都可以追溯到"原始棚屋"，或者不仅仅指劳吉埃尔的那种形式，而是泛指所有历史阶段早期自发形成的建筑原型，一个单独的、孤立的物体位于视觉的中央：

- 从**外部**观看是"一个物体的完形"，这带来了**屋顶的集中性**；
- 从**内部**观看是"一个空间的完形"，这带来了**平面的柏拉图几何性**；
- **立面**要把**结构方式**直观清晰地表达出来，并将平面几何性从三维上竖立起来，与屋顶一起构成"一个物体的完形"；
- 而这一切的**观看方式**基本上是**外部**的观看方式。

为了更好地阐述以上特征，我们又从历史中加选了另一些作品一起来比较：为了体现时代的多样性，向前追溯从古希腊时代中选取了帕提农神庙、向后延伸从后现代中选取了库哈斯的达尔雅瓦别墅作为典型比较建筑；此外，佛罗伦萨育婴院并未全面贯彻建筑师的意志，因此又引入了他的另外作品佛罗伦萨主教堂穹顶和圣洛伦佐教堂圣器室，还借用了文艺复兴盛期帕拉迪奥的园厅别墅。

我们建构的这个比较线索是试图证明：每一时代早期建筑的视觉形式，往往是那个时代建筑师对人类心目中房子第一直觉的"原始隐喻"，这个隐喻被神化后就产生了"元语言"和"语法"，并朝着复杂和纯粹的双重方向不断演化。

12.1.2.2　集中式屋顶——庇护的原始隐喻

所有回归原型的建筑作品，其屋顶形式往往就是这个时代最重要的"元语言"，因为屋顶包含着对"庇护"的视觉隐喻，是建筑存在的根本动机，从而可以上升为建筑学中的时代神话。

一、从屋顶来讲，帕提农神庙的山花是古希腊时代对"梁柱板体系"的"原始隐喻"，因为短边排水造成的坡屋顶形成了三角形的山花，古希腊时代通过雕塑、柱上楣等的修辞不断美化这个部位，赋予了山花以时代的"意义"。

"山花"历史地位的确立，当然不能仅用结构技术来解释：维特鲁威推崇希腊建筑，但是不恰当地贬低罗马建筑，从而忽视了重要的拱券技术反而保留并强调了山花这个应该被淘汰的元素，这正是因为当时罗马建筑刚刚进入盛期，还没有获得重大的成就，也是为了迎合奥古斯都皇帝推行的复古政策，有意忽视共和末期以来拱券技术和天然火山混凝土的重大成就。

二、佛罗伦萨育婴院的平面基本没有贯彻建筑师的意志，因此，我们另外引入相同建筑师的作品佛罗伦萨主教堂穹顶来比较：作为文艺复兴运动在建筑方面的第一个作品，其意义在于解决了集中式大空间上覆盖穹顶的结构与施工问题，结合哥特建筑（骨架券的处理方式）与古罗马拱券体系（古罗马万神庙），塑造集中式的建筑空间。

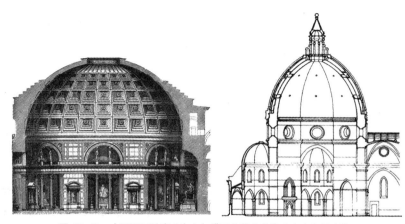

图 12-10　古罗马万神庙（左）与佛罗伦萨主教堂（右）穹顶比较

从这个作品我们也可以看到，不是技术本身，而是视觉修辞决定了建筑的"元语言"：古罗马时期就有拱券技术的存在，但当这种技术不能够在外观视觉上获得某种震撼性的统治力时（当时的技术原因，只能产生内部的视觉震撼性，图 12-10 左），就很难依托这种技术去建立一种修辞的"神话"，反而是"梁柱板体系"的山花和柱廊体系担当了这个角色。而当技术能够在视觉上获得统治力和震撼性时（将穹顶向上突出获得适宜观看的效果，图 12-10 右），即便"穹顶的外观并非万神庙穹顶的半球形形式，而是仿照哥特建筑，是两圆心的矢形"，我们也一样可以"神话"这种视觉的结构形式是完美的、必须的，是上帝的意志。

三、现代主义萨伏伊别墅集中式屋顶的原始隐喻是其第三层的处理吗？不是，而是它的二层平屋顶，第三层立面可以认为是勒·柯布西耶对古典三段式的残留，在密斯时代就被减掉了。

萨伏伊别墅的"多米诺体系"是现代主义建筑原型的起点，这个"隐喻"既回归了原始，又是对文艺复兴建筑"人体的隐喻"的反叛。勒·柯布西耶不顾萨伏伊一家的抗议和实际使用功能，坚持平顶要优于尖顶，其实是对"隐喻"中水平元素（带来自由平面的引申义）的坚持，这种修辞的矫饰，被密斯放大和坚持下来。

12.1.2.3　几何式平面——空间的原始隐喻

一、从平面来说，帕提农神庙具有最根本的"原始性"，"长方形"是"比例辞格"的原始隐喻，而"正方形"已经走向修辞的纯粹化，帕提农神庙单纯的长方形几何平面具有在历史中自发形成的原始性。

二、而从文艺复兴开始，这个"原始隐喻"的纯粹化就走向了"提纯的新隐喻"，即正方形和圆形的平面才是至上和永恒的，这影响了整个时代对于教堂理想平面的定义，建筑师们开始厌弃传统的拉丁"十"字式而提倡集中式教堂。在劳吉埃尔"原始棚屋"的基础上，法国建筑师迪朗创立了建筑类型学，他的《古代与现代诸相似建筑物的类型手册》中试图用图式（图12–11）说明各个时代和各个民族的最重要的建筑物，一共发展了72种建筑的几何组合基本型，而这些平面类型都可以认为是"提纯的新隐喻"的复杂化过程。

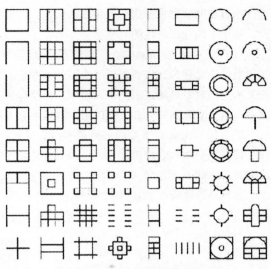

图12–11 《古代与现代诸相似建筑物的类型手册》中的平面类型

在平面上，育婴院不具代表性，佛罗伦萨主教堂也几经修改，所以我们加选了最能反映伯鲁乃列斯基设计理念和文艺复兴时代的圣洛伦佐教堂老圣器室（图12–12）来比较。圣洛伦佐教堂老圣器室完成于1428年，是伯鲁乃列斯基第一件完成的建筑作品，其主要平面是正方形，一边连接教堂南侧耳堂的一角，另一边附带小祭坛，小祭坛同样是正方形平面，面向主要空间敞开，两侧是楼梯间与附属房间。

然而，伯鲁乃列斯基的几个作品都没有做到"穹顶的视觉形式"和"平面的几何形式"在视觉上的统一：比如，圣洛伦佐教堂老圣器室主要空间与小祭坛之上都已经是帆拱承接的半球形穹顶覆盖，但是他在穹顶之外又覆盖了一层圆锥形屋顶，因此在其外观看来不够饱满雄壮；而佛罗伦萨主教堂由于其平面带有太多中世纪残留的成分，因而在平面和穹顶的视觉统一上也没有做到最好，虽然饱满而富有张力的穹顶外轮廓统领了整个建筑，但是并不能够使我们忽略下部形态上的混乱与烦琐。

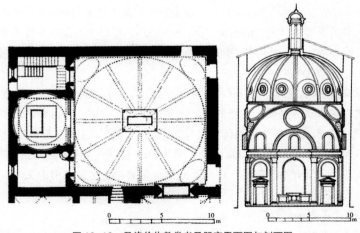

图12–12 圣洛伦佐教堂老圣器室平面图与剖面图

三、萨伏伊别墅的几何构图有太多的建筑史家在论证其古典意味：矩形（近似正方形）平面、底层的"U"形布局和位于建筑南北向中轴线上的坡道可以视为对帕拉迪奥罗汤达别墅的集中化、中心性和双轴线的隐喻。道格拉斯·格拉夫曾用图解法来分析萨伏伊别墅与文艺复兴时期别墅的关联——把萨伏伊别墅平面从入口南北向切开，以坡道中线为边界将平面的西部分开，将分开的各个部分都向各自的方向推，把"U"形平面还原——萨伏伊别墅的几何构图可以通过变形还原的方式变为文艺复兴时期别墅的几何构图。

但是，与其说萨伏伊别墅的平面是向古典主义设计原则的回归，不如说，这是勒·柯布西耶向"提纯的新隐喻"的回归，向建筑原型的回归。

四、我们引入第四个作品达尔雅瓦别墅（图 12-13）来比较，就会发现现代主义平面的"原始隐喻"其演化的方式与文艺复兴时期有了根本的不同：现代主义的复杂化是一种流动的空间组织被包裹在完整的几何形体中，受拓扑数学形式的影响，最后将以对几何形的突破来形成"逆反的新隐喻"；而文艺复兴时期是各种几何形被拼接成一种整齐划一的宏大空间，受古典数学形式的影响，最后将以平面的规整来形成"提纯的新隐喻"。

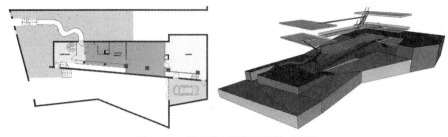

图 12-13　达尔雅瓦别墅平面图与分析图

12.1.2.4　柱廊式墙体——结构体系的原始隐喻

所有对结构体系的原始隐喻，首先要形成一种"力"的视觉想象，即对"垂直方向的力"和"水平方向的力"的视觉表达，包含两个方面：支撑体的形式、支撑体与被支撑体的交界面形式。而这种"隐喻"的演化用的弗兰姆普敦话即为："承受压力的体块（compressive mass）和承受挤力的构架（tensile frame）这两种基本的建筑方式是如何在历史长河中创造出具有起源学意义的生活世界的。"[①]

几乎所有的建筑文明在其初始时期，都爱用"圆柱"来表达"垂直力隐喻"，如古埃及的纸莎草柱式、古希腊的爱奥尼柱式、古代中国的收分柱子，在《建筑形式的视觉动力》一书中，阿恩海姆详尽解释了建筑最简单的要素——圆柱的视觉动力："长圆柱有足够的视觉力来建立他们自身的中心，矢量从中心向两个方向溢出，托起沉重顶棚向下的压力以及抑制基础向上涌起的力。这种对强大力的积极挑战赋予了高圆柱自由、得意以及超越压迫者的胜利感觉"[②]；"厚度增加了视觉体积，因此增加了圆柱的重力，但它也渐弱了垂线性，因此减少了在两个方向上的动力效果。圆柱越粗，就越不灵活，在一个较开阔的背景中，一排圆柱的长度强烈支配着这种效果"[③]。

① [美]肯尼斯·弗兰姆普敦. 建构文化研究[M]. 王骏阳译. 北京：中国建筑工业出版社，2007：13.
② 鲁道夫·阿恩海姆. 建筑形式的视觉动力[M]. 宁海林译. 北京：中国建筑工业出版社，2006：32.
③ 鲁道夫·阿恩海姆. 建筑形式的视觉动力[M]. 宁海林译. 北京：中国建筑工业出版社，2006：33.

然而，力的隐喻还取决于柱子如何与顶棚和地面遭遇，如何通过这些笔直形状穿透它们的接触面，即"水平力"如何转为"垂直力"的视觉隐喻。

一、伯鲁乃列斯基对于文艺复兴建筑结构的一大贡献，就在于细长柱承托连续券（帆拱）的结构处理，然而佛罗伦萨育婴院敞廊的"水平力隐喻"朝着复杂化前进了一小步："拱廊的三角腹拱，它们用圆

图 12-14　佛罗伦萨育婴院 & 萨伏伊别墅圆柱支撑处的细节处理

雕饰进行装饰，它们是圆形的——最简单、最平稳的形状，但它们被积压在一个狭窄的空间里，被它们的邻居所挤压，即上面水平的壁带和两侧扩展的拱"[①]，这个圆雕不是必要的，而是立面用加法修饰了连续券的"挤压辞格"（图 12-14 左）。

与此相类似的例子有很多，中国古典建筑中"斗栱"的出现也是如此，"斗栱"不仅仅是结构的直接体现，而是用"搁置辞格"隐喻木结构的梁柱体系，并在原始隐喻的基础上，向复杂化不断演化的一种视觉修辞手段（图 12-15）。也就是说，斗栱根本不仅仅是我们常常所说的是一种结构的必然，还是一种修辞的结果。

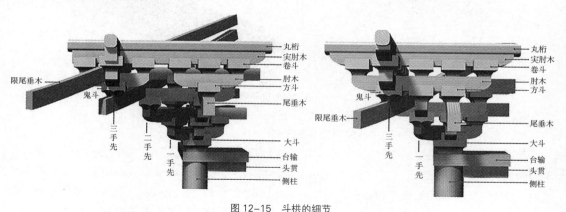

图 12-15　斗栱的细节

二、从这个角度来说，帕提农神庙才是直观的和原始的"搁置辞格"，它以本体装饰的方式在复杂化，并出现透视法的微调。

三、而萨伏依别墅则是这种"搁置辞格"的纯粹化修辞：理应保存的"梁"被减去了，柯布西耶还把侧面的楼板伸出柱边，以确保可以清晰地看到柱和板的碰撞（图 12-14 右），代替柱和梁的碰撞。

如果对萨伏伊别墅和帕提农神庙的立面进行比较读解，我们同样可以发现前者有古典意味的隐喻：坚实的基座、保持着黄金比例的中部和开放的顶部；底层的支柱与建筑的透视关系可以看作帕提农神庙的视觉变形。然而，和平面一样，与其说这是朝着古典的回归，不如说是朝着建筑原型的回归，而且是"原始隐喻"的纯粹化修辞。

在《建构文化研究》中，弗兰姆普敦谈到了"森佩尔在结构的象征因素和技术因素之间作出的区分"，即建构形式的"本体与再现"（Representational versus Ontological）问题，这其实就是"结

---

① 鲁道夫·阿恩海姆. 建筑形式的视觉动力 [M]. 宁海林译. 北京：中国建筑工业出版社，2006：146.

构的实质"与"视觉隐喻"的关系问题，每一次建
筑立面都从结构体系的"原始隐喻"开始，慢慢向
复杂化和纯粹化的方向不断演进。尤其当"柱廊体
系"不符合建筑的发展而被"窗墙体系"所取代时，
这种对"力"的表达就完全视觉化而非实用化了。

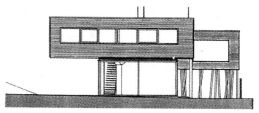

图 12-16　达尔雅瓦别墅立面图

四、这种力学隐喻的加法修辞包括古罗马的叠
柱式、文艺复兴的壁柱式、帕拉迪奥母题等，而达
尔雅瓦别墅就是现代主义萨伏伊别墅立面的一种复杂化演化（图 12-16）。

每当加法的演化走到尽头，就将走向"原始隐喻"的反面——对"结构形式"的掩盖而非体现。
所以，森佩尔所重视的"编织"、"表皮"等，其实是一种对结构形式"逆反的新隐喻"，当这个隐
喻确立之后，它又将沿着自己的复杂化和纯粹化的方向不断演进。

12.1.2.5　高台式台阶——外部观看的原始隐喻

在建筑四要素中，"土台"是森佩尔最后加入的一个元素，在现代建筑中我们一般理解成了地
下室、一层楼板的抬高等，仅仅用于隔湿防潮的作用，或者作为墙体的基础。然而，"土台"所代
表的"原始隐喻"其实是中西方建筑视觉形式中最大的不同点：西方的建筑原型是"一个建筑在世
界的中央"，人们围绕着它们来观看；而中国的建筑原型是"建筑就是整个的世界"，人在内部来观看，
因此，无论从内部还是外部，都将无法看到建筑的视觉完形，而只能看到视觉的片段。

一、帕提农神庙就是非常典型的高台建筑，这高台不仅仅指建筑底下的几个台阶，而是整个
雅典卫城都建在陡峭的山崖上，神庙矗立在卫城的中心和最高点，是耸峙在石灰岩山冈上巍峨的长
方形建筑物，无论身处其间或从城下仰望，都可看到较完整的建筑形象。如果把雅典卫城看作一个
整体，那山冈本身就是它的天然基座，而建筑的安排都与这基座自然的高低起伏相协调，构成完整
的统一体，它被认为是希腊民族精神和审美理想的完美体现。2500 多年以来，这座白色石灰石所
建的神殿，在蓝天艳阳交互辉映下，展露庄严而绮丽的风姿。在雅典卫城的游览路线中，人们在每
一段路程中都能欣赏到优美的景观，建筑相继出现，前后呼应，画面虽然不对称，但主次分明，条
理井然。同时，建筑群因为帕提农神庙的统帅作用形成整体，它位置最高、体积最大、形制最庄严、
雕刻最丰富、色彩最华丽、风格最雄伟。

雅典卫城的建筑群总体布局与帕提农神庙的单体布置，都体现了西方"建筑原型"重视外部
观看的这一原则，"高台"就是建立在这一原则之上的"原始隐喻"。

二、在伯鲁乃列斯基的三个建筑"佛罗伦萨主教堂穹顶"、"圣洛伦佐教堂老圣器室"、"佛罗
伦萨育婴院敞廊"上，分别存在着对"屋顶"、"平面"、"立面""原始隐喻"的不同回归，但他却
一直没有将这三点合而为一，"原始隐喻"的方式是散落的。而这个统一，直到帕拉迪奥的园厅别
墅才算完成，这也说明了"形变的时代"建筑视觉形式的变化过程之漫长。

作为集中式建筑代表的园厅别墅（图 12-17），具有穹顶式屋顶、平面"正方形"的复杂化演化、
立面"柱廊"的复杂化演化（有中心和边缘的两个层次），所以虽然它们的构成很类似，但是与萨
伏伊别墅相比较，一个是"原型"的复杂化，一个是"原型"的纯粹化，但两者的"外部观看"隐
喻却如出一辙。

三、在科林·罗的《理想别墅的数学》中，他引用了帕拉迪奥和勒·柯布西耶的原话（图 12-
18）来比较园厅别墅和萨伏伊别墅[①]。

---

① Colin Rowe. The Mathematics of the Ideal Villa and Other Essays[M]. MIT press，1987：3.

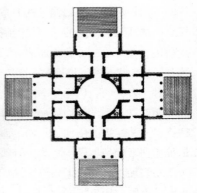

图 12-17　园厅别墅

基地环境极尽愉悦和优美，因为基地就在小山上，出入方便。基地一侧濒临可以行船的巴奇里奥河；另一边面对着最赏心悦目的山坡，像个巨大的剧场，到处长满最优质的水果和最鲜美的葡萄。因此，从基地的每一处望去，全是美景，有些是掩映的，有些是舒展的，有些绵延到天际，因此，房子在四个立面上都设计了前厅。

一片辽阔的草坪缓缓涌向平整的高地……房子像是浮在空中的盒子……果园统领着四周的草场……平面是纯净的……建在普瓦西乡村的景色中找到自己的位置。正是这儿美丽的乡村景色和农村生活吸引了房子的主人，他们将透过四面长窗从高地上望出去，在此安坐、静思。他们的日常起居活动将延伸到建筑里，成为维吉尔之梦。

图 12-18　《理想别墅的数学》中的图片与科林·罗引用的建筑师原文

　　科林·罗以古罗马诗人的"维吉尔之梦"比喻两者："随着岁月的流逝，这个梦想被恣意诠释，贴上了古罗马的美德、优秀、帝国辉煌、奢靡，这些人们在想象中虚构了古代世界的东西。或许，在画家普桑泛着古风魅影的风景画中才能让帕拉蒂奥找到家的感觉；或许，正是这种地景的基本要素，就是孑然的方盒子与如画场所之间、在几何化体量与纯真自然面貌之间对比的那种强烈，才是柯布西耶的文章中古罗马暗喻的真正原因"，这正表明了两者在观看方式及遐想内容上的极其相似。

　　园厅别墅四个立面上都有高高的台阶，而萨伏伊别墅虽然没有台阶，但是是一栋"漂浮"的建筑，应该说，"一个单纯的完形，坐落在一个开阔的、如画式的高地之中，我们可以围绕着它来观看"，这就是所有西方建筑对于观看原型的直观想象，如果我们引入中国古典建筑来比较，就能更清晰地看到这一点。

　　"外部观看的隐喻"与"空间的隐喻"是不同的两个东西，在历史的长河中，空间的隐喻在不断走向复杂化，然而，西方建筑无论是多么复杂的空间、如画式的路径，它一定被包裹和挤压在一个确定的建筑物内部，而建筑外部的视角始终很重要，从来没有被抹杀过和忽视过。相比较之下，中国古典建筑自从战国到西汉时期"高台建筑"之后，就走向了观看的"逆反的新隐喻"，从此不再追求建筑外部观看的"完形"（除非鸟瞰，也没有角度可以观看到建筑的外部完形），而是追求内部观看的"片段"。其重点区别不在于从外看还是从内看，而是追求"完形"还是追求"片段"，这成为东西方古典建筑对于"观看隐喻"的根本区别，两者之间可以用散点透视的中国卷轴画和焦点透视的西方古典油画来比拟。

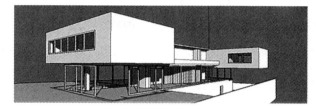

图 12-19　达尔雅瓦别墅模型

四、萨伏伊别墅彻底地实现了柯布西耶关于漂浮盒子的愿望，而同样是漂浮的盒子（图 12-19），达尔雅瓦别墅相比前者从理念到结构都有了新的理念[①]，走向了复杂化的演化，但是，其"外部观看"的隐喻却没有实质性的变化，达尔雅瓦别墅建址也是巴黎塞纳河畔的高地，远可眺望巴黎全景，近有树林围绕，底层是一个通透的玻璃盒子，之上悬浮着一红一灰两个金属盒子，之间是混凝土连接体，其盒子属性拓扑变形、拼接切削的痕迹非常明显。

12.1.3　不完美的系统修辞

其实，单个的"隐喻"分析只是一种理想的状态，现实情况是在一个系统中总是多种"辞格"相互掺杂，新和旧交织在一起，不存在"完美的修辞"，设计师总有遗漏，只是多少的程度区别。

佛罗伦萨育婴院敞廊以及伯鲁乃列斯基其他作品的不完美在于，新隐喻不完全，旧形变的残留太多（图 12-20）：首先，佛罗伦萨育婴院其实只有敞廊部分经过了设计，面对安农奇亚广场的那一面才令人印象深刻，因此在平面上基本没有反映出建筑师的意志；其次，它在立面的边缘出现了科林斯式壁柱，有两个壁柱被紧紧地夹在柱子中间，另两个壁柱承托的柱上楣向下弯曲成为与壁柱平行的装饰线脚，说明此时的伯鲁乃列斯基还没有熟练掌握古罗马的装饰特征；最后，它的第三层处理好似一个不成熟的设计师在立面上遗漏了一个隐藏不了的部分，就这样在正立面上直接探出头来。

图 12-20　佛罗伦萨育婴院遗留的旧秩序

---

① 李宝童. 库哈斯与柯布西耶及其作品的比较 [J]. 山西建筑，2012, 34（2）. 49-50.

萨伏依别墅就不一样了，新隐喻试图控制一切，将旧秩序驱赶得非常彻底：勒·柯布西耶用"减法"排除掉了许多合理的形式，形成了相对纯粹的柏拉图形体，其几何的比例系统直接导致在处理功能需求时产生矛盾，而勒·柯布西耶试图用减法的修辞修饰这一切。在萨伏伊别墅中，方盒子成为表现几何审美和完美比例的方式，内部虽然是非常复杂的功能，但被框在里边的空间无法延伸出去，整个内部系统是建立在完整外形基础上的一种挤压，连续的长条窗也并非对应于真正的需要，甚至没有内部空间的地方也开了窗户，人们无法从外部的立面中看出内部的空间关系，也无法识别完整外壳包围中的内外关系。

这可以看出，尽管都处于不同时代的早期作品，但佛罗伦萨育婴院敞廊更趋向于一种原始的自发模仿，而萨伏依别墅更看重纯粹化的修辞与理论诠释，这使得它成为建筑史上更为划时代的作品。这也从另一个角度证明，文艺复兴时代建筑的演化之路以换喻为先，现代主义建筑的演化之路以隐喻为先。

12.2 演化的比较

12.2.1 自律演化的比较

我们选择同一个建筑师的前后作品来比较形式的自律演化。不过需要提前说明，从"真实的时间"的把握，会有错位、倒错、天才的出现所导致的提前等状况，因此，演化的路线并不代表形式演化真实的时间。

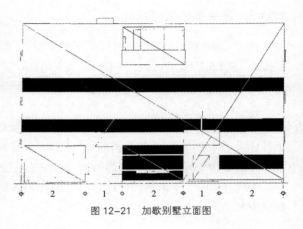

图 12-21　加歇别墅立面图

12.2.1.1 加歇别墅的立面加法

首先我们选取了勒·柯布西耶的加歇别墅来与萨伏伊别墅相比较，在《理想别墅的数学》中，科林·罗比较了加歇别墅和帕拉蒂奥的弗斯卡利别墅，在《透明性》中，他又比较了加歇别墅和包豪斯学校，这使得我们在描述这个建筑的视觉演化时能有更多的说服力。

从加歇别墅立面（图 12-21）上来看，显然是萨伏伊别墅的一种加法（从真实的时间来看，应该是萨伏伊别墅在前，实际上是一种减法的演化，两种描述其实说明同一个问题），然而，这种演化与文艺复兴时期帕拉迪奥的从园厅别墅到弗斯卡利别墅的演化显然有方法和原则的不同[①]：

> 　　将立面的中心和两边一视同仁。而且，柯布对双跨大开间的压制性倾向也帮助了这种去中心化。常规体系是具有竖向的中心重点，并通过墙体的凹凸来强调中心。柯布的这些做法则深刻地修改了这一体系……加歇的这个元素，尽管居中却没有在其自身的发展中演绎对称。同样，它也并不推动立面作为整体的对称。它的下方虽然对着入口大厅那巨大的中心窗，然而这些窗的水平切口却并不愿意在这两种体现方式之间建立明确的联系，这样一来，该立面就在平面上展示了相同的姿态：同时承认着并否认着建筑的中心性。因此，建筑的向心聚焦被限制了，进一步的向心聚焦发展被禁止；帕拉蒂奥可能所认同的那种常规的突出中心的方式被打破，建筑的向心性产生了趋散。

① Colin Rowe. The Mathematics of the Ideal Villa and Other Essays[M]. MIT press，1987：12.

接着，在《透明性/Transparency》中，科林·罗阐和斯拉茨基述了他对于加歇别墅立面产生的原因分析①：

　　通过这种方式，勒·柯布西耶提出一个概念，即紧贴在带状玻璃后面有一条狭长的并行空间：无疑，推理可知，它进一步暗示着另一个概念——在这条狭长空间内侧、紧挨着它的地方存在着一个界面，底层墙体、屋顶的自由墙片和内部门侧的墙体都是它的一个组成部分。很显然，这个界面并不是真实的存在，它只存在于概念和想象中，我们可以无视它、忽略它，但却不能否认它。认识到由玻璃和混凝土所组成的实际的界面和其后那个想象的（但几乎与前者一样真实）的界面之间的关系，我们终于明白，此处透明性并未以玻璃窗为中介，而是通过唤起我们的一种感觉，即"互相渗透但在视觉上不存在彼此破坏的情形"。

　　这两重界面还不是全部；第三重独立的界面不但客观存在，也预留了观察的线索……这三重界面，就各自本身来说都是不完整的，甚至可以说是片断的。但正是以这些相互平行的界面为参照，立面组织得到强化。而且，它们还共同暗示着建筑内部空间在纵向上彼此平行的分层关系，即一组并行的、水平延伸的空间，一个贴在另一个的后面。

　　科林·罗的"透明性"是从"正面性"开始的形式分析："颇富意味的是，加歇别墅的出版照片（图 12-22）倾向于最小化斜向景深的因素，而包豪斯校舍的出版照片则几乎一律倾向于利用这些因素做文章"，而这个比较在加歇别墅与萨伏伊别墅之间似乎也可以成立，如果大家用 google 或百度图片搜索萨伏伊别墅，正透视角度的照片只占斜透视角度照片数量的 5% 或更少，萨伏伊别墅通过挑板形成锋利的边缘，"成角透视的重要性得到反复重申"。

图 12-22　加歇别墅最常用的照片视角

　　所以，关于萨伏伊别墅，我们可以认为其不具有"正面性"，从而也缺少"透明性"，至少在立面视觉上产生不了与加歇别墅类似的复杂性与暧昧性："这座住宅充满了一种空间维度上的矛盾，也正是凯普斯所指出的透明性的特征之一。在事实与寓意之间，辩证的往返片刻不曾停歇。深空间的现实不断遭到浅空间暗示的反驳，结果张力越来越大，深入解读的动力由此产生。将建筑体量纵向切割的五个空间层次和横向切割的四个空间层次无时无刻不在呼吁关注，这样的空间网络将最终引发无穷无尽的动态解读。"

12.2.1.2　巴齐礼拜堂的立面加法

　　在进一步分析之前，我们再来看伯鲁乃列斯基的建筑视觉形式演化，我们选择了他生命中最后的作品——巴齐礼拜堂，来与佛罗伦萨育婴院比较形式的自律演化，或者说建筑师自我选择的演化。

　　巴齐礼拜堂门厅的立面由六根科林斯柱子界定的五个开间构成：两侧的开间是由柱式过梁、

---

① 柯林·罗，罗伯特·斯拉茨基. 透明性 [M]. 金秋野，王又佳译. 北京：建筑工业出版社，2007：39-40.

雕带和挑檐组成的柱上楣；居中的开间相对较宽，并且是拱形的，拱的起点位于柱上楣的顶端。所以，它与佛罗伦萨育婴院敞廊横向匀质的立面相比，出现了一个中心，我们认为这是建筑的视觉形式开始朝复杂化的方向开始演化，不仅如此，《建筑愉悦的起源》中用了整个小节来描述巴齐礼拜堂是如何形成动态的复杂秩序的：[①]

> 我们必须从一个空间走到另一个空间，才能理解它的复杂秩序。但是随着我们的移动，就会忘了最初对秩序的假设。因此，当我们在母题的一系列变异中穿行的时候，必须牢记它的秩序。

而关键的是，我们一样可以在巴齐礼拜堂的身上发现"正面性"的特质，大部分正式刊登的关于巴齐礼拜堂的出版照片（图 12-23），都是正透视的。

图 12-23　巴齐礼拜堂最常用的照片视角

但是佛罗伦萨育婴院敞廊的大部分照片就不这样，斜侧的透视角度才是摄影师最喜欢的取景角度。伯鲁乃列斯基也是线性透视法的重新发现者，他一举将绘画提升为一门科学，为艺术家实现从一个固定视点再现空间物象打开了方便之门。而佛罗伦萨育婴院敞廊的大部分照片就是线性透视法的再现，可以让观察者体会近大远小的重复物体，从而带来视觉上的一览无余的清晰。

12.2.1.3　透明性 vs. 透视性

在前两节中，我们认为这两种演化都是建筑视觉形式的复杂性演化，而这两种演化都可以得到同样的"正面性"的效果，然而，它们的演化原则，或者称之为形变方式则不太一样：一种被科林·罗称为"透明性"，而另一种我们可称之为"透视性"。

一、"现象透明"对"字面透明"的表现修辞

transparency 一词被翻译成"透明性"而不是"透明"就是一个有意思的现象，这个词汇的内涵超越了它本身所描述的物理现象，现代建筑理论以"字面透明"和"现象透明"来加以区分，"字面透明"是物质的属性，"现象透明"则是组织的属性：

> 透明性是一种视觉的特征，暗示的一种更广泛的空间次序，也是一种深层结构显示，意味着同时能感知不同的空间位置。空间是现象透明的焦点。在和谐的盒子内部，人为地创造空虚的影响，发掘可以归入不同空间关系的地方，并能感知策略，找到自身的位置。当感觉面对这些表面上看来任性而为的一切时，理性决定了这种归属的选择。这就建造了一个空间的合理次序。这就是表达透明性的焦点，也是透明性设计的方法。[②]

所以，对于"透明性"我们可以这样理解：所谓"现象透明"就是对现代主义建筑"空间隐喻"

---

① 格朗特·希尔德布兰德. 建筑愉悦的起源 [M]. 马琴，万志斌译. 北京：中国建筑工业出版社，2007：112-113.
② 彭小娟. 建筑的透明性及其空间分析 [D]. 上海：同济大学，2006：16.

的一种加法形变原则，是观察者在脑中构造出一个类似立体主义绘画所表达的空间层化现象，即将现代主义的"自由平面"或"自由立面"想象成为一系列透明物体的分割或叠加（图 12-24），将其在立面上予以表达。也就是说，"现象透明"是对"字面透明"空间的一种视觉表现修辞。

二、"现象空间"对"字面空间"的表现修辞

为什么"透明性"与"正面性"如此相关："从'正投影的平面视角'出发，按立面（facade）来看，才能观察到这种层叠的现象。由此，罗与斯卢茨基才能继续深入分析表面与深度之间模棱

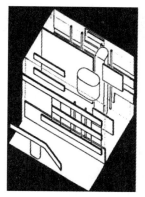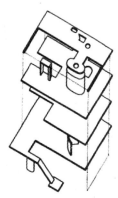

图 12-24　加歇别墅的垂直分层和水平分层

两可的现象透明性。或许可以说，正面性是体验甚至创造现象透明性的一个不能忽略的前提条件"[①]。这是因为在建筑的视觉形式中，存在"字面空间"与"现象空间"的表现修辞关系，即建筑总是试图在视觉上对内部空间做外部"视觉隐喻"，而当我们能够用立面的"二维"就隐喻出"三维"时，这个建筑当然就不需要从真正的透视角度去观看，一样可以获得具有空间深度的修辞效果。

然而"字面空间"与"现象空间"的表现修辞关系不仅只有"透明性"这一种修辞，也就是"透明性"之所以能够成为现代主义建筑的重要手法之一，其关键不仅在于对空间的表达。

在《透明性》中，科林·罗首先引用了戈尔杰·凯普斯在《视觉语言》中对透明性的阐释："除了视觉特征之外，透明性还暗示着更多的含义，即拓展了空间秩序。透明性意味着同时对一系列不同的空间位置进行感知。在连续运动中，空间不仅在后退，也在变动。"[②] 然而，从这一段分析中，我们会发现其实早在文艺复兴时期，早在巴齐礼拜堂已经实现了这种动态的复杂化秩序。

三、"现象透视"对"字面透视"的表现修辞

在《建筑愉悦的起源》一书中，作者花了大量的篇幅来描述巴齐礼拜堂是如何获得"动态的复杂秩序"的，而其形式分析的方式非常类似于科林·罗在《透明性》中对加歇别墅立面与空间关系的分析，一样将立面的分析追溯到平面和内部的空间，一样是一种复杂暧昧但内外一致的视觉效果：

> 这四个垂直于运动的路线平面——有柱子的立面、门厅的外墙、入口的内墙以及环形殿的墙面——都是我们在一进门时就看到的主题的变异，每一个都是独一无二的，在运动路线的任何一点上最多都只能看到其中的两个。但是在任何一个视点上，又都能看到构成的主题。
>
> 而且，随着我们在这些平面中的运动和穿越，我们走过了三个连续的穹顶。第一个穹顶位于门厅中心上方。最后一个穹顶位于祭坛的上方。它们的直径都是根据中间开间的宽度确定的。位于主要室内空间上面的穹顶的直径是横墙中间三个开间的宽度之和，当然，端墙又原封不动地复制了这些横墙。所以，这些穹顶形成了原始母题的另一组变异。
>
> 长期以来，人们都坚信希腊和罗马的建筑师有意识地在建筑各个局部的尺寸之间建

① 华正阳.《正面性》小注——从美术史看"现象透明性"的前提 [J]. 中外建筑，2009（2）：69.
② 戈尔杰·凯普斯. 视觉语言 [M]. 芝加哥：保罗·西奥布雷德，1944：77.

立一种关系，它们都是建立在柱子直径的倍数之上的。如果真是这样的话，那么布鲁乃列斯基把这个想法又推进了一步：他不仅把单个的建筑元素联系厂起来，并且在只有通过空间序列中的运动才能展现出来的元素组群之间建立起了联系。这种动态地展现出来的关系中充满了趣味。

在伯纳德·霍伊斯里对《透明性》的评论中，他加入了许多认为可通过透明性解读的古典作品，扩大了透明性的范围，比如米开朗琪罗的佛罗伦萨圣洛伦佐立面："首先是垂直方向上的建筑层化组织，接着，水平排列的几排垂直元素通过持续不断的相互作用共同吸引着观察者的目光，所有这些都实现于大致统一的立面效果中。立面组织中，每一个元素都是暧昧不明的，人们不断在形式和意义中发现新的关联。"①

然而，我们不认为这也叫做"透明性"，这种概念的扩大混淆了我们，而更应该称之为"透视性"，也就是说，它们都在用"二维立面的视觉"隐喻"三维空间的内涵"，因而都可以获得"正面性"的效果："透明性"用立面隐喻现代主义的"自由空间"，所以用消解的方式在压缩空间、层叠边界、去中心化；而"透视性"则用立面隐喻古典建筑的"宏大空间"，所以用刻画的方式在加深空间、突出边界、向中心化，用修辞学的公式可以精确表达为：

【古典建筑的二维立面^{透视性} = 隐喻单纯宏大的三维空间】

【古典建筑的二维立面^{透视性} = 隐喻单纯宏大的三维空间】

【现代建筑的二维立面^{透明性} = 隐喻复杂蜿蜒的三维空间】

四、一种辞格训练的可能

而正因为"透明性"和"透视性"都是一种"辞格"，所以是可以通过学习来习得的设计技巧：

透明性概念的提出，使得在20世纪40、50年代致力于寻找现代主义建筑教学方法的德州骑警学派发现了一个突破口，在此基础上提出了现代主义建筑的教学方法：通过分解现代建筑的各个层级，从而突破表面，挖掘现代建筑的空间和视觉内涵。以此为平台，现代建筑的空间透明性、功能组织泡泡图、组织的层级等设计策略被逐一揭示出来，这种空间层化结构——空间赖以组织建构、具体赋形和清晰表述的机制，正是现象透明性的精华所在。随着之后德州骑警各主要成员的工作流动，这一套基于透明性的现代建筑设计和教学方法被广泛地带到了北美各院校和欧洲大陆，影响了库柏联盟、康乃尔、苏黎世联邦高等工业学院等院校教学体系和方法。

然而，所谓"透明性"的练习方法，其实与学院派鲍扎的方法没有本质的区别，是一种形变辞格的反复训练。而且，"透明性"并不代表现代主义建筑的全部，我们从表现修辞的思路发散开去，完全可以设计出各种各样的现代主义的辞格训练方法。

12.2.2　他律演化的比较

他律演化的比较其实是牵涉两个建筑所处时代宏观背景的一种比较，所以说本章这两个建筑与建筑师的选择还是有一定的缘由，因为他们都作为一个时代的转折，具有在历史上举足轻重的地位，能够成为一对非常值得研究的对照组。

在"第10章 影响的他律"中，关于文艺复兴时期和现代主义时期的对比描述已经很多，尤其是对这两个时代开端的描述：由伯鲁乃列斯基设计的佛罗伦萨育婴院是文艺复兴早期的标志性作品，而萨伏伊别墅则被认为是开辟现代主义理念的建筑作品……两者都具有一致的开创性，但又具

---

① 柯林·罗，罗伯特·斯拉茨基.透明性[M].金秋野，王又佳译.北京：建筑工业出版社，2007：75.

有继承性。由于具体时代的不一样，两者的开创和继承的内涵刚好相反。尤其对于建筑的历史性而言，"文艺复兴"对于特定历史的尊重，扩散到对于普遍历史的尊重，演变为对于形变修辞的尊重，最后形成了以形变为先的演化路径；而"现代主义运动"对于特定历史的抛弃，扩散到对于普遍历史的抛弃，演变为对于形变修辞的抛弃，最后形成了以隐喻为先的演化路径。这一"历史间性"的比较，本章不再赘述，关键是社会、大众以及建筑学为何最终作出了这样的选择。

而且，对于相互参照的两个建筑师来说，他们对于前一个时代的继承性也都是在经过一段时期才重新发掘出来。20 世纪中叶的评论曾将对布鲁内莱斯基建筑物的早期研究，形容为文艺复兴在建筑方面的基础，他们现在懂得了逐渐衰落的中世纪建筑和文艺复兴初期二者的前后承接关系："从风格的意义上说，布鲁内莱斯基作品中的厚重感及罗马式特征的加强，大约是在他生命终结的最后十年中才形成的"[1]；而科林罗的《理想别墅的数学》则强调了柯布西耶对于古典的继承性。这种巧合也正说明所谓"开创时代"这一历史描述都或多或少存在着修辞的修饰。

---

① 彼得·默里. 文艺复兴建筑 [M]. 王贵祥译. 北京：中国建筑工业出版社，1999：23.

第 13 章　结语与展望

13.1　结语

13.1.1　修辞研究之于建筑学的意义

　　建筑语言学本就是建筑理论中的一门显学，这就使得"建筑学转向修辞"具有了充分的理论基础，因此，修辞研究之于建筑语言学其实是一种"认识论"的载体。

　　回过头来，我们可以观察哲学发展史上第一次"认识论转向"对艺术理论所产生的影响。以往每当读到德语国家视觉形式的研究时，总是难以理解以下这些评价："直到 19 世纪末 20 世纪，'视觉形式'才作为一个独立的美学和艺术概念登上哲学舞台"，"至此，视觉形式走出久寄哲学、美学之藩篱而获得了独立地位"[①]。其实，"视觉形式"从古至今一直都存在着，但何谓"获得独立地位"？这又有什么意义？

　　如今，这段话在建筑学的语境下就非常好理解了，现代主义以来，"为形式而形式"的设计与理论，具体而言就是"为视觉形式而视觉形式"的建筑设计、理论阐述都是被批判的、被鄙薄的、被狡黠的建筑师小心翼翼隐藏的，关于"建筑形状"的阐述都必须附庸在一种确定的、清晰的"本质论述"之上，或者说，所有的"建筑现象"都只是我们去寻求"本质解释"的一种工具，这就造成了一种理论上难以自圆其说的尴尬状态。因此，今天的"建筑视觉形式"，究其理论地位而言就是非独立的、附庸的、寄居于其他研究的藩篱之下。

　　修辞学之于建筑学的借鉴当然有许多具体而微的作用与意义，比如辞格的整理罗列、重新强调秩序美学的习得作用、用修辞视角的风格史对以往建筑史的补充、建筑批评的方法拓展、对当代建筑现象的历史解读等。但是，究其根本，认识论对"建筑视觉形式"独立地位的肯定，就类似于我们对 19 世纪德语国家视觉形式的意义探究："它由于强调视觉形式的纯粹性和人们艺术地认识并把握世界，而使人们在一个久被工业、技术和理性压抑的时代重新找回了活泼泼的艺术感觉和生活体验，激活了人们的审美感受力，因而具有浓厚的人文主义气息。"[②]

13.1.2　修辞研究之于图像学的意义

　　视觉文化研究是当下文化研究的一个新兴领域，以"视觉"、"图像"为核心的研究方兴未艾，横跨艺术史、美术史、文化史，"建筑视觉形式"实际上只是其中很小的一个领域。但是今天，在技术与人文、理性与感性、工程与艺术之间，建筑向左、视觉向右，特别是在光怪陆离的当代艺术之中，建筑师们似乎也适应不良。

　　然而，正是建筑与其他艺术门类相较而言突出的"科学性、实用性"，建筑史原本清晰的"语法的风格史"，从而使得"修辞"这个建立在"本质"之上的二级衍生代数更为清晰可辨，其循环

---

① 曹晖. 视觉形式的美学研究——基于西方视觉艺术的视觉形式考察 [D]. 北京：中国人民大学，2007：16.
② 同上.

上升的演化路径也更为具有说服力，反过来则可能促进"图像学"、"纯艺术"的修辞解读。

事实上，当代图像学的研究中，早已存在"图像证史"、"隐形之链"的各种阐述，只不过，直面作品本身的研究方法并不符合当今时代的科学主义特征。语言学可以用"能指 E"和"所指 C"代数化、归纳化，那么修辞学就可以建立在 $(E^M)^m = C$ 上进行二次方程式、归纳化，其关键词成为"隐喻 M"和"形变 m"，在此基础上，可以推论出复杂多样的视觉世界。

本书用"修辞学三段论"解读"图像学三段论"、用图解化的方法归纳"隐喻形变交织演进"的典型模型、用表格化的方法整理"形式演化的价值判断"，就是这种尝试下的一种努力。这正如本书第二章所阐述的："'图像转向'的实质要到'修辞转向'中去寻找"。

13.1.3　建筑修辞研究之于修辞学的意义

本书不仅单向度地借用"修辞"阐述"建筑视觉形式"这一命题，同时，建筑学丰富的例证、绵延的历史以及成熟的理论体系，也将反过来推动当代新修辞学理论体系的完善："辞格"与"演化"双重修辞体系的建构与联通，是试图更广泛地运用修辞学的研究传统，用"隐喻形变的辩证统一"普遍涵盖当代新修辞学对"解释学、语用学、历史学"等的借鉴，并获得对诸如"解构主义、批判理论、意识形态、价值评判"等人文现象自圆其说的解释：即"辞格篇"是"演化篇"的重要基础，它要能够为建筑修辞学找到一种贯穿学科的工具；而"演化篇"的论述则须臾不能离开"辞格篇"的研究成果，这是使建筑修辞学真正获得"能冠之以修辞"的关键立足点。

而在"修辞"和"语法"的关系性问题上，也许东方人的原始直觉是正确的，自古不重语法、只重修辞的中国人也并没有因此而耽误，反而发展出更为辉煌、诗意、优美的一系列文学体例，尤其是在艺术性上达到了高峰。对于汉语修辞而言，广义建筑修辞试图对"语法"和"修辞"进行统一，也许能使我们更好地理解"唐诗、宋词、元曲、明清小说"的递进关系。

尤其，西方建筑历史与中国古典文学是一对极妙的参照物，这两者很早就都被纳入了艺术的范畴，相反，与两者相对的西方古典文学与中国古典建筑，在古代就都不被视为艺术。因此，相对于"唐诗、宋词、元曲、明清小说"，西方文法是稳定而缓慢变化的；相对于西方建筑史，中国建筑的演化也是迟缓的，这是非常有趣的一个现象。从这个角度而言，汉语言的演化也完全可以像西方建筑史一样，被拉入"历史叙事"的建构中，阐述一种"风格的演化史"。

13.2　研究可能的衍生方向

就本书而言，其实只解决了建筑与修辞学科交叉的理论问题，并由此给予了建筑视觉形式以应有的理论地位。但是，在解决了这个问题之后，本书实际对于就建筑修辞本身的内容，还只是搭建了一个框架，在此框架之下，还有许多的空白需要进一步完善。

13.2.1　建筑辞格的类型性研究

从语言学和符号学的角度来谈，每一种具体的"辞格"其实也是一种符号，文学语言"把辞格看成是文学内涵的符码，是诗性语言符号的象征。修辞学最重要的是要创建一套清晰和普遍的诗性符号和一套表现文学内涵的符码。"[①] 而当代建筑学也应该建立符合时代发展需要的狭义修辞，即

[①]　吴康茹 . 热拉尔·热奈特修辞学思想研究 [D]. 北京：中国社会科学院研究生院，2011：97.

一种以各种具体"辞格"为研究对象的理论。

这就是关于建筑视觉形式的"辞格类型学",类似于热拉尔·热奈特 1966~1972 年间相继发表的《辞格一集》、《辞格二集》、《辞格三集》等狭义修辞学著作,其中基本都是案例的剖析,而非理论的阐述,是如同《建筑新五点》或者《建筑五柱式的规范》这样极具操作性和实践性的手法手册。

在隐喻形变的大类型之下,古典建筑理论中的"形式美法则";现代建筑理论中的"形式操作";后现代主义中的"拼贴";计算机辅助建筑设计中的"参数化";解构主义中的"叠置"、"平滑混合"、"折叠"等;以及彼得·埃森曼、矶崎新等人自我定义的许多辞格,都可以用修辞的眼光和叙述重新梳理,并归纳出加法减法的具体手法,是一种直接的操作法则的归纳。

因此,我们可以用辞格的意义偏转来界定建筑的艺术性,既然如此,辞格便顺理成章地成为一种没有符号的符号,它需要具有确定性和普遍性,它需要不断地被修改、更正,直到详尽完善。

13.2.2　建筑教育的修辞训练体系

从辞格角度,我们重新看待鲍扎教育体系的"立面渲染"抄袭,就可以把它理解为这是一种针对"单一平面体系"中的"形式美法则"的修辞训练。现代包豪斯的教育体系摧毁了这种带修辞性质的习得训练,完全转向了理性分析的语法体系,但海杜克的"九宫格"又把"形式美法则"的训练从二维扩展到了三维,标志着对修辞训练的某种回归。再将时间回溯,潘诺夫斯基把阿尔伯蒂的线构翻译为"形式",并且将阿尔伯蒂的材料解释为自然产物,而将线构解释为"思想产物"。这可以清晰地看出,建筑视觉形式的某类修辞从一维到二维再到三维的发展过程,而且,每一次都试图把这种视觉形式的"修辞"描述为形式的"语法"本质。

当然,修辞的训练方式不只以上这几种,各种"修辞"的预设就建立在辞格类型学之上,建筑教育可以体系化地建立一整套训练的方式和内容,用以改进和补充现在的设计课程模式和建筑史教育模式。

13.2.3　建筑的修辞史

既然可以从风格的角度、建构的角度、批判的角度阅读历史,也就能够从修辞的角度书写历史,本书第 11 章还只不过是一个历史叙事的框架,可以将其扩展为《一部修辞的历史》,其中,现代主义是"一部隐喻的历史",而欧洲文艺复兴建筑以及中国古典建筑则可以是"两部形变的历史"。

参考文献

[1] 柏拉图.理想国[M].吴天岳，顾寿观译.长沙：岳麓书社，2010.

[2] 柏拉图.柏拉图文艺对话集[M].朱光潜.北京：商务印书馆，2013.

[3] 蒋孔阳，朱立元.西方美学通史[M].上海：上海文艺出版社，1999.

[4] 赵宪章.西方形式美学[M].上海：上海人民出版社，1996.

[5] 朱光潜.西方美学史[M].北京：商务印书馆，1976.

[6] 朱立元，张德兴.二十世纪西方美学经典文本（第一卷）[M].上海：复旦大学出版社，2000.

[7] 张旭曙.西方美学中的形式（一个观念史的考索）[M].北京：学苑出版社.2012.

[8] [德]康德.论优美感和崇高感[M].何兆武译.北京：商务印书馆，2004.

[9] [德]康德.判断力批判[M].邓晓芒译.北京：人民出版社，2002.

[10] [德]黑格尔.美学[M].寇鹏程译.江苏：江苏人民出版社，2011.

[11] [瑞士]沃尔夫林.美术史的基本概念：后期艺术中的风格发展问题[M].潘耀昌译.北京：北京大学出版社，2011.

[12] [奥]李格尔.罗马晚期的工艺美术[M].陈平译.北京：北京大学出版社，2010.

[13] 陈平，范景中.李格尔与艺术科学[M].杭州：中国美术学院出版社，2002.

[14] 曹晖.视觉形式的美学研究：基于西方视觉艺术的视觉形式考察[M].北京：人民出版社，2009.

[15] 张坚.视觉形式的生命[M].杭州：中国美术学院出版社，2004.

[16] 沃林格尔.抽象与移情：对艺术风格的心理学研究[M].王才勇译.北京：金城出版社，2013.

[17] [瑞士]荣格.荣格文集[M].冯川译.北京：改革出版社，1997.

[18] 库尔特·考夫卡.格式塔心理学原理[M].李维译.北京：北京大学出版社，2010.

[19] [美]鲁道夫·阿恩海姆.建筑形式的视觉动力[M].宁海林译.北京：中国建筑工业出版社，2006.

[20] [美]鲁道夫·阿恩海姆.艺术与视知觉[M].滕守尧译.成都：四川人民出版社，1998.

[21] 宁海林.阿恩海姆视知觉形式的动力理论研究[M].北京：人民出版社，2009.

[22] 史风华.阿恩海姆美学思想研究[M].济南：山东大学出版社，2006.

[23] [美]迈克尔·安·霍丽.潘诺夫斯基与美术史基础[M].易英译.湖南美术出版社，1992.

[24] E.H.Gombrich. The Story of Art[M]. Phaidon Press Ltd，1995.

[25] [英]贡布里希.艺术与错觉——图画再现的心理学研究[M].林夕等译.杭州：浙江摄影出版社，1987.

[26] [英]贡布里希.图像与眼睛——图画再现心理学的再研究[M].范景中等译.南宁广西美术出版社，2013.

[27] [英]贡布里希.秩序感——装饰艺术的心理学研究[M].范景中等译.南宁广西美术出版社，2015.

[28] [英]贡布里希.象征的图像[M].范景中等译.上海：上海书画出版社，1990.

[29] E.H.Gombrich. The Preference for The Primitive[M].Phaidon Press Inc，2002.

[30] [英] 贡布里希. 文艺复兴：西方艺术的伟大时代 [M]. 李本正，范景中译. 杭州：中国美术学院出版社，2000.

[31] [瑞士] 沃尔夫林. 意大利和德国的形式感 [M]. 张坚译. 北京：北京大学出版社，2009.

[32] [瑞士] 沃尔夫林. 文艺复兴与巴洛克 [M]. 沈莹译. 上海：上海人民出版社，2007.

[33] 曹意强，麦克尔·波德罗. 艺术史的视野——图像研究的理论、方法与意义 [M]. 杭州：中国美术学院出版社，2007.

[34] 陈志华. 外国建筑史（19 世纪末叶以前）[M]. 北京：中国建筑工业出版社，2010.

[35] [英] 沃特金. 西方建筑史 [M]. 傅景川等译. 吉林：吉林人民出版社，2004.

[36] Dan Cruickshank. Sir Banister Fletcher's A History of Architecture（Twentieth Edition）[M].Architectural Press，1996.

[37] 梁思成. 中国建筑史 [M]. 南昌：百花文艺出版社，1998.

[38] 赵辰. "立面" 的误会 [M]. 北京：生活·读书·新知三联书店，2007.

[39] 彼得·默里. 文艺复兴建筑 [M]. 王贵祥译. 北京：中国建筑工业出版社，1999.

[40] [英] 卡尔·波普尔. 历史决定论的贫困 [M]. 杜汝楫，邱仁宗译. 上海：上海人民出版社，2009.

[41] [美] 阿瑟·丹托. 艺术的终结 [M]. 欧阳英译. 南京：江苏人民出版社，2005.

[42] [美] 阿瑟·丹托. 艺术的终结之后 [M]. 王春辰译. 南京：江苏人民出版社，2007.

[43] [美] 卡斯比特. 艺术的终结 [M]. 北京：北京大学出版社，2009.

[44] 曼弗雷多·塔夫里. 建筑学的理论与历史 [M]. 郑时龄译. 北京：中国建筑工业出版社，2006.

[45] 卡拉·奇瓦莲；曼弗雷多·塔夫里. 从意识形态批判到微观史学 [M]. 胡恒译. 马克思主义美学研究，2008.

[46] 王安莉. 塔夫里与文艺复兴研究 [D]. 江苏：南京师范大学，2008.

[47] 弗西雍. 造形的生命 [M]. 吴玉成译. 台湾：田园城市文化事业有限公司，2003.

[48] Henri Focillon. The Art of the West in the Middle Age Vol. Ⅰ [M].edited and introduced by Jean Bony. London：phaidon，1963.

[49] Henri focillon. The Life of Forms in Art[M].translated by Charles B·Hogan and George Kuble. New york：Zone books，1989.

[50] [瑞士] 费尔迪南·德·索绪尔. 普通语言学教程 [M]. 高名凯译. 北京：商务印书馆，2014.

[51] [意] 布鲁诺·塞维. 现代建筑语言 [M]. 席云平译. 北京：中国建筑工业出版社，1986.

[52] [英] 约翰·萨姆森. 建筑的古典语言 [M]. 张欣玮译. 杭州：中国美术学院出版社，1994.

[53] [法] 皮埃尔·吉罗. 符号学概论 [M]. 怀宇译. 成都：四川人民出版社，1988.

[54] [法] 罗兰·巴尔特. 符号学原理 [M]. 李幼蒸译. 北京：中国人民大学出版社，2008.

[55] [法] 皮尔斯. 皮尔斯：论符号 [M]. 李斯卡：皮尔斯符号学导论 [M]. 赵星植译. 成都：四川大学出版社，2014.

[56] [法] 茨维坦·托多罗夫. 象征理论 [M]. 王国卿译. 北京：商务印书馆，2004.

[57] [美] 苏珊·朗格. 情感与形式 [M]. 刘大基，傅志强，周发祥译. 北京：中国社会科学出版社，1986.

[58] [美] 苏珊·朗格. 艺术问题 [M]. 滕守尧，朱疆源译. 北京：中国社会科学出版社，1983.

[59] [美] 纳尔逊·古德曼. 艺术的语言——通往符号理论的道路 [M]. 彭锋译. 北京：北京大学出版社，2013.

[60]　[英] 勃罗德彭特 . 符号、象征与建筑 [M]. 乐民成译 . 北京 : 中国建筑工业出版社，1991.

[61]　[英] 艾伦·科洪 . 建筑评论——现代建筑与历史嬗变 [M]. 刘托译 . 北京 : 知识产权出版社，2005.

[62]　韩林合 . 维特根斯坦哲学研究解读 [M]. 北京 : 商务印书馆，2010.

[63]　陈嘉映 . 语言哲学 [M]. 北京 : 北京大学出版社，2003.

[64]　Adrian Forty. Words and Buildings : a vocabulary of modern architecture[M].London : Thames & Hudson，2000.

[65]　程悦 . 建筑语言的困惑与元语言——从建筑的语言学到语言的建筑学 [D]. 上海 : 同济大学，2006.

[66]　[德] 路德维希·维特根斯坦 . 逻辑哲学论 [M]. 贺绍甲译 . 北京 : 商务印书馆，2010.

[67]　[瑞士] 皮亚杰 . 结构主义 [M]. 倪连生，王琳译 . 北京 : 商务印书馆，1984.

[68]　冯毓云 . 艺术即陌生化——论俄国形式主义陌生化的审美价值 [M]. 北方论丛，2004.

[69]　彭娟 . 论俄国形式主义的 "陌生化" [D]. 武汉 : 武汉大学，2005.

[70]　凌建侯 . 巴赫金哲学思想与文本分析法 [M]. 北京 : 北京大学出版社，2007.

[71]　[美] 诺姆·乔姆斯基 . 句法结构 [M]. 黄长著等译 . 北京 : 中国社会科学出版社，1979.

[72]　[法] 罗兰·巴特 . 流行体系 [M]. 敖军译 . 上海 : 上海人民出版社，2011.

[73]　[德] 托马斯·史密特 . 建筑形式的逻辑概念 [M]. 肖毅强译 . 北京 : 中国建筑工业出版社，2003.

[74]　[美]C·亚历山大 . 建筑的模式语言 [M]. 王昕度，周序鸿译 . 北京 : 知识产权出版社，2002.

[75]　[美]C·亚历山大 . 建筑的永恒之道 [M]. 赵冰译，冯纪忠译 . 北京 : 知识产权出版社，2002.

[76]　Alexander，Christopher. A New Theory of Urban Design[M].New York : Oxford University Press，1987.

[77]　Alexander，Christopher. A Pattern Language[M].New York : Oxford University Press，1977.

[78]　Alexander，Christopher. Notes on The Synthesis of Form[M].Cambridge : Harvard University Press，1964.

[79]　Alexander，Christopher. The Timeless Way of Building[M].New York : Oxford University Press，1979.

[80]　[德] 路德维希·维特根斯坦 . 哲学研究 [M]. 涂纪亮译 . 北京 : 北京大学出版社，2012.

[81]　[法] 米歇尔·福柯 . 词与物 [M]. 上海 : 三联书店，2003.

[82]　[法] 米歇尔·福柯 . 疯癫与文明 : 理性时代的疯癫史 [M]. 刘北成，杨远婴译 . 上海 : 三联书店，1999.

[83]　[法] 雅克·德里达 . 声音与现象 [M]. 杜小真译 . 北京 : 商务印书馆，2010.

[84]　[法] 雅克·德里达 . 论文字学 [M]. 汪堂家译 . 上海 : 上海译文出版社，2015.

[85]　[美] 哈罗德·布鲁姆 . 影响的焦虑 [M]. 上海 : 三联书店，1989.

[86]　[美] 罗伯特·文丘里 . 建筑的复杂性与矛盾性 [M]. 周卜颐译 . 北京 : 知识产权出版社，2006.

[87]　[美]C·詹克斯 . 后现代建筑语言 [M]. 李大夏译 . 北京 : 中国建筑工业出版社，1986.

[88]　[美]C·詹克斯 . 克罗普夫 . 当代建筑的理论和宣言 [M]. 周玉鹏等译 . 北京 : 中国建筑工业出版社，2004.

[89]　Jencks，Charles&Kropf，Karl. Theories and Manifestoes of Contemporary Architecture[M].Chichester，West Sussex : Academy Editions，1997.

[90]　Jencks，Charles. The New Paradigm in Architecture : The Language of Post−modern Architecture[M].New Haven : London : Yale University Press，2002.

[91]　Jencks，Charles. Signs，Symbols，and Architecture[M]. Chichester，[Eng.] ; Toronto : Wiley，1980.

[92]　Jencks，Charles&Baird George Ed. Meaning in Architecture[M]. New York : G. Braziller，1969.

[93]　Jencks，Charles. Architecture 2000 and Beyond : Success in the Art of Prediction[M]. Chichester，West

Sussex：Wiley-Academy，2000.

[94]　[美] 彼得·埃森曼 . 图解日志 [M]. 北京：中国建筑工业出版社，2005.

[95]　曾引 . 纯形式批评——彼得·埃森曼建筑理论研究 [D]. 天津：天津大学，2009.

[96]　PeterEisenman. Edges in Between[J]. Architecture Design. 58：1988.

[97]　Peter Eisenman. Diagram Diaries[M].Universe：New York，1999.

[98]　[德] 马丁·海德格尔 . 存在与时间 [M]. 陈嘉映译 . 上海：三联书店，2014.

[99]　[德] 马丁·海德格尔 . 在通向语言的途中 [M]. 孙周兴译 . 北京：商务印书馆，2004.

[100]　[德] 马丁·海德格尔 . 路标 [M]. 孙周兴译 . 北京：商务印书馆，2009.

[101]　[德] 马丁·海德格尔 . 林中路 [M]. 孙周兴译 . 北京：商务印书馆，2014.

[102]　Heidegger. Sein und Zeit. Tübingen，1993.

[103]　[挪] 诺伯舒兹 . 场所精神：走向一种建筑现象学 [M]. 施植明译 . 武汉：华中科技大学出版社，2010.

[104]　[挪] 克里斯蒂安·诺伯格 – 舒尔茨 . 建筑：存在、语言和场所 [M]. 刘念雄，吴梦姗译 . 北京：中国建筑工业出版社，2013.

[105]　孙周兴 . 以创造抵御平庸——艺术现象学演讲录 [M]. 杭州：中国美术学院出版社，2014.

[106]　亚历山大·楚尼斯 . 批判性地域主义：全球化世界中的建筑及其特性 [M]. 王丙辰译 . 北京：中国建筑工业出版社，2007.

[107]　Aldo Rossi. The Architecture of the City[M].Cambridge Mass：The MIT Press，1984.

[108]　G.C.Argan. On the Typology of Architecture. Theorizing a New Agenda For Architecture[M].New York：Princeton Architectural Press，1996.

[109]　[美] W.J.T. 米歇尔 . 图像理论 [M]. 陈永国，胡文征译 . 北京：北京大学出版社，2006.

[110]　Mitchell W.J.T. Iconology：Image，Text，Ideology [M] . Chicago：University Of Chicago Press，1987.

[111]　W.J.T.Mitchell. Picture Theory：Essays on Verbal and Visual Representation[M].Chicago：The University of Chicago Press，1994.

[112]　[美]W.J.T. 米歇尔 . 图像学 [M]. 陈永国译 . 北京：北京大学出版社，2012.

[113]　贺华 . 视像时代的图像学——霍斯特·布雷坎普的图像研究 [D]. 北京：中央美术学院，2008.

[114]　[美] 罗伯特·文丘里 . 向拉斯维加斯学习 [M]. 徐怡芳，王健译 . 北京：水利水电出版社，2006.

[115]　Rem Koolhaas. S，M，L，XL，2006.

[116]　Rem Koolhaas. Delirious New York，1978.

[117]　李翔宁 . 图像、消费与建筑 [J]. 建筑师，2004，110（8）.

[118]　徐炯，刘峰 . 建筑的图像转向——视觉文化语境下的阐述 [M]. 南京：东南大学出版社，2012.

[119]　A.Tzonis. Architecture in Europe since 1968[M].London：P&H，1997.

[120]　[德] 加达默尔 . 诠释学·真理与方法 [M]. 洪汉鼎译 . 北京：商务印书馆，2010.

[121]　李鲁宁 . 加达默尔美学思想研究 [M]. 杭州：山东大学出版社，2004.

[122]　[德] 加达默尔 . 美学与诗学：诠释学的实施 [M]. 吴建广译 . 北京：北京大学出版社，2013.

[123]　杨健 . 论西方建筑理论史中关于法则问题的研究方法 [D]. 重庆：重庆大学，2008.

[124]　姚钢 . 建筑的"正典"与"误读"——不同视域下的建筑文本解释 [D]. 天津：天津大学，2010.

[125]　郑时龄 . 建筑批评学 [M]. 北京：中国建筑工业出版社，2001.

[126]　徐千里 . 创造与评价的人文尺度——中国当代建筑文化分析与批判 [M]. 北京：中国建筑工业出版社，2000.

[127] 杨瑛 . 走向反思建筑设计学——建筑设计知识批判与重建 [M]. 大连：大连理工大学出版社，2009.

[128] Richards，I. A. The Philosophy of Rhetoric[M].New York：Oxford University Press，1936.

[129] Richards，I. A. Richards on Rhetoric[M].ED. Ann E. Berthoff. New York：Oxford University Press，1991.

[130] Burke，Kenneth. Language as Symbolic Action[M].Berkeley：University of California Press，1966.

[131] Burke，Kenneth. A Grammar of Motives[M].Berkeley：University of California Press，1996.

[132] Burke，Kenneth. A Rhetoric of Motives[M].Berkeley：University of California Press，1969.

[133] H. R. Brown. Rhetoric，Textuality，and the Post modern Turn in Sociological Theory[J].Sociological Theory，1990.

[134] Bizzell，Patricia，and Bruce Herzberg，eds. The Rhetorical Tradition：Readings from Classical Times to the Present[M].Boston：Bedford Books，1990 .

[135] [法] 罗兰·巴特 . S/Z[M]. 屠友祥译 . 上海：上海人民出版社，2012.

[136] [法] 罗兰·巴特 . 神话修辞术：批评与真实 [M]. 屠友祥，温晋仪译 . 上海：上海人民出版社，2009.

[137] [法] 罗兰·巴特 . 写作的零度 [M]. 李幼蒸译 . 北京：中国人民大学出版社，2008.

[138] [法] 保罗·利科 . 活的隐喻 [M]. 汪堂家译 . 上海：上海译文出版社，2004.

[139] [法] 保罗·利科 . 解释的冲突 [M]. 莫伟民译 . 上海：上海译文出版社，2008.

[140] Gerard Genette. Figures I. Editions du Seuil，1966.

[141] Pierre Fontanier. Les Figures du Discours. Flammarion，1977.

[142] 吴康茹 . 热拉尔·热奈特修辞学思想研究 [D]. 北京：中国社会科学院研究生院，2011.

[143] 邓志勇 . 修辞理论与修辞哲学：关于修辞学泰斗肯尼思·伯克研究 [M]. 上海：学林出版社，2011.

[144] 温科学 . 二十世纪西方修辞学理论研究 [M]. 北京：中国社会科学出版社，2006.

[145] 刘亚猛 . 西方修辞学史 [M]. 北京：外语教学与研究出版社，2008.

[146] 谭善明 . 杨向荣 . 20 世纪西方修辞美学关键词 [M]. 济南：齐鲁书社，2012.

[147] 温科学 . 二十世纪西方修辞学理论研究 [M]. 北京：中国社会科学出版社，2006.

[148] 陈望道 . 修辞学发凡 [M]. 上海：上海教育出版社，2006.

[149] 吴士文 . 修辞格论析 [M]. 上海：上海教育出版社，1986.

[150] 王希杰 . 汉语修辞学 [M]. 北京：商务印书馆，2004.

[151] 王希杰 . 修辞学通论 [M]. 南京：南京大学出版社，1996 .

[152] 骆小所 . 艺术语言学 [M]. 昆明：云南人民出版社，1996.

[153] 谭学纯，唐跃，朱玲 . 接受修辞学 [M]. 上海：上海教育出版社，1992.

[154] 谭学纯，朱玲 . 广义修辞学 [M]. 合肥：安徽教育出版社，2001.

[155] 陈汝东 . 认知修辞学 . 广东：广东教育出版社，2001.

[156] 维特鲁威 . 建筑十书 [M]. 高履泰译 . 北京：中国建筑工业出版社，1986.

[157] [希腊] 安东尼·C·安东尼亚德斯 . 建筑诗学——设计理论 [M]. 周玉鹏等译 . 北京：中国建筑工业出版社，2006.

[158] 肯尼斯·弗兰姆普敦 . 建构文化研究：论 19 世纪和 20 世纪建筑中的建造诗学 [M]. 王骏阳译 . 北京：中国建筑工业出版社，2007.

[159] [法国] 加斯东·巴什拉 . 空间的诗学 [M]. 张逸婧译 . 上海：上海译文出版社，2009.

[160] [荷] 亚历山大·仲尼斯 . 古典主义建筑——秩序的美学 [M]. 何可人译 . 北京：中国建筑工业出版社，2008.

[161]　[日]柄谷行人.作为隐喻的建筑[M].应杰译.北京：中央编译出版社，2011.

[162]　刘怡.哥特建筑与英国哥特小说互文性研究（1764-1820）[M].成都：四川大学出版社，2011.

[163]　Elisabeth Tostrup. Architecture and Rhetoric：Text and Design in Architectural Competitions，Oslo 1939-1996[M].Andreas Papadakis Publisher，1999.

[164]　虞朋.现代建筑的语言修辞与创作实践[D].天津：天津大学，2002.

[165]　毛兵，薛晓雯.中国传统建筑空间修辞[M].北京：中国建筑工业出版社，2010.

[166]　陈汝东.新兴修辞传播学理论[M].北京：北京大学出版社，2011.

[167]　Durand，Jacques. Rhetorical Figures in Advertising Image [A]. Jean Umiker-Sebeok. Marketing and Semiotics：New Directions in the Study of Signs for Sale[C]. Berlin；New York；Amsterdam：Mouton de Gruyter，1987.

[168]　海登·怀特.元史学：19世纪欧洲的历史想象[M].陈新译.南京：译林出版社，2004.

[169]　彭刚.叙事的转向：当代西方史学理论的考察[M].北京：北京大学出版社，2009.

[170]　[法]保罗·利科.历史与真理[M].姜志辉译.上海：上海译文出版社，2004.

[171]　[法]保罗·利科.虚构叙事中时间的塑形：时间与叙事[M].王文融译.上海：三联书社，2003.

[172]　[英]玛丽亚·露西娅·帕拉蕾丝-伯克.新史学：自白与对话[M].彭刚译.北京：北京大学出版社，2006.

[173]　Black，M. Models and Metaphors：Studies in Language and Philosophy[M]. Ithaca，N. Y.：Cornell University Press，1962.

[174]　Bradie，M. "Metaphors，Rhetoric and Science，" in Science，Rhetoric and Reason，eds. Henry Krips，I. E. McGuire，and T. Melia[M].University of Pittsburgh Pens，1995.

[175]　李小博.科学修辞学研究[M].北京：科学出版社，2010.

[176]　安军.科学隐喻的元理论研究[D].太原：山西大学，2007.

[177]　[意]布鲁诺·赛维.建筑空间论[M].张似赞译.北京：中国建筑工业出版社，2006.

[178]　拉斯金·J.建筑的七盏明灯[M].张璘译.济南：山东画报出版社，2006.

[179]　彼得·柯林斯.现代建筑设计思想的演变[M].英若聪译.北京：中国建筑工业出版社，2003.

[180]　格朗特·希尔德布兰德.建筑愉悦的起源[M].马琴，万志斌译.北京：中国建筑工业出版社，2007：112.

[181]　理查德·帕多万.比例——科学·哲学·建筑[M].周玉鹏，刘耀辉译.北京：中国建筑工业出版社，2004.

[182]　菲尔·赫恩.塑成建筑的思想[M].张宇译.北京：中国建筑工业出版社，2006.

[183]　[美]约瑟夫·里克沃特.亚当之家——建筑史中关于原始棚屋的思考[M].李保译.北京：中国建筑工业出版社，2006.

[184]　[德]克鲁夫特.建筑理论史：从维特鲁威到现在[M].王贵祥译.北京：中国建筑工业出版社，2005.

[185]　[美]卡斯腾·哈里斯.建筑的伦理功能[M].申嘉，陈朝晖译.北京：华夏出版社，2001.

[186]　[美]塔勃特·哈姆林.建筑形式美的原则[M].邹德侬译.北京：中国建筑工业出版社，1982.

[187]　赵榕.当代西方建筑形式设计策略研究[D].南京：东南大学，2005.

[188]　沈康.从观念到实践——西方近现代建筑的视觉文化研究[D].广东：华南理工大学，2011.

[189]　李海清.中国建筑现代转型[M].南京：东南大学出版社，2003.

[190]　饶佳林.我国当前大众传播下专业建筑批评的现状研究[D].南昌：南昌大学，2008.

后 记

在 2018 年底通过答辩的博士论文中，其辞格的关键词本来是"隐喻"与"换喻"，它们是从原修辞学比喻分类中直接引入的词汇，但是"换喻"这个词语置换到形式的视觉研究中不好理解，因此，在本书出版之时，我对全文进行了修订，主要变化就在于除原比喻分类的引用之外，"换喻"已经基本改为了"形变"这个表达方式。

"形变"强调的是视觉形象符号的一系列演变，并用这种变化完成了对原有意义的偏离——首先有语言的"能指"、"所指"，它们两者的指向和偏离产生了"隐喻"和"形变"，而因为"形变"因对"隐喻"的不同偏离路径又产生了"加法的形变"和"减法的形变"，此后在此基础上又产生无穷多的演化，就像"太极生两仪、两仪生四象、四象生八卦"的画面——可见，在行文的可读性和可理解上，"形变"比"换喻"要直观得多。

在本书付梓之际，首先感谢我的博士导师伍江教授，感谢他将我纳入门墙，伍老师深厚的学术造诣、严谨的治学风格、以及清新而开放的学术态度，才使我的论文有了极大的写作空间，他的悉心点拨、耐心引导，让我有信心完成写作。

感谢命运的安排，自进入同济大学以来，让我有幸结识了许多良师益友，感谢郑时龄院士对论文提出了多次修改意见，卢永毅教授历史阅读课上建筑比较的选题成为本书某一章节的重要契机；赵辰教授给出了审慎仔细的意见评阅；也感谢同济的各位老师与师门的各位同学，与他们的交流使我受益颇多。

要感谢在百忙之中评审我博士学位论文的各位专家和学者，尤其是修辞学领域的胡范铸教授的亲和幽默、陈汝东教授的平易近人、祝克懿教授的倾力相帮给予了本书的跨专业研究很多必要的指点与支持。

还要感谢我的公司与我的老板罗凯，首先是在公司的长期实践中萌发了我理论研究的初衷，其次老板给与了我极大的时间自由与人身自由，支持我投入到看似无益的学术挑战之中。

写作枯燥艰辛而又富有挑战，所以最后还要感谢我的家人、同事以及朋友，特别感谢我的女儿，正是因为有了你，我所做的一切才更有意义。

任凭

2019 年 6 月 11 日

图书在版编目（CIP）数据

建筑视觉形式的修辞与演化 / 任愍著 .—北京：中国建
筑工业出版社，2018.12
ISBN 978-7-112-22948-2

Ⅰ．①建⋯ Ⅱ．①任⋯ Ⅲ．①建筑学—视觉—研究
Ⅳ．① TU114

中国版本图书馆 CIP 数据核字（2018）第 260182 号

责任编辑：李成成
责任校对：党 蕾

建筑视觉形式的修辞与演化
任 愍 著
*
中国建筑工业出版社出版、发行（北京海淀三里河路9号）
各地新华书店、建筑书店经销
北京雅盈中佳图文设计公司制版
北京建筑工业印刷厂印刷
*
开本：787×1092毫米　1/16　印张：16½字数：407千字
2019 年 7 月第一版　2019 年 7 月第一次印刷
定价：75.00元
ISBN 978-7-112-22948-2
（33030）